全国药品监管人员教育培训规划教材
职业化专业化医疗器械检查员培训教材

医疗器械标准知识

国家药品监督管理局高级研修学院　组织编写

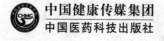

中国健康传媒集团
中国医药科技出版社

内容提要

本书为"全国药品监管人员教育培训规划教材"之一，同时也是"职业代专业化医疗器械检查员培训教材"。本书系统阐述医疗器械标准基本概念、国内外医疗器械标准管理概况以及医疗器械标准实施和监督要求，突出了医疗器械标准基础知识的要点，并全面介绍了医疗器械质量管理、医疗器械生物学评价、医疗器械灭菌过程的确认和常规控制、无菌医疗器械包装、医用电气设备安全等标准。内容不但有基本知识的阐述，而且给出了相关产品主要适用的标准，努力体现针对性、实效性和前瞻性，培养读者的专业兴趣。

本书适用于医疗器械监管人员、检查员教育培训，也可作为医疗器械研制、生产、经营、使用等领域的从业者与监管者的工具书。

图书在版编目（CIP）数据

医疗器械标准知识 / 国家药品监督管理局高级研修学院组织编写 . —北京：中国医药科技出版社，2020.7

全国药品监管人员教育培训规划教材　职业化专业化医疗器械检查员培训教材

ISBN 978-7-5214-1786-9

Ⅰ.①医… Ⅱ.①国… Ⅲ.①医疗器械—标准—职业—教育—教材 Ⅳ.① TH77-65

中国版本图书馆CIP数据核字（2020）第071614号

美术编辑　陈君杞

版式设计　南博文化

出版　**中国健康传媒集团** | 中国医药科技出版社

地址　北京市海淀区文慧园北路甲22号

邮编　100082

电话　发行：010-62227427　邮购：010-62236938

网址　www.cmstp.com

规格　787 × 1092mm $^1/_{16}$

印张　16 $^1/_2$

字数　339千字

版次　2020年7月第1版

印次　2024年6月第4次印刷

印刷　大厂回族自治县彩虹印刷有限公司

经销　全国各地新华书店

书号　ISBN 978-7-5214-1786-9

定价　**49.00** 元

获取新书信息、投稿、为图书纠错，请扫码联系我们。

编者名单

主　编　张志军
副主编　李静莉　余新华　母瑞红　何　骏　施燕平
编　者　（按姓氏笔画排序）

万　敏	王　伟	王　军	王　昕	王　越
王文庆	王建军	王培臣	冯　勤	母瑞红
戎善奎	伍倚明	刘成虎	齐丽晶	汤京龙
许慧雯	孙惠丽	孙智勇	杜晓丹	杜海鸥
杨国涓	杨婉娟	李　欣	李　婧	李立宾
李新天	李静莉	肖　妍	吴　平	何　骏
何晓帆	余新华	张　赟	张志军	张春青
张海明	陈鸿波	陈献花	陈靖云	邵玉波
邵姝姝	林　红	卓　越	易　力	郑　佳
郑　建	胡　晟	胡昌明	施燕平	骆红宇
姚天平	钱学波	徐　红	徐丽明	高　山
高　中	黄　颖	黄鸿新	章　娜	蒋时霖
董　谦	董双鹏	焦永哲		

前言
QIANYAN

　　标准是经济活动和社会发展的技术支撑，是国家治理体系和治理能力现代化的基础性制度。近年来，随着医疗器械科技和产业迅猛发展，医疗器械标准化工作已建立了较完备的管理法规体系和组织体系，医疗器械标准体系逐步完善，医疗器械标准在支撑审评审批制度改革、服务产业健康发展等方面的作用日益凸显。在国家标准化改革逐步深化、医疗器械审评审批制度改革稳步推进、医疗器械科学监管不断加强的重要时期，国家药品监督管理局高级研修学院组织编写《医疗器械标准知识》，旨在医疗器械监管系统内开展标准知识培训，提高医疗器械监管人员、检查员科学使用标准的意识和水平。

　　本书系统阐述医疗器械标准基本概念、国内外医疗器械标准管理概况以及医疗器械标准实施和监督要求，突出了医疗器械标准基础知识的要点，并全面介绍了医疗器械质量管理、医疗器械生物学评价、医疗器械灭菌过程的确认和常规控制、无菌医疗器械包装、医用电气设备安全、植入器械、医用输注器具、导管和卫生用品及敷料、口腔医疗器械、体外诊断医疗器械、医用诊察和监护设备、医用成像设备、生命支持设备、物理治疗及康复设备、放射治疗设备等技术领域标准体系建设以及现有标准概况。对每个技术领域，有针对性地选取了一些基础、通用、重点标准，结合具体技术领域产品特点和发展趋势，深入解读标准的发展历史、制定目的、适用范围、主要技术内容以及使用标准需注意的重点问题，并给出了相关产品主要适用的标准。同时，编者们对书中的每章内容有针对性地设计了学习导航、问题、知识链接、思考题等，从而帮助读者更好地掌握所学的知识。希望本书能为我国医疗器械监管人员、检查员熟悉和掌握医疗器械标准化知识、执行和使用标准提供有益的参考和借鉴。

　　本书编写团队既有从事医疗器械标准管理的专业人员，也有长期从事医疗器械标准制定的标准起草人。

　　本书适用于医疗器械监管人员、检查员教育培训，也可作为医疗器械研制、生产、经营、使用等领域的从业者与监管者的工具书，还可作为从事医疗器械监管研究人员的参考书。由于编写时间仓促，书中难免存在疏漏，欢迎广大读者批评指正。

编　者

2019年12月

目录

第一章　医疗器械标准概述

1. 熟悉标准化和医疗器械标准的基本定义；医疗器械标准的编号方法。
2. 了解医疗器械标准的分类方法和类别。

标准化的历史可以追溯到旧石器时代，秦始皇时期，度、量、衡的统一是世界古代标准化的典范。通过统一标准，人们才能更好地实现社会分工协作。医疗器械标准是医疗器械研制、生产、经营、使用、监督管理等活动中遵循的统一的技术规范。近年来，国家高度重视医疗器械标准化工作，我国在"十一五"期间开展了"药品医疗器械标准提高行动计划"，医疗器械标准化工作进入发展"快车道"。为了促进科学技术进步，保障医疗器械安全有效，提高健康保障水平，加强医疗器械标准管理，2017年4月17日，国家食品药品监督管理总局发布了新修订的《医疗器械标准管理办法》（国家食品药品监督管理总局令第33号），自2017年7月1日起施行。

第一节　标准的基本概念

> **? 问题**
>
> YY/T 0287—2017《医疗器械　质量管理体系　用于法规的要求》于2017年发布，请问：这个标准从层级上划分属于哪种标准？按照标准约束程度划分属于哪种标准？按照标准规范对象划分属于哪种标准？

一、标准化的概念

（一）标准化的定义

GB/T 20000.1—2014《标准化工作指南　第1部分：标准化和相关活动的通用术语》（ISO/IEC Guide 2：2004，Standardization and related actives—General vocabulary，MOD）对标准化的定义为："为了在既定范围内获得最佳秩序，促进共同效益，对现实问题或潜在问题确立共同使用和重复使用的条款以及编制、发布和应用文件的活动。"其中，标准化活动确立的条款，可形成标准化文件，包括标准和其他标准化文件。标准化的主要效益在于为了产品、过程或服务的预期目的改进它们的适用性，促进贸易、交流以及技术合作。笼统地说，标准化是制定、发布、实施规范性文件的活动，这些规范性文件泛指标准、规范、规程和法规等文件。

（二）标准化的目标

根据标准化的定义，标准化目标的笼统定义是一定范围内获得最佳秩序。没有标准化，就没有秩序，会导致混乱、矛盾、相互不一致、相互不协调。

《中华人民共和国标准化法》规定："标准化工作的任务是制定标准、组织实施标准和对标准的实施进行监督。标准化工作应当纳入国民经济和社会发展计划"。标准化的目标是"有利于保障安全和人民的身体健康，保护消费者的利益，保护环境""有利于合理利用国家资源，推广科学技术成果，提高经济效益，并符合使用要求，有利于产品的通用互换，做到技术上先进，经济上合理""有利于促进对经济技术合作和对外贸易"。

在GB/T 20000.1中，标准化目标是"有一个或更多特定目的，以使产品、过程或服务适合其用途"。这些目的可能包括但不限于品种控制、可用性、兼容性、互换性、健康、安全、环境保护、产品防护、相互理解、经济绩效、贸易，并且这些目的可能相互重叠。具体内容可参见GB/T 20000.1—2014。

二、标准的定义

"标准"在日常生活中被广泛使用。标：即标志、记号；通过记号，设置一个衡量的尺度；达标、超标、标杆、标尺等。准：即古代测量水平的仪器；规格、规则、规矩、成规、规范和模范等词都含有标准的意思。日常用语中的标准，与标准化领域中界定的概念并不完全一致。

在GB/T 20000.1中，标准有严格的定义，标准是"通过标准化活动，按照规定的程序经协商一致制定，为各种活动或其结果提供规则、指南或特性，供共同使用或重复使用的文件"。①标准宜以科学、技术和经验的综合成果为基础；②规定的程序指制定标准的机构颁布的标准制定程序；③诸如国际标准、区域标准、国家标准等，由于它们可以公开获得以及必要时通过修正或修订保持与最新技术水平同步，因此它们被视为构成了公认的技术规则。其他层次上通过的标准，诸如专业协（学）会标准、企业标准等，在地域上可影响几个国家。

标准与其他的文件相比具有如下特点。

（1）规律性　标准就某一特定问题，从标准化角度给出统一的解决方案。

（2）稳定性　标准的产生过程，一般要按照标准的制修订程序，由权威机构发布实施。

（3）技术性　标准一般与技术直接相关，与科学性、效率、成本等直接相关。

🔗 知识链接

标准及标准化之间的关系

第一，他们的目标都是为了在一定范围内获得最佳秩序，包括产品质量、可用性、兼容性、互换性、健康、安全、环境保护、技术协议等。第二，本质不同，标准是一种文件，标准化是一项活动。第三，策略方法都是制定共同使用和重复使用的条款。第四，标准化的主要活动是制定、发布和实施标准，标准化活动对象除标准之外，还有其他规范性技术文件，如规范、规程等。

第二节　医疗器械标准的分类

一、中国医疗器械标准的层级

医疗器械标准按照层级可分为：医疗器械国家标准、医疗器械行业标准、医疗器械地方标准和医疗器械团体标准。

对需要在全国范围内统一的医疗器械技术规范，应当制定医疗器械国家标准。强制性国家标准由国务院批准发布或者授权批准发布，推荐性国家标准由国务院标准化行政主管部门制定。

对没有国家标准而又需要在全国医疗器械行业范围内统一的医疗器械技术规范，可以制定行业标准。医疗器械行业标准由国家药品监督管理部门制定和发布。

设区的市级以上人民政府标准化行政主管部门可以根据本行政区域的特殊需要，制定本行政区域的地方标准。由于医疗器械上市后一般全国流通使用，目前医疗器械地方标准不多。

企业可以根据需要自行制定企业标准，或者与其他企业联合制定企业标准。这里需要说明的是，《医疗器械监督管理条例》（中华人民共和国国务院令第650号）取消了原医疗器械注册产品标准的表述，增加了医疗器械产品技术要求的概念。

近年来，为满足市场、科技快速发展及多样性需求，我国一些学会、协会、商会、联合会、产业技术联盟等社会团体开展标准制定与实践活动，产生了学会标准、协会标准等多种形式的团体标准。《医疗器械标准管理办法》第七条规定："鼓励企业、社会团体、教育科研机构及个人广泛参与医疗器械标准制修订工作，并对医疗器械标准执行情况进行监督。"

二、中国医疗器械标准的性质

按照《医疗器械标准管理办法》第四条规定，"医疗器械标准按照其效力分为强制性标准和推荐性标准"。强制性标准必须执行，国家鼓励采用推荐性标准。

强制性标准是指在一定范围内，国家运用行政和（或）法律的手段强制实施的标准。强制性标准是国家技术法规的重要组成，它符合世界贸易技术壁垒协定（WTO/TBT）关于"技术法规"的定义。强制性医疗器械标准就是医疗器械的技术法规。《医疗器械监督管理条例》第六条规定："医疗器械产品应当符合医疗器械强制性国家标准；尚无强制性国家标准的，应当符合医疗器械强制性行业标准。"

推荐性标准是指导性标准，是自愿性文件。对于推荐性标准，有关各方有选择的自由。在未曾接受或采用之前，违反这类标准的，不必承担经济或法律方面的责任。但一经选定，则该标准对采用者来说，便成为必须绝对执行的标准。

对保障人体健康和安全的技术要求，应当制定为医疗器械强制性国家标准和强制性行业标准。对满足基础通用、与强制性标准配套、对医疗器械产业起引领作用等需要的技术要求，可以制定为医疗器械推荐性国家标准和推荐性行业标准。

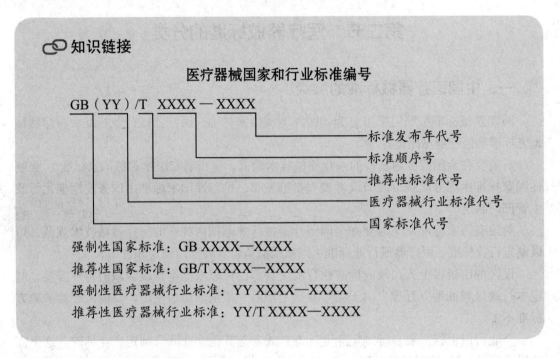

🔗 知识链接

医疗器械国家和行业标准编号

GB（YY）/T　XXXX — XXXX

　　　　　　　　　　　　　　　　　　标准发布年代号
　　　　　　　　　　　　　　　　　　标准顺序号
　　　　　　　　　　　　　　　　　　推荐性标准代号
　　　　　　　　　　　　　　　　　　医疗器械行业标准代号
　　　　　　　　　　　　　　　　　　国家标准代号

强制性国家标准：GB XXXX—XXXX
推荐性国家标准：GB/T XXXX—XXXX
强制性医疗器械行业标准：YY XXXX—XXXX
推荐性医疗器械行业标准：YY/T XXXX—XXXX

三、中国医疗器械标准种类

医疗器械标准按照其规范对象分为基础标准、方法标准、管理标准和产品标准。

（一）医疗器械基础标准

医疗器械基础标准是具有广泛的使用范围或包含一个特定领域的通用条款的标准，是对医疗器械其他标准具有普遍指导作用的标准，或为医疗器械某个专业的基础内容或多个专业的共性技术所制定的标准。医疗器械基础标准可直接应用，也可作为其他医疗器械标准的基础。如：指导标准编写的基础性标准，通用技术语言标准（术语、符号、代号、代码、标志标准），环境条件标准，互换性、精度标准及实现系列化的标准，信息技术等通用技术标准，各专业的技术指导通则或导则等。例：GB 9706.1《医用电气设备第1部分：安全通用要求》、YY/T 0066—2015《眼科仪器名词术语》等。

（二）医疗器械方法标准

医疗器械方法标准是指为规范医疗器械领域的抽样、试验、检验、分析、计算、统计等各类技术活动的方法而制定的标准，如GB/T 16886《医疗器械生物学评价》系列标准。

（三）医疗器械管理标准

医疗器械管理标准是指对医疗器械标准化领域中需要协调统一的管理事项所制定的标准。医疗器械管理标准主要是对管理目标、管理项目、管理程序、管理方法和管理组织方面所作的规定。通过医疗器械管理标准能够正确处理医疗器械开发、生产、检验、经营、服务、监督等过程中的相互关系，使管理机构特别是监管部门能够更好地行使计划、组织、指挥、协调、控制等管理职能，有效地组织和发展医疗器械生产经营活动。主要包括技术管理标准、行政管理标准、生产经营管理标准。如：YY/T 0567.1—2013《医疗产品的无菌加工 第1部分：通用要求》、YY/T 0771.1—2009《动物源医疗器械 第1部分：风险管理应用》、YY/T 0287—2017《医疗器械质量管理体系用于法规的要求》、YY/T 0316—2016《医疗器械 风险管理对医疗器械的应用》等。

（四）医疗器械产品标准

医疗器械产品标准是规定医疗器械产品需要满足的要求以保证其适用性的标准，是对某种医疗器械产品结构、规格、质量和检验方法所作的技术规定。产品标准除了包括适用性的要求外，也可直接包括或以引用的方式包括诸如术语、取样、检测、包装和标签等方面的要求，有时还可包括工艺要求。如YY 0109—2013《医用超声雾化器》、YY 0500—2014《心血管植入物 人工血管》等。

🔗 知识链接

产品标准和方法标准区别

对某种具体产品的试验方法是检验方法的应属于产品标准。若产品标准仅包含试验方法内容中的一项，则该标准属于方法标准。

四、国际医疗器械标准分类

（一）国际医疗器械标准分类情况概况

通过对各国医疗器械标准目录的分析，基于标准名称和编号，对世界发达医疗器械标准种类进行研究，见表1-1。标准主要是推荐性自愿采用的。从标准层次上研究发现，各国对于医疗器械标准都存在层次划分。从标准领域划分原则上研究发现，国际和欧洲均采用以技术委员会为划定的方式，而欧洲将协调标准按照归类法进行归类；美国仍然沿袭按照临床分类的原则，这是美国医疗器械监管中始终贯穿的理念；日本也是配合了监管的产品分类需要对标准进行划分。

表1-1　医疗器械标准分类统计表

	标准强制性	标准层次	标准领域划分原则
国际标准	推荐性	基础标准、类标准、产品标准、过程标准	技术领域
美国	推荐性、强制性（极少）	水平标准、垂直标准及其他标准	临床分类
欧洲	推荐性（协调标准）	通用标准、类标准、产品标准、过程标准	法规领域、技术领域
日本	推荐性		产品分类
中国	推荐性、强制性	产品标准、方法标准、通用标准、管理标准	技术领域

　　通过名称对各国医疗器械标准进行初步的技术领域判断，归纳总结了各国及地区医疗器械标准技术领域分布，并和我国医疗器械标准情况进行对比，具体见表1-2。各医疗器械标准体系中均包括健康信息学类的标准、康复类标准，家用医疗器械也纳入医疗器械标准的技术领域，医用电声设备标准同样归于医疗器械领域。

表1-2　医疗器械标准技术领域分布

	共性领域	主要差异
国际标准		健康信息学、电声学、康复类、家用设备
美国	生产质量体系标准、风险管理标准；生物学评价系列标准；医用电器安全系列标准；灭菌过程控制系列标准；牙科领域系列标准；体外诊断领域系列标准；外科植入领域系列标准	材料、健康信息学、放射、组织工程
欧盟		健康信息学、康复
日本		康复、家用
中国		外科器械、放射影像诊断类

（二）美国FDA认可共识标准认可情况及分类分析

　　截至2017年7月25日，美国FDA网站上公布的医疗器械认可共识标准共计1207份。除认可标准以外，美国还有强制性性能标准。《食品药品和化妆品法案》第514部分授权FDA制定Ⅱ类医疗器械强制性性能标准，相关内容参考21 CFR 898，1010，1020，1030，1040，1050部分，标准可以是美国FDA自行制定，也可以委托其他组织制定，或是对现有标准进行认可，确认为强制性标准。如果某一器械存在FDA性能标准，该器械在美国正式上市前必须符合其规定。目前已经制定了电视接收器、冷阴极气体放电管、X射线诊断设备及其主要部件、X射线设备机箱、微波设备、激光产品、超声治疗产品等类型产品的性能标准。

　　1.专业领域　按照标准技术领域分，可分为材料、消毒灭菌、放射、普外/整形外科、体外诊断试剂、骨科、软件/信息学、牙科/耳鼻喉、生物相容性、心血管、眼科、泌尿/胃肠/妇产科、物理治疗、麻醉科、通用Ⅰ（质量体系/风险管理）、组织工程、通用Ⅱ（电气安全/电磁兼容性）、神经学、纳米技术。总共19个类别，分布统计见表1-3。

表1-3　各领域医疗器械认可共识标准数量统计表

序号	领域	数量	百分比
1	材料	144	11.93%
2	消毒灭菌	136	11.27%
3	放射	116	9.61%
4	整形/医院通用	105	8.70%
5	体外诊断试剂	100	8.29%
6	骨科	84	6.96%
7	软件/信息学	73	6.05%
8	牙科/耳鼻喉	68	5.63%
9	生物兼容性	65	5.39%
10	心血管	57	4.72%
11	眼科	45	3.73%
12	泌尿/胃肠/妇产科	41	3.40%
13	物理治疗	39	3.23%
14	麻醉	38	3.15%
15	通用Ⅰ（质量体系/风险管理）	38	3.15%
16	组织工程	27	2.24%
17	通用Ⅱ（电气安全/电磁兼容性）	19	1.57%
18	神经科	8	0.66%
19	纳米技术	4	0.33%
总数		1207	

2.认可共识标准来源的标准化组织　　这1207项认可共识标准来源十分广泛，共来自27个标准制定机构，其中ISO（国际标准化组织）、ASTM（美国材料与试验协会）、CLSI（美国临床和实验室标准协会）、IEC（国际电工委员会）标准合计占标准总数的70%；也包含少量的其他国家和地区标准，如包含2个欧盟标准（CEN），以及1个澳洲国家标准（AS）；还包括个别企业制定的标准，如1项埃安美公司标准（AIM）。认可共识标准来源的标准组织分布情况见表1-4。

表1-4　美国FDA认可共识标准来源的标准组织统计表

序号	标准组织缩写	数量	百分比
1	ISO	332	27.51%
2	ASTM	317	26.26%
3	CLSI	122	10.11%
4	IEC	108	8.95%
5	AAMI/ANSI/ISO	79	6.55%
6	AAMI/ANSI	29	2.40%
7	ANSI	25	2.07%
8	NEMA	22	1.82%
9	AAMI/ANSI/IEC	21	1.74%
10	USP	20	1.66%
11	ANSI/RESMA	19	1.57%
12	ADA/ANSI	18	1.49%
13	ASTM/ISO	15	1.24%
14	IEEE/ISO	12	0.99%
15	AOAC	9	0.75%
16	IEEE	9	0.75%
17	AAMI	7	0.58%
18	ANSI/ASA	6	0.50%
19	ISO/IEC	6	0.50%
20	CGA	4	0.33%
21	ANSI/IEEE	3	0.25%
22	ANSI/IESNA	3	0.25%
23	ISTA	3	0.25%
24	UL	3	0.25%
25	ASME	2	0.17%
26	CEN	2	0.17%
27	AAMI/ISO	1	0.08%
28	AIM	1	0.08%
29	ANSI/ASA/IEC	1	0.08%
30	ANSI/ASQ	1	0.08%
31	ANSI/ESD	1	0.08%
32	ANSI/HPS	1	0.08%
33	ANSI/UL	1	0.08%

续表

序号	标准组织缩写	数量	百分比
34	AS	1	0.08%
35	IHTSDO	1	0.08%
36	NFPA	1	0.08%
37	RII	1	0.08%
总数		1207	100.00%

3.认可共识标准的分类 美国FDA对认可共识标准进行了两种维度的分类。

（1）根据标准发布机构的区域性，由国际及国外标准制定机构发布的标准称为国际标准，由国内标准制定机构或经ANSI认证过的标准称为国内标准。在1207项认可共识标准中，国际标准占比近60%。

（2）根据标准适用产品的覆盖范围，对可广泛适用于各种医疗器械的称为水平标准，对适用于特定设备的称为垂直标准。在1207项认可共识标准中，近46%为水平标准。

美国FDA对部分标准还进一步明确是否属于材料规格、检测方法等分类信息。

例如ISO 14971《医疗器械风险管理》按照标准类型属于国际、水平标准，按照标准的技术领域属于通用Ⅰ（质量体系/风险管理）；ASTM F2392–04《外科密封剂爆裂强度的标准试验方法》，按照标准类型属于材料规格、水平、国际、测试方法标准。

思考题

1.简述标准化的定义与目标。

2.简述标准化和标准的区别。

3.医疗器械标准分类方法有哪些？

4.医疗器械标准按照层级可以分为哪几种？

5.医疗器械标准按照约束力可以分为哪几种？

6.国际医疗器械标准的共性领域是什么？

第二章 医疗器械标准管理

📝 学习导航

1. 熟悉中国医疗器械标准的组织管理架构；国际及区域医疗器械标准化机构。
2. 了解ISO和IEC机构的职责。

医疗器械标准是医疗器械研制、生产、经营、使用和监督管理共同遵守的技术规范，医疗器械标准化工作是医疗器械监管的重要基础。医疗器械标准的科学管理，需要建立或完善医疗器械标准化组织管理体系，明确医疗器械管理架构和各机构的职责。同时，要在借鉴国际及区域医疗器械标准化机构管理经验的基础上，结合我国的国情，建立适应我国医疗器械科学监管和产业发展需要的医疗器械标准管理体系。

第一节 中国医疗器械标准管理

> (?) **问题**
>
> 中国医疗器械标准的组织管理架构是什么？

一、国家标准化管理委员会

国家标准化管理委员会统一管理全国标准化工作。国际标准化管理委员会负责下达国家标准计划，批准发布国家标准，审议并发布标准化政策、管理制度、规划、公告等重要文件；开展强制性国家标准对外通报；协调、指导和监督行业、地方、团体、企业标准工作；代表国家参加国际标准化组织、国际电工委员会和其他国际或区域性标准化组织；承担有关国际合作协议签署工作；承担国务院标准化协调机制日常工作。

二、国家药品监督管理局

国家药品监督管理局是医疗器械标准化工作的行政主管部门。《医疗器械标准管理办法》对其标准化职责作了进一步细化，主要负责医疗器械标准管理相关法律法规的组织贯彻、管理制度的制定，医疗器械标准规划和年度工作计划的拟定，医疗器械标准制修订的组织，医疗器械行业标准的发布以及医疗器械标准管理工作的指导、监督。

三、医疗器械标准管理中心

为了进一步加强医疗器械标准化管理工作，2009年6月，中央机构编制委员会办公室批复成立"国家食品药品监督管理局医疗器械标准管理中心"，并于2010年3月30日在原中国药品生物制品检定所正式加挂国家食品药品监督管理局医疗器械标准管理中心的牌子。

《医疗器械标准管理办法》规定其主要负责组织开展医疗器械标准体系研究，拟订医疗器械标准规划草案和标准制修订年度工作计划建议；承担医疗器械标准制修订和医疗器械标准化技术委员会的管理工作；承担医疗器械标准宣传、培训的组织工作；组织医疗器械标准实施情况调研；承担医疗器械国际标准化活动和对外合作交流、信息化，以及医疗器械行业标准出版工作；承担国家药品监督管理局交办的其他标准管理工作。

四、医疗器械标准化专业技术委员会

《医疗器械标准管理办法》规定，国家药品监督管理局根据医疗器械标准化工作的需要，经批准依法组建医疗器械标准化技术委员会。

医疗器械标准化技术委员会主要负责开展本领域医疗器械标准研究，提出本专业领域标准发展规划、标准体系意见，承担本专业领域医疗器械标准的起草、征求意见、技术审查等组织工作、技术指导工作、资料收集整理工作、实施情况跟踪评价、技术内容的咨询和解释、宣传、培训、学术交流和相关国际标准化活动，并对标准的技术内容和质量负责。

目前，中国医疗器械专业标准化（分）技术委员会共26个，秘书处承担单位在中国食品药品检定研究院及北京、上海、天津、沈阳、上海、杭州、济南、湖北、广州、北大口腔医院10个医疗器械质量监督检验中心、江苏省医疗器械检验所和北京国医械华光认证有限公司。

五、地方药品监督管理部门

《医疗器械标准管理办法》还规定，地方药品监督管理部门在本行政区域内负责医疗器械标准管理法律法规的组织贯彻，组织、参与医疗器械标准的制修订相关工作，监督医疗器械标准的实施，收集并向上一级药品监督管理部门报告标准实施过程中的问题。

🔗 **知识链接**

医疗器械标准化技术归口单位的职责

《医疗器械标准管理办法》还规定了："在现有医疗器械标准化技术委员会不能覆盖的专业技术领域，国家药品监督管理局可以根据监管需要，按程序确定医疗器械标准化技术归口单位。标准化技术归口单位参照医疗器械标准化技术委员会的职责和有关规定开展相应领域医疗器械标准工作。"目前，国家药监局已批准成立6个医疗器械标准化技术归口单位。

第二节　国际医疗器械标准管理

? 问题

国际医疗器械标准化机构有哪些？其各自有哪些职责？
ISO制定标准的各个阶段及制定标准的类别有哪些？

目前医疗器械国际标准主要由国际标准化组织（International Organization for Standardization，ISO）、国际电工委员会（International Electrotechnical Commission，IEC）制定和发布。ISO和IEC均为非政府机构，作为一个整体担负着制订全球协商一致的国际标准的任务，其制订的标准是自愿执行的。ISO和IEC高度关注医疗器械领域的标准化工作，单独或联合制定有关医疗器械的标准。

一、ISO机构职责及标准情况

（一）ISO机构职责

ISO成立于1947年，是世界上最大的非政府性标准化专门机构，也是国际标准化领域中十分重要的组织，其制定标准的主要目的是服务全球贸易。ISO负责制修订的医疗器械标准主要涉及无源医疗器械和体外诊断系统等技术领域。

（二）ISO标准制定及管理现状

ISO和IEC虽然是针对不同技术领域的两大标准化组织，但二者标准制定均遵循相同程序，包括正常程序和特殊程序。正常程序分为预阶段、提案阶段、准备阶段、委员会阶段、询问阶段、批准阶段和出版阶段，共7个阶段。特殊程序则视情况可以省略正常程序中的某个或部分阶段。从标准的制定情况来看，ISO单独或与IEC、IEEE（Institute of Electrical and Electronics Engineers，电气和电子工程师协会）及HL7（Health Level Seven，卫生信息交换标准）联合制定与医疗器械相关的标准，而IEC只有单独或与ISO联合制定标准。

ISO制定的标准是在确保产品安全有效的同时兼顾技术创新，为此ISO明确提供了保障医疗器械安全和性能公认基本原则所涉及的标准清单，并对这些重要标准和指南进行了分类，即基础标准、类标准和产品标准。

1.基础标准　包括基本概念、原则和通用要求，适用于广泛领域中的产品、过程或服务的标准。基础标准有时称作横向标准。

2.类标准　适用于几个或一族类似产品、过程或服务的安全和基本性能要求的标准（涉及两个或多个技术委员会或分技术委员会，尽可能引用基础标准）。类标准有时称作半横向标准。

3.产品标准　一个技术委员会或分技术委员会范围内的包括一种特定的或一族产品、过程或服务的所有必要的安全和基本性能要求的标准（尽可能引用基础标准和类标准）。

产品标准有时称作纵向标准。

ISO医疗器械各技术委员会标准工作领域如表2-1。

表2-1　ISO医疗器械各技术委员会标准工作领域

	ISO TC 编号	ISO 名称（工作领域）
基础通用领域	ISO：TC 194	医疗器械生物学和临床评价
	ISO：TC 198	保健产品的消毒
	ISO：TC 210	医疗器械质量管理和通用要求
专用领域	ISO：TC 76	医用和药用输液、输血和注射及血液加工器具
	ISO：TC 84	医用产品注射器械和医用导管
	ISO：TC 106	牙科
	ISO：TC 121	麻醉和呼吸设备
	ISO：TC150	外科植入物
	ISO：TC 157	局部避孕和性传染预防屏障器械
	ISO：TC 170	外科器械
	ISO：TC 172	光学和光子学
	ISO：TC 212	临床实验室检测和体外诊断系统

ISO的组织结构分为以下四级。

（1）TMB（技术管理委员会）　负责组织建立TC以便为特定的行业和产业或公众议题提供服务。

（2）TC（技术委员会）　经TMB批准，对某领域的技术活动负责。

（3）SC（分技术委员会）　由母体TC负责组建，对它的具体部分或潜在的工作项目进行管理。

（4）WG（工作组）　WG通常由TC或者SC来组建，完成特定的工作任务。

二、IEC机构职责及标准情况

（一）IEC机构职责

IEC成立于1906年，是世界上最早的国际性标准化机构，其宗旨是促进电器、电子工程领域中标准化及有关方面问题的国际合作。IEC主要负责医疗器械领域中有关医用电气设备等有源相关医疗器械技术领域的标准制修订工作。

（二）IEC标准制定及管理现状

IEC制定的标准范围相对清晰，只涉及电气安全及基本性能标准，主要有4个标准族，涉及医用电气设备安全的标准为IEC 60601族和ISO 80601族；涉及体外诊断设备安全的IEC 61010族；涉及连入网络的医疗器械风险管理的标准为IEC 80001族。

IEC的组织结构与ISO类似，同样分为以下四级。

（1）SMB（标准化管理局）　负责管理IEC的标准工作，包括建立和解散IEC技术委员会（TC），确定其工作范围，标准制修订时间及与其他国际组织的联系。SMB是个决策机构，它向理事局和国家委员会汇报其作出的所有决定。

（2）TC（技术委员会）　经SMB批准，对某领域的技术活动负责。

（3）SC（分技术委员会）　由母体TC负责组建，对它的具体部分或潜在的工作项目进行管理。

（4）WG（工作组）　WG通常由TC或者SC来组建，完成特定的工作任务。

IEC涉及医疗器械主要技术委员会的信息见表2-2。

表2-2　IEC涉及医疗器械技术委员会的信息

序号	IEC TC编号	IEC名称（工作领域）
1	IEC：TC 62	医用电气设备
2	IEC：TC 87	超声波
3	IEC：TC 76	光辐射安全和激光设备
4	IEC：TC 66	测量、控制和实验室用电气设备的安全

IEC的标准体系是围绕医用电气设备的安全性构建的。以IEC/TC 62制定的医用电气安全标准族的标准体系构建为例，IEC 60601标准的第一部分为通用安全要求以及与基本安全性能并列的标准，第二部分为医用电气设备的专用安全标准，第四部分是指导和解释，第三部分目前尚未制定标准。IEC 60601标准族的体系结构见图2-1。

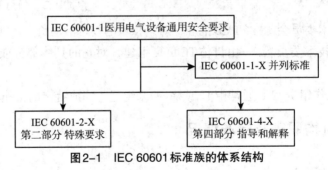

图2-1　IEC 60601标准族的体系结构

？思考题

1.我国医疗器械标准组织管理架构是什么？

2.涉及医疗器械标准的国际标准化组织有哪些？

3.IEC和ISO的组织结构主要分为哪四级？

第三章　医疗器械标准制修订

📝 **学习导航**

熟悉我国和国际医疗器械标准制修订程序和要求。

标准制修订是标准化工作的重要内容，影响面大、政策性强，不仅包含大量的技术工作，而且包含大量的组织和协调工作。标准是相关方广泛参与的产物，医疗器械标准的制定、修订需以保障医疗器械安全有效、保护公众健康、促进医疗器械产业发展为宗旨，遵循协调统一、广泛参与、鼓励创新和国际接轨的原则。严格按照医疗器械标准制修订程序开展工作，是保障标准编写质量、提高标准技术水平、保障标准公平公正、标准化工作公开透明的基础和前提。

第一节　中国医疗器械标准制修订过程

> **(?) 问题**
>
> 我国医疗器械标准制修订程序有哪几个阶段？

一、概述

根据《医疗器械标准管理办法》，医疗器械标准制修订程序包括标准立项、起草、征求意见、技术审查、批准发布、复审和废止等。对医疗器械监管急需制修订的标准，可以按照《医疗器械标准制修订工作管理规范》规定的快速程序开展。

二、各阶段主要工作

（一）立项阶段

立项阶段为技术委员会或技术归口单位甄选立项提案并上报立项申请、主管部门确定立项计划的阶段。医疗器械标准实行全年公开征集制度。任何从事医疗器械研制、生产、经营、使用及监督管理等活动的单位和个人均可提出立项提案。为保证立项工作的公开透明和公平公正，立项申请需经技术委员会或技术归口单位审议并投票表决、公开征求意见、专家论证、对外公示等多个环节。医疗器械标准计划项目的立项条件包括以下几点。

（1）符合国家现行法律法规和有关规定。

（2）符合医疗器械监管和医疗器械产业及技术发展需要。

（3）符合医疗器械标准规划和医疗器械标准体系要求，原则上不与现行医疗器械标准及已立项的计划项目交叉、重复。

（4）符合国家采用国际标准的政策。

（5）属于产品标准的强制性行业标准计划项目，原则上其适用的产品应取得医疗器械注册证或备案凭证。

（6）列入国家产业规划、重大科技专项等的标准。

（二）起草阶段

起草阶段为技术委员会或技术归口单位成立标准起草工作组，由起草工作组编写完成工作组讨论稿的过程。医疗器械生产经营企业、使用单位、监管部门、检测机构以及有关教育科研机构、社会团体等，可以向承担计划项目的技术委员会或技术归口单位提出作为起草单位的申请。技术委员会或技术归口单位按照公开、公正、择优的原则确定起草单位。起草单位应推荐具有丰富专业知识和实践经验的技术人员担任标准起草人，组成标准起草工作组，担任负责标准起草工作。在具体标准起草工作中，起草工作组应确定第一起草人，原则上来自第一起草单位，负责标准起草的具体编写、协调等工作。

标准起草工作组应广泛调研、深入分析研究，积极借鉴相关国际标准，在对技术内容进行充分论证的基础上，按GB/T 1《标准化工作导则》、GB/T 20000《标准化工作指南》等标准编写规范要求起草标准草案。在起草过程中，技术委员会或技术归口单位对工作组讨论稿进行充分验证。为保证标准规定指标的科学性和方法的可行性，同一试验验证项目应在不同企业或检测机构中开展，原则上至少包括一家检测机构。技术委员会或技术归口单位根据需要可向社会公开征集验证单位，并组织验证单位对标准草案开展验证，对验证结果进行分析，给出验证结论，以确定是否可以进入征求意见阶段。

（三）征求意见阶段

征求意见阶段为医疗器械标准征求意见稿向社会公开征求意见的过程。对验证通过的标准草案，技术委员会或技术归口单位需形成医疗器械标准征求意见稿、编制说明及有关附件，由医疗器械标准管理中心组织向社会公开征求意见。承担计划项目的技术委员会或技术归口单位同时向技委会委员及相关单位征求意见。医疗器械标准征求意见期限一般为2个月。对征集到的意见，由技术委员会或技术归口单位负责进行汇总、归纳、整理，并反馈标准起草工作组进行分析研究。标准起草工作组对汇总意见进行认真研究，提出处理建议，原则上对征求意见的处理主要有四种结论：采纳、部分采纳、技术审查阶段讨论和不采纳。技术委员会或技术归口单位对征求意见处理建议进行审核并最终确定处理意见。根据处理意见，起草工作组修改完善标准征求意见稿及相关材料，形成标准送审稿、编制说明、验证报告、意见汇总处理表和有关附件。

（四）技术审查阶段

技术审查阶段为技术委员会或技术归口单位对标准送审稿进行技术审查的过程。审查阶段的主要工作是技术审查送审稿，提出技术审查意见和结论。送审稿需经技术委员会全体委员或技术归口单位专家表决，审查结论分为"通过""修改后通过""未通过"

三种情形。技术审查形式分为会议审查和函审两种。对强制性标准、重大基础推荐性标准、涉及专利的标准以及征求意见分歧意见较多的推荐性标准送审稿需进行会议审查。对于审查结论为"通过"的或"修改后通过"的，技术委员会或技术归口单位组织起草单位依据审查意见修改完善标准送审稿等材料，形成标准报批稿、实施建议（包括实施日期、确定实施日期的依据）等材料。对于审查结论为"未通过"的，技术委员会或技术归口单位需根据审查意见修改完善后再次组织审查。

（五）批准发布阶段

审核批准发布阶段为标准化主管部门对报批稿及报批材料进行审核和批准的过程。医疗器械标准管理中心按要求对标准报批材料从标准制修订程序、报批稿协调性、报批材料齐全性和规范性等四个方面进行审核。对于需要完善报批材料的，标准管理中心向技术委员会或技术归口单位提出审核意见。对审核通过的医疗器械国家标准，技术委员会或技术归口单位按要求在国家标准制修订工作管理信息系统完成上报。对审核通过的医疗器械行业标准，经标准出版单位审校后，医疗器械标准管理中心报送国家药品监督管理局。审查通过的行业标准由国家药品监督管理局批准，并确定实施日期和实施要求，以公告形式发布，必要时对标准实施提出指导性意见。

（六）复审阶段

复审阶段为技术委员会或技术归口单位对标准适用性进行评估并作出复审结论，标准化主管部门进行审核和批准的过程。医疗器械标准实施后，为确保其有效性、适用性和可实施性，提升标准技术和质量水平，技术委员会或技术归口单位需根据医疗器械相关科学技术发展、产业发展、监管需要以及标准实施跟踪评价情况组织复审。复审结论由医疗器械标准管理中心审核通过后，上报国家药品监督管理局审查。医疗器械国家标准复审结论报国务院标准化行政主管部门批准；医疗器械行业标准复审结论由国家药品监督管理局审查、批准。医疗器械标准复审结论分为继续有效、修订或者废止。根据复审结论，按下列情形分别处理。

（1）确认继续有效的医疗器械标准，维持原标准号和年号。继续有效的医疗器械行业标准由国家药品监督管理局在标准公开系统中予以标识。

（2）需修订的医疗器械标准，归口的技术委员会或技术归口单位需按照立项要求提出修订申请，列入计划后组织修订，或通过修改单进行修改。

（3）确认废止的医疗器械标准，国家标准按国务院标准化行政主管部门的规定予以废止，行业标准由国家药品监督管理局批准后予以废止并公布。

（七）快速程序

对医疗器械监管急需制修订的行业标准，可采用快速程序。根据监管急需情况，医疗器械标准管理中心组织相关技术委员会或技术归口单位研究讨论后，提出立项建议，由国家药品监督管理局下达立项计划。计划任务下达后，承担计划项目的技术委员会或技术归口单位需加快组织起草、征求意见以及技术审查，并按时完成上报。征求意见、审核批准发布时间将根据监管要求缩短。

第二节　国际医疗器械标准制修订过程

? **问题**

国际医疗器械标准制修订程序有哪几个阶段？

一、概述

根据《采用国际标准管理办法》的定义，国际标准是指国际标准化组织（ISO）、国际电工委员会（IEC）和国际电信联盟（ITU）制定的标准，以及国际标准化组织确认并公布的其他国际组织制定的标准。国际标准的重要原则包括有效反映市场需求、体现各国科学技术发展、不影响创新和技术发展、不阻碍公平竞争。国际标准制定流程通常包括预研阶段、提案阶段、准备阶段、委员会阶段、询问阶段、批准阶段和出版阶段。平均制定周期是36个月。

二、主要程序

1. 预研阶段　通过P成员的简单多数表决，技委会或分技委可将尚不完全成熟、不能进入下一阶段处理的预工作项目（例如涉及新兴技术的项目）纳入工作计划。但预工作项目仅意味着该项目可列入技委会或分技委工作计划，没有正式立项。

2. 提案阶段　满足以下要求，即可立项。

（1）技委会或分技委P成员简单多数赞成。

（2）具有16或以下P成员的委员会至少有4个P成员；具有17个或以上的P成员的委员会至少有5个P成员表示积极参与该项目的起草，比如在准备阶段作出有效的贡献，提名技术专家并对工作草案提出意见。统计时，仅计算同意将该项目列入工作计划的P成员。

（3）如果同意票的表格中没有提名专家，在决定是否满足项目通过的条件时，国家成员体表示积极参与项目的投票将不被考虑。

3. 准备阶段　成立工作组（WG），并形成协商一致的工作组草案。

4. 委员会阶段　是考虑国家成员体意见的主要阶段，旨在技术内容上达成一致。因此国家成员体应认真研究委员会草案文本并在本阶段提交所有相关评论意见。国家成员体对委员会第一草案评论的时间应为3个月。委员会在协商一致的原则基础上作出分发询问草案的决定。在ISO中，假如对协商一致有疑问，只要由参加投票的技术委员会或分委员会P成员的2/3同意，就可以认为该草案足以被接受，作为询问草案予以登记。

5. 询问阶段　询问草案应由CEO办公室分发给所有的国家成员体，IEC进行为期5个月的投票，ISO进行为期3个月的投票。如果满足下列条件，询问草案则可通过：①参加投票的2/3技术委员会或分委员会P成员多数赞成；②反对票不超过投票总数的1/4。

计票时，弃权票及未附有技术理由的反对票不计算在内。

6. 批准阶段　在批准阶段，CEO办公室应将最终国际标准草案分发给所有成员国进行为期2个月的投票。

如果满足下列要求，分发进行投票的最终国际标准草案则获得通过：①参加投票的2/3技术委员会或分委员会P成员赞成；②反对票不超过总数的1/4。

根据委员会的决议，本阶段可以省略。

7.出版阶段　CEO应在2个月之内更正技术委员会和分委员会秘书处指出的所有错误，并且印刷和分发国际标准。国际标准出版，出版阶段即告结束。

第三节　我国采用国际标准基本原则和形式

⑦ 问题

　　哪些标准化组织制定的标准属于国际标准？国际标准化组织发布的标准都能转化成我国标准吗？我国采用国际标准时都有哪些形式？

一、采用国际标准的基本原则

（一）采用国际标准的依据

采用国际标准是指将国际标准的内容，经过分析研究和试验验证，等同或修改转化为我国标准（包括国家标准、行业标准、地方标准），并按我国标准审批发布程序批准发布。

在我国采用国际标准应符合《采用国际标准管理办法》的规定，按照GB/T 20000.2《标准化工作指南　第2部分：采用国际标准》、GB/T 1.1《标准化工作导则　第1部分：标准的结构和编写规则》等有关要求开展转化制修订工作。

（二）采用国际标准的基本原则

随着科学技术迅速发展、经济的全球化和贸易的国际化，国际标准受到各国的重视，在国际经济、社会发展、技术交流等方面发挥着越来越重要的作用。我国鼓励积极采用国际标准，应遵循以下基本原则。

（1）采用国际标准，应当符合我国有关法律、法规，遵循国际惯例，做到技术先进、经济合理、安全可靠。

（2）制定（包括修订）我国标准应当以相应国际标准（包括即将制定完成的国际标准）为基础。

对于国际标准中通用的基础性标准、试验方法标准应当优先采用。

采用国际标准中的安全标准、卫生标准、环保标准制定我国标准，应当以保障国家安全、防止欺骗、保护人体健康和人身财产安全、保护动植物的生命和健康、保护环境为正当目标；除非这些国际标准由于基本气候、地理因素或者基本的技术问题等原因而对我国无效或者不适用。

（3）采用国际标准时，应当尽可能等同采用国际标准。由于基本气候、地理因素或者基本的技术问题等原因对国际标准进行修改时，应当将与国际标准的差异控制在合理的、必要的并且是最小的范围之内。

（4）我国的一个标准应当尽可能采用一个国际标准。当我国一个标准必须采用几个国际标准时，应当说明该标准与所采用的国际标准的对应关系。

（5）采用国际标准制定我国标准，应当尽可能与相应国际标准的制定同步，并可以采用标准制定的快速程序。

（6）采用国际标准，应当同我国的技术引进、企业的技术改造、新产品开发、老产品改进相结合。

（7）采用国际标准的我国标准的制定、批准、编号、发布、出版、组织实施和监督，同我国其他标准一样，按我国有关法律、法规和规章规定执行。

（8）企业为了提高产品质量和技术水平，提高产品在国际市场上的竞争力，对于贸易需要的产品标准，如果没有相应的国际标准或者国际标准不适用时，可以采用国外先进标准。

二、采用国际标准的形式

为统一各国采标原则与方法的尺度，保证采标结果能得到互认，根据ISO/IEC和我国采用国际标准的相关规定，我国对与国际标准的一致性程度划分进行了原则性要求，与国际标准一致性程度分为等同（代号：IDT）、修改（代号：MOD）和非等效（代号为NEQ）三种形式。等同和修改采用国际标准属于采用国际标准，非等效不属于采用国际标准。

等同采用国际标准时，使用翻译法；修改采用国际标准时，使用重新起草法。

等同采用是指与国际标准在技术内容和文本结构上相同，或者与国际标准在技术内容上相同，只存在少量编辑性修改。

修改采用是指与国际标准之间存在技术性差异，并清楚地标明这些差异以及解释其产生的原因，允许包含编辑性修改。修改采用不包括只保留国际标准中少量或者不重要的条款的情况。修改采用时，我国标准与国际标准在文本结构上应当对应，只有在不影响与国际标准的内容和文本结构进行比较的情况下才允许改变文本结构。

非等效是指与相应国际标准在技术内容和文本结构上不同，它们之间的差异没有被清楚地标明，也包括在我国标准中只保留了少量或者不重要的国际标准条款的情况，仅表明我国标准与相应国际标准有对应关系。

思考题

1.我国医疗器械标准制修订程序是什么？

2.我国医疗器械标准制修订包括哪几个主要环节？

3.国际医疗器械标准制修订程序是什么？

4.我国采用国际标准的基本原则是什么？

5.我国采用国际标准的形式分为哪几种？

第四章　医疗器械标准实施与监督

✏️ **学习导航**

1. 掌握医疗器械标准实施与监督的主要法规、规范性文件及其相关规定。
2. 熟悉各相关部门在医疗器械标准实施与监督中的职责分工以及违法行为的处罚规定等。

　　医疗器械标准化工作贯穿医疗器械研发、生产、经营、使用全生命周期，是保障医疗器械安全有效、保障人体健康与生命安全的重要手段。医疗器械从业人员应认真学习医疗器械标准化基础知识，系统了解中国医疗器械标准体系，明晰医疗器械国家标准、行业标准与生产企业医疗器械产品技术要求间的区别与联系，系统了解医疗器械法规与标准的关系，并能准确应用。生产企业和研发机构应当主动贯彻实施包括强制性国家标准和行业标准在内的医疗器械标准。医疗器械监督管理人员在监管实践中能以科学的态度监管医疗器械企业，企业要严格按照经注册或备案的产品技术要求组织生产，使出厂的医疗器械符合强制性标准以及经注册或者备案的产品技术要求。医疗器械经营者和使用单位在经营、使用医疗器械过程中，要符合医疗器械法规要求。

第一节　医疗器械标准实施

❓ **问题**

　　医疗器械相关企业和使用单位如何执行医疗器械有关标准？

　　医疗器械安全有效相关质量特性既与医疗器械研制、生产环节相关，也与医疗器械经营、使用环节相关，医疗器械标准实施的主体是相关机构和企业，特别是医疗器械生产企业。正如《医疗器械标准管理办法》第十五条规定"医疗器械研制机构、生产经营企业和使用单位应当严格执行医疗器械强制性标准。鼓励医疗器械研制机构、生产经营企业和使用单位积极研制和采用医疗器械推荐性标准，积极参与医疗器械标准制修订工作，及时向有关部门反馈医疗器械标准实施问题和提出改进建议"。

一、医疗器械研发机构应当主动实施适用的医疗器械标准

　　医疗器械研发机构应当参照《医疗器械生产质量管理规范》及其附录、YY/T 0287《医疗器械　质量管理体系　用于法规的要求》等质量管理法规和标准要求，建立健全与所研发医疗器械相适应的质量管理体系，并保证其有效运行。医疗器械研发机构应当参照YY/T0316《医疗器械　风险管理对医疗器械的应用》等标准要求，将风险管理贯穿于医

疗器械设计开发全过程，所采取的风险管理措施应当与产品存在的风险相适应。医疗器械研发机构研发医疗器械时，必须实施适用的强制性国家标准和行业标准，积极实施适用的推荐性国家标准与行业标准，以保证研发的医疗器械设计特性、预期用途和质量控制水平不低于适用的强制性国家标准和强制性行业标准。医疗器械研发机构还应当将其实施医疗器械标准情况详细告知医疗器械生产企业。

二、医疗器械生产企业应当积极实施适用的医疗器械标准

医疗器械生产企业应当保证其拟上市的医疗器械技术规范（包括重要采购物料/服务、零部件/组件和成品的技术要求和质量控制标准等）不低于适用的强制性国家标准和强制性行业标准。

医疗器械生产企业应当开展必要的设计开发验证和确认，并按法规规定和要求进行产品技术要求评估和型式检验，证明其拟上市医疗器械产品技术要求全面实施了适用的强制性国家标准和行业标准，其产品质量不低于强制性国家标准和行业标准。

医疗器械生产企业应当按照法规和相关标准要求开展必要的临床评价（含临床试验），确认其拟上市医疗器械能够在规定条件下实现预期用途。

取得医疗器械备案/注册和生产备案/许可后，医疗器械生产企业应当持续严格按照经注册或者备案的产品技术要求组织生产，根据医疗器械强制性国家标准和行业标准以及经注册或者备案的产品技术要求制定进货、过程和成品的检验规程，对进货、生产过程和成品开展常规控制，保证放行的医疗器械符合强制性标准以及经注册或者备案的产品技术要求。若适用的强制性标准有变动和更新，医疗器械生产企业应当在规定时限内完成包括产品设计开发变更、验证/确认等工作，证明其出厂的医疗器械符合更新后的有效强制性标准。医疗器械注册延续时，企业还应提交相关证明文件，证明其产品能够达到已修订的医疗器械强制性标准新要求。

通过医疗器械监督抽验、可疑不良事件监测和再评价等，对可能存在有害物质或者擅自改变医疗器械设计、原材料和生产工艺并存在安全隐患的医疗器械，按照医疗器械国家标准、行业标准规定的检验项目和检验方法无法检验的，医疗器械检验机构可以补充检验项目和检验方法进行检验；使用补充检验项目、检验方法得出的检验结论，经国务院药品监督管理部门批准，可以作为药品监督管理部门认定医疗器械质量的依据。

医疗器械生产企业应当对所生产的医疗器械开展顾客抱怨和不良事件监测工作，若发现其生产的医疗器械不符合强制性标准、经注册或者备案的产品技术要求或者存在其他缺陷的，应当立即停止生产，通知相关生产经营企业、使用单位和消费者停止经营和使用，召回已经上市销售的医疗器械，采取补救、销毁等措施，记录相关情况，发布相关信息，并将医疗器械召回和处理情况按规定向药品监督管理部门和卫生健康委员会主管部门等报告。

三、医疗器械经营企业和使用单位应当主动实施医疗器械标准

医疗器械经营企业、使用单位应当经营、使用合法上市、符合强制性标准以及经注册或者备案的产品技术要求的医疗器械。

医疗器械使用单位应当按照产品说明书的要求进行检查、检验、校准、保养、维护、分析、评估，确保医疗器械处于良好状态，保障使用质量。发现使用的医疗器械存在安全隐患的，医疗器械使用单位应当立即停止使用，并通知生产企业或者其他负责产品质量的机构进行检修；经检修仍不能达到使用安全标准的医疗器械，不得继续使用。医疗器械经营企业、使用单位应当对所经营或者使用的医疗器械开展不良事件监测；发现医疗器械不良事件或者可疑不良事件，应当按照国务院药品监督管理部门的规定，向医疗器械不良事件监测技术机构报告，并向医疗器械生产企业反馈，必要时配合医疗器械生产企业实施召回。

第二节　医疗器械标准监督

? 问题

开展医疗器械标准监督的重点环节有哪些？

一、医疗器械上市前的标准监督

医疗器械注册申请人开展委托检验时，有资质的医疗器械检验机构按照《食品药品监管总局关于印发医疗器械检验机构开展医疗器械产品技术要求预评价工作规定的通知》（食药监械管〔2014〕192号）的要求，对企业送检医疗器械产品技术要求开展预评价，评价其产品技术要求实施的医疗器械国家标准/行业标准，特别是强制性标准的完整性和适宜性，使医疗器械型式检验报告符合产品注册的相关要求。

医疗器械注册是药品监督管理部门根据医疗器械注册申请人的申请，依照法定程序，对其拟上市医疗器械的安全性、有效性研究及其结果进行系统评价，以决定是否同意其申请的过程。技术审评机构在进行技术审评过程中，特别对其产品的技术要求与其他安全性、有效性证据的协同性、一致性、实施医疗器械标准，特别是强制性标准适用情况进行综合评价。在医疗器械注册和生产许可时进行现场核查，进一步确认其医疗器械强制性标准实施情况。核发医疗器械备案/注册凭证同时，也备案/核准其医疗器械产品技术要求，既供企业指导生产，也供监管部门监督标准实施情况时使用。

二、医疗器械上市后的标准监督

（一）医疗器械上市后标准监督分工

国家药品监督管理局统筹全国医疗器械标准实施监督，医疗器械标准管理中心、各医疗器械标准化技术委员会、有资质的医疗器械检验机构在各自职责范围内参与医疗器械标准实施监督。地方药品监督管理部门负责属地医疗器械标准相关法律法规的贯彻实施，组织、参与医疗器械标准的制修订相关工作，监督医疗器械标准的实施，收集并向上一级药品监督管理部门报告标准实施过程中的问题。

（二）通过监督抽验对标准实施情况进行监督

医疗器械监督抽验是评价医疗器械质量、评价生产企业在日常生产中实施医疗器械标准的重要手段之一。目前的医疗器械监督抽验项目主要有国家级抽检和省级抽检两个层级，俗称为"国抽"和"省抽"，分别在生产、经营和使用环节抽样医疗器械，由指定的有资质的医疗器械检验机构完成检验。"国抽"和"省抽"均会按要求发布医疗器械质量公告，公布全部检验结果。

（三）通过质量管理体系现场检查对标准实施情况进行监督

由于医疗器械成品可检验的项目有限，因此监督抽验也有一定的局限性。监督医疗器械质量特性形成过程也是一种有效的监督方式。由于生产环节是医疗器械质量特性形成的重要阶段，《医疗器械生产质量管理规范》及其附录为加强对产品实现全过程管理，特别是加强对采购和生产过程的质量控制以及成品放行的管理，确保放行的医疗器械符合强制性标准以及经注册或者备案的产品技术要求，还分别对采购物品、半成品、成品符合医疗器械标准，特别是医疗器械强制性标准提出了要求。

（四）违法行为类型和处罚规定

医疗器械标准化相关常见违法行为及相应处罚规定详见《医疗器械监督管理条例》第六十六条、六十七条。

思考题

1.医疗器械生产企业应当如何主动实施医疗器械标准？

2.监管部门在医疗器械上市前的研发、注册环节以及上市后如何监督企业实施医疗器械标准？

第五章　医疗器械质量管理标准

✏️ 学习导航

1. 掌握有关医疗器械质量管理体系标准（YY/T 0287）和风险管理标准（YY/T0316）的主要内容。

2. 熟悉YY/T 0287—2017标准的主要思路、特点及与我国医疗器械监管法规的融合方式。

3. 了解医疗器械风险管理流程及风险管理过程中文档要求。

　　医疗器械质量管理标准与我国医疗器械监管紧密相关，是制修订我国医疗器械法规的重要依据之一。YY/T 0287《医疗器械　质量管理体系　用于法规的要求》等同转化ISO 13485标准，是制定《医疗器械生产质量管理规范》的重要基础，《医疗器械生产质量管理规范》引用了YY/T 0287标准的大部分要求。我国医疗器械相关法规还从不同角度提出了风险管理的要求，YY/T 0316《医疗器械　风险管理对医疗器械的应用》等同转化ISO 14971，标准中包含的医疗器械风险管理理念、要求和方法，为组织开展医疗器械风险管理满足我国法规要求提供了方法和途径。这些质量管理通用标准的应用对于提升我国医疗器械监管的规范性、科学性和有效性及与国际医疗器械监管接轨具有重要意义。本章简要介绍我国医疗器械质量管理标准包含的主要内容，重点介绍YY/T 0287—2017 和YY/T 0316—2016标准的理念、内容和特点。

第一节　概述

❓ 问题

　　医疗器械质量管理标准由谁归口管理？主要由谁使用？包含哪些方面的内容？与其他标准有何关系？

　　国际标准化组织/医疗器械质量管理和通用要求技术委员会（ISO/TC 210），负责制定医疗器械质量管理和通用要求领域的系列国际标准和指南。ISO/TC 210的国内对口技术委员会为全国医疗器械质量管理和通用要求标准化技术委员会（SAC/TC 221）。

　　SAC/TC 221的主要任务是承担医疗器械质量管理和通用要求领域的标准化工作，进行医疗器械质量管理和通用要求标准的研究、制修订和应用推广。SAC/TC 221标准主要涵盖以下9个方面内容：质量管理体系对医疗器械的应用、风险管理对医疗器械的应用、上市后监督系统对医疗器械的应用、质量原则对医疗器械应用的通用要求、医疗器械的符号和命名、医疗器械软件、医疗器械可用性、小孔径连接件和贮液器输送系统用连接件。

　　医疗器械质量管理标准的通用性强、涉及面广，与医疗器械产业的健康发展紧密相关。标准适用于医疗器械生命周期各环节的质量管理，不但和监管机构、生产企业密切相关，而且和经营企业、医疗机构、检测认证机构、医疗器械科研院所、社会组织及公众等也紧密相关。各相关方协同应用标准将促进我国医疗器械产业的快速健康发展。

　　医疗器械质量管理标准与特定医疗器械产品安全标准紧密相关。医疗器械组织通过实施规范的质量管理体系，才能落实医疗器械产品安全标准要求和实现医疗器械安全有效的目的。医疗器械产品安全标准与 YY/T 0316 风险管理标准的进一步融合，可提升医疗器械产品安全标准的有效性。

第二节　YY/T 0287—2017《医疗器械　质量管理体系　用于法规的要求》介绍

? 问题

　　YY/T 0287 标准与 ISO 9000 族标准有何关系？ YY/T 0287 标准主要理念是什么？为什么说 YY/T 0287 标准能为医疗器械监管提供技术支撑？

一、YY/T 0287/ ISO 13485 标准发展历史

　　20 世纪 90 年代国际标准化组织 ISO 发布了 ISO 9000 族质量管理体系标准，在全球产生了巨大的反响。由于医疗器械质量管理的要求不同于一般工业产品的要求，ISO 于 1996年制订发布了 ISO 13485《质量体系　医疗器械 ISO 9001 应用的专用要求》和 ISO 13488《质量体系　医疗器械 ISO 9002 应用的专用要求》两个标准。在当时的历史条件下，实施 ISO 13485（8）：1996 标准必须和 ISO 9001（2）：1994 标准结合使用，因此 ISO 13485：1996和 ISO 13488：1996 不是一个独立的标准。2000 年 ISO 修订发布了 ISO 9001 标准，ISO/TC 210 删减和更改 2000 版 ISO 9001 标准的部分要求和内容，增加了法规要求和医疗器械的专用要求，于 2003 年正式发布了 ISO 13485：2003《医疗器械　质量管理体系　用于法规的要求》。从此 ISO 13485：2003 标准作为一个独立的标准应用于医疗器械领域。2016 年 3 月1 日国际标准化组织发布了 ISO 13485：2016《医疗器械　质量管理体系　用于法规的要求》，代替了 ISO 13485：2003 标准。

　　我国医疗器械监管部门高度重视国际医疗器械质量管理标准并积极跟踪标准的制修订过程，分别在 1996 年和 2003 年标准发布后即等同采用转化为行业标准，确保我国行业标准发布和国际标准保持同步。2017 年 1 月 19 日国家食品药品监督管理总局发布 YY/T 0287—2017 等同转化 ISO 13485：2016《医疗器械　质量管理体系　用于法规的要求》，并于 2017 年 5 月 1 日起正式实施。

二、YY/T 0287—2017标准的主要理念

YY/T 0287—2017（以下简称2017版标准）强调贯彻当代先进质量管理原则理念和方法，突出了法规和质量管理体系的融合，着力于满足顾客要求和适用的法规要求，聚焦于医疗器械安全有效，促进医疗器械产业发展，其主要理念有以下几个方面。

（一）以人为本

质量管理体系标准的七项质量管理原则中"领导作用""全员积极参与"都充分体现以人为本的思想。医疗器械组织是医疗器械质量安全有效的责任主体，最高管理者承担着医疗器械质量安全的首要责任，应发挥领导作用，兑现管理承诺。员工在质量管理体系各个过程中承担着各自的质量责任。因此医疗器械组织从最高管理者到员工，都要增强质量意识、落实质量责任。

（二）融入法规要求

医疗器械法规要求是确保医疗器械安全有效的底线。医疗器械质量管理体系标准必须包含法规要求，企业质量管理体系的运行也必须要符合法规要求。2017版标准全文中出现"适用的法规要求"有52处，充分体现标准以法规要求为主线，融入法规要求。2017版标准提出了法规要求融入质量管理体系的三项规则，即"按照适用的法规要求识别组织的一个或多个角色、依据这些角色识别适用于组织活动的法规要求、在组织质量管理体系中融入这些适用的法规要求"（标准条款0.1总则），为法规要求融入质量管理体系提供了可操作性的途径和方法。

标准规定"组织需要按照医疗器械适用管辖区的法规中的定义解读本标准的定义"（标准条款0.1总则）。就是按照各国法规解读标准中的定义。这有助于在一个标准框架平台上协调各国医疗器械法规，有利于达成共识，促进全球医疗器械法规协调一致。

（三）标准的系统方法

标准强调用系统方法实施质量管理体系。质量管理体系的基本单元是过程，体系是由各种要素组成的系统，标准倡导的过程方法就是标准系统理念的应用。

过程方法包括按照组织的质量方针和战略方向，对各过程及其相互作用进行系统的规定和管理，从而实现预期结果。可通过采用PDCA循环以及基于风险的方法对过程和整个体系进行管理，旨在有效利用机遇并防止发生不良结果。

在质量管理体系中使用过程方法强调以下方面的重要性。

1.理解并满足要求　YY/T 0287—2017标准主要提出四方面要求，即质量管理体系标准的要求、顾客要求、适用的法规要求和组织自身要求。使用过程方法要识别这四方面要求并策划、实施、检查、改进各个过程。

2.从增值的角度考虑过程　从提升价值角度考虑每个过程的PDCA循环。即识别并策划有价值过程；增加有价值活动；对过程监视和测量关注价值的增减；改进无价值活动实现增值。

3.获得过程绩效和有效性的结果 过程绩效是过程输出的可测量结果。有效性结果是完成策划活动、达到预期结果的程度。过程方法从输出结果角度考虑过程，即组织为实现目标展现在各过程的有效输出及是否达到各过程策划的结果及程度。

4.在客观测量的基础上改进过程 过程方法的使用，要求组织开展监视和测量活动，在确保数据和信息客观、准确的基础上，对数据和信息进行分析研究，为改进过程的决策提供科学依据。组织应运用统计技术工具，客观测量并分析数据，增强改进过程绩效及组织实现预定目标的能力。

PDCA循环是一种动态的管理方法，能够应用于所有的过程和质量管理体系，通过实施PDCA循环，促使质量管理体系规范运行，并能诊断和发现问题，采取处置措施和改进，提高有效性和效率。2017版标准对采用过程方法和PDCA循环提出了详尽的具体要求和步骤。组织要按照标准的系统理念将过程方法和PDCA循环结合在一起应用于质量管理体系及其过程，同时还要考虑应用风险管理，只有这三个方面有效互动，才能实现质量管理体系的目标。

（四）风险管理理念

风险管理要求也是医疗器械质量管理体系要求的组成部分。2017版标准要求医疗器械组织要以YY/T 0316/ ISO 14971风险管理标准为指南（详见本章第三节），结合医疗器械产品安全标准，运用风险管理原则、要求、步骤和方法，提升风险管理的有效性。2017版标准还提出要运用基于风险的方法控制质量管理体系及过程的要求，进一步在医疗器械产品、过程和组织质量管理体系三个层面上开展风险管理，体现风险管理的价值，确保医疗器械安全有效。

在YY/T 0287—2017中风险的应用是关于医疗器械的安全或性能要求或满足适用的法规要求。产品实现过程的风险管理要求见YY/T 0287—2017的7.1条款。在YY/T 0287—2017标准中没有要求使用正式的风险管理来识别质量管理体系过程本身的风险，但强调需要概括描述如何应用基于风险的方法控制相关过程。组织可以选择适合其需要的方法和分析工具。

组织宜应用基于风险的方法来建立、实施、保持和改进质量管理体系及其相关的过程，以便于：①决定如何处置在产品和过程的设计和开发中的风险，以确保医疗器械的安全和性能，改进过程的输出和防止非预期结果；②改进质量管理体系的有效性；③保持和管理一个系统，能够从根本上解决风险和实现目标。

（五）改进创新的理念

标准为医疗器械组织改进创新提供了行动指南。医疗器械组织应按照标准要求，利用质量方针、质量目标、审核结果、上市后监督、数据分析、纠正措施、预防措施、内审和管理评审等各种改进的输入，确定改进的机会。通过采取纠正措施，消除产生不合格的原因，防止不合格重复发生；通过采取预防措施消除产生潜在不合格的原因，防止不合格的发生。医疗器械组织通过改进创新驱动，切实提升质量管理体系的充分性、适宜性和有效性，提高医疗器械产品和服务的质量。

三、YY/T 0287—2017标准内容介绍

（一）YY/T 0287—2017标准结构介绍

YY/T 0287—2017标准主要结构内容：前言、引言、范围、规范性引用文件、术语和定义、质量管理体系总要求及文件要求、管理职责、资源管理（包含人力资源、基础设施、工作环境和污染控制）、产品实现（包含产品实现策划、与顾客有关过程、设计开发、采购、生产和服务提供、监视测量设备的控制）、测量分析和改进（包含反馈、投诉处置、向监管机构报告、内部审核、过程监测、产品监测、不合格品控制、数据分析、改进）。为方便使用者对YY/T 0287—2017标准与YY/T 0287—2003标准变化的了解，提供了资料性附录A，对比新旧两版标准将更改内容进行了说明。YY/T 0287—2017标准是一个以GB/T 19001—2008为基础的独立标准。GB/T 19001—2016标准已于2017年7月1日正式发布。为方便两个标准的使用者，资料性附录B给出了YY/T 0287—2017标准和GB/T 19001—2016标准的对应关系。

（二）YY/T 0287—2017标准主要内容介绍

1.前言　介绍YY/T 0287—2017与YY/T 0287—2003的主要变化内容：突出了法规要求的重要性；扩大了适用范围；加强了风险管理要求；增加了与监管机构沟通和向监管机构报告的要求；加强了上市后监督管理的要求；增加了形成文件和记录的要求。

2.引言　提出标准适用医疗器械生命周期的概念；介绍按照标准要求将适用的法规要求融入质量管理体系的三个规则；对一些概念进行阐述，如"适当时""风险""法规要求"等；对过程方法进行介绍；与ISO 9001标准的关系；与其他管理体系的关系，如职业健康与安全管理、环境管理等。

3.标准正文部分

（1）范围　明确了质量管理体系的适用范围，强调了质量管理体系的通用性，指出了针对质量管理体系中合理删减或不适用条款的识别和管理方式。

（2）规范性引用文件　GB/T 19000—2016 idt ISO 9000：2015《质量管理体系　基础和术语》是YY/T 0287—2017标准的唯一规范性引用文件，是YY/T 0287—2017标准的术语和定义的来源。

（3）术语和定义　2017版标准共有20个术语，相比较2003版标准的8个术语发生了较大变化。2017版标准增加的术语有利于加深对标准的一致理解和实施，也有助于相互沟通和交流。

（4）质量管理体系　本条款提出了质量管理体系的总要求，阐述了质量管理体系的总体框架和控制方式。即组织应建立文件化的质量管理体系，并保持其有效运行。这些文件要满足标准要求和适用的法规要求。针对要形成的文件可分为三个层级，即质量手册、程序文件、管理制度和指导书等三层级文件。各层级文件的"建立、实施和保持"均要受控。对质量管理体系每个过程均应按照PDCA方法进行控制。即策划每个过程的准则和方法，并确保支持和监视每个过程的资源和信息的充分；依据策划的准则和方法实施过程保证其有效性；并对每个过程进行监视、测量和分析。质量管理体系的过程发生

更改时，应评价是否对质量管理体系产生影响及这些更改对所生产的医疗器械是否有影响，同时更改控制要符合本标准要求和适用的法规要求。组织应对任何外包过程进行监视和控制，并承担符合相关要求的责任。应依据涉及的风险程度和标准7.4条款要求对外包过程进行控制，控制方式要包含书面质量协议。对用于质量管理体系的软件的应用提出确认的要求，确认的方法要与风险相适应并保留相关记录。

该条款还明确了对医疗器械文档的要求，规定组织应按照医疗器械产品的类型或者医疗器械族建立并保持一个或多个文档，应当包含或引用形成的文件来证明符合质量管理体系和适用的法规要求。同时还提出对质量管理体系文件及记录的控制要求。

（5）管理职责　强调最高管理者的作用，并使其能够发挥领导作用。确保最高管理者在关注顾客要求得到实现、增强顾客满意、满足适用的法规等方面，彰显其领导作用和承诺。最高管理者制定质量方针，并与组织战略方向保持一致。最高管理者通过设立公司及各部门或各过程的质量目标以促进组织战略实现。最高管理者任命管理者代表并规定其职责，管理者代表负责体系文件的建立并报告体系运行情况，提升整个组织的质量意识和法规意识。最高管理者在组织内部建立适当的沟通渠道，使得质量管理体系的信息得到有效沟通。最高管理者主持管理评审会议，按照标准和法规规定的管理评审输入内容开展评审，以评价质量管理体系的适宜性、充分性和有效性，并在质量管理体系方面、产品方面、满足法规方面、资源需求方面提出改进的要求。

（6）资源管理　组织应确定并提供为建立、保持质量管理体系有效运行所需的资源，这些资源还应满足适用的法规要求和满足顾客要求。本标准的"资源"仅指对人力资源、基础设施、工作环境和污染控制的要求。组织应确定人员的能力需求，并按照制定的选择、评价、培养人员方法予以实施。应识别满足产品符合性、防止产品混淆及有序组织生产、检验、贮存、运输、售后服务等过程所需的基础设施，并进行有效管理控制。过程运行是在特定的环境下进行的，这些环境会影响医疗器械产品和提供服务的符合性，本条款明确了组织应确定、提供和维护过程运行环境的要求，并对特定环境下人员的活动和人员的能力提出要求。组织应明确对受污染或易受污染的工作环境、人员和产品的控制进行策划并将安排形成文件。对于无菌医疗器械产品在其组装和包装过程中应保持所要求的洁净度，并将控制微生物和微粒污染的要求形成文件。

（7）产品实现　组织应策划为实现其产品或服务提供的必要过程，包括需要由外部提供的过程。组织应对这些过程进行策划、实施和控制，以满足产品和服务提供的要求，满足顾客要求和适用的法规要求。本条款明确了将风险管理过程形成文件并保留风险管理文档的要求。

产品要求的确定应来源于市场和顾客。产品是否可接受最终由顾客来决定，能否上市要根据法规要求。组织只有在充分了解顾客的需求和期望，才能做到满足顾客要求。所有顾客的订单、合同和期望都必须进行评审。评审的目的是正确理解与产品有关的要求并确保组织有能力实现这些要求，使顾客要求得以满足。组织还要与顾客进行有效沟通来理解顾客要求，并满足顾客要求，建立获得顾客信息反馈的途径。

组织应建立设计和开发控制程序，对产品设计和开发过程进行有效控制。设计开发的过程大致可分为策划、输入、验证、输出、确认、转换、变更等，各个过程可能同时或交叉进行。组织可根据自身的资源、能力，产品设计开发的性质（如全新产品的开发、技术转让产品的设计开发）等建立设计开发程序。设计开发过程是质量管理体系运行中的重要过程，对最终产品能否满足顾客要求和法规要求起着至关重要的作用。根据其转化的内容和性质，可以界定为产品的设计开发、过程的设计开发。

对采购过程的要求，其目的主要是确保采购产品（包括服务）符合规定的采购信息要求，采购信息是由组织在设计开发阶段确定的。供方的能力和绩效等对组织提供符合规定要求的产品有影响，组织应建立管理供方的过程，将供方的评价、选择、绩效等因素纳入过程考虑。组织和供方关于采购产品（包括外包过程）沟通的信息一般体现在采购文件和技术资料中，形式可以是采购计划、采购清单、采购产品规格书、采购合同或质量协议等。组织应对采购产品实施必要的检验或验证，目的是验证采购产品是否符合规定的采购要求，通过实施检验、验证或其他必要的活动，以确保只有符合采购要求的采购产品才能被接收。对采购产品的控制要求、供方的控制程度等与组织最终产品的风险、供方的成熟度、供方所提供的产品对最终产品的影响相关。

组织应对生产和服务提供过程应用PDCA方法确定控制条件，以确保产品符合规范的要求，为了控制整个生产和服务提供过程，组织应考虑生产和服务的全过程，包括放行、交付和交付后的活动。组织根据产品和提供服务的性质和特点，确定在生产和服务过程中需要控制哪些条件。这些条件影响产品质量和法规符合性。影响生产过程的因素，也就是常说的"5M1E"，即：人、机、料、法、量、环。控制条件的数量和详细的程度取决于该过程在满足质量要求中的关键程度，如基于风险管理活动的输出和从事产品实现人员的培训程度。对医疗器械来说，特别是无菌和植入类医疗器械，清洁和控制污染过程至关重要，组织应对产品需要清洁和污染控制过程提出要求。安装活动也属于产品实现过程的一部分，对于需要安装活动才能实现产品交付的医疗器械，安装活动是其生产和服务提供过程的控制关键之一，安装质量的好坏直接影响交付产品的安全和有效性，组织应对安装活动提出要求。对服务活动的要求，包括维修、定期维护和服务，旨在确保组织产品交付后的服务应满足相关要求。组织应认识到产品交付后并不意味着组织责任的终止。对无菌医疗器械的专用要求，旨在对灭菌过程的控制，确保灭菌过程能够实现追溯。当生产和服务提供的过程不能由后继过程监视或测量加以验证，并因此使问题仅在产品使用或服务交付后才显现，称为"特殊过程"。对这样的过程组织需要实施确认，目的是证实这类过程能够持续地实现所策划的结果。过程确认应建立程序文件，包含评审批准准则、设备鉴定、人员资格鉴定、使用特定的方法和接收准则、样本量原理的统计技术、记录的要求、再确认的准则等。对于无菌产品来说，灭菌过程和无菌屏障系统的有效性和产品的风险息息相关，任何一个过程的失效均会产生严重后果，所以需要对这两个过程进行确认。对产品进行标识的要求，包括产品标识、状态标识和唯一性标识，目的是确保在产品实现的全过程中，能够有效识别产品，防止混用，并有效识别产品的状态，只有符合要求的产品才能流入下道工序。关于产品可追溯性的要求，由于医疗器械基本要求是安全有效，涉及人身安全，医疗器械产品可能由于责任追溯、监测和评价不良事件等其他目的需要对产品进行追溯，组织需要保留可追溯性的信息，确保需要时能够实现追溯的目的。可追溯性对植入性医疗器械是专用要求，由于植入性医疗器械的风险较高，一旦出现问题，可能造成严重不良后果。植入性医疗器械追溯记录包含组件、材料和加工环境等。组织对顾客财产给予妥善的保护，既要防止产品损坏并妥善保管，又能及时通报相关的情况。关于产品防护的要求，是在产品加工、贮存、处置和流通期间，通过对特殊条件规定文件要求或制作包装和货运包装箱以防止过程中产品任何的损坏，确保产品符合要求。这包含生产过程中的要求、仓储物流要求等。

针对监视和测量设备（包括用于监视和测量的计算机软件）应用的明确要求，即要求组织应根据体系过程和产品特点确定需要进行哪些监视和测量活动，据此确定所需的监视和测量设备，并将监视测量活动与设备管理控制程序形成文件，实施并保留记录以确保监视和测量设备结果有效。对于监视和测量的计算机软件应按要求进行确认。

（8）测量、分析和改进　组织应策划针对产品、过程和体系的符合性和保持体系有效性方面的监视、测量、分析和改进过程，并确定这些活动的项目、方法、频次和必要的记录等适当内容。还应明确使用哪些统计技术。

反馈是对质量管理体系有效性的一种测量方式，组织应对如何收集和监视与过程、产品和服务有关的信息以及利用这些信息提出要求。2017版标准提出了将从生产和生产后活动中获取和使用反馈信息的程序形成文件的要求，还规定反馈过程收集的信息应作为监视和维护产品要求、产品实现和改进过程及风险管理潜在输入的要求。

组织应建立投诉处置程序文件，应规定对于投诉处置的最低要求和职责及保留记录的要求。"投诉"的定义是"宣称已从组织的控制中放行的医疗器械存在与标识、质量、耐用性、可靠性、可用性、安全或性能有关的缺陷或宣称影响这些医疗器械性能的服务存在不足的书面、电子或口头的沟通"。投诉是组织的信息来源，可帮助企业创造改进的机会，正确处置投诉可帮助组织提高产品技术和质量；提升服务水平；了解客户需求。

组织应将向监管机构报告的程序形成文件，并保留相关记录。2017版标准首次将向监管机构报告的要求纳入质量管理体系。除标准中明确的不良事件报告和发布忠告性通知，我国还有其他的向监管机构报告信息的形式，如年度体系自查报告、医疗器械召回总结报告等。

通过开展内部审核，发现体系中的不合格并通过纠正/预防措施进一步提高质量管理体系的符合性和有效性。通过内部审核以确定标准要求和适用的法规要求得到实施和保持。

组织应采取适宜方法对质量管理体系的各过程进行监视和（或）测量，以确保满足顾客和适用的法规要求。当确定适宜的监视和测量的方法时，建议考虑监视和测量的程度和类型应与每个过程及该过程对产品要求符合性、质量管理体系的充分性、适宜性和有效性的影响相一致。

对产品的监视和测量是通过对其特性的检验和试验，以验证产品要求是否已经得到满足。包括对采购产品的进货检验、中间产品的过程检验和最终产品出厂检验和（或）型式检验。应按照医疗器械的产品类型和预期用途等相关要求建立产品放行准则。按照产品放行准则要求开展检验活动。

为防止对不合格品的非预期使用或交付，组织应确保对不合格品加以识别和控制。不合格品可能是采购产品、过程中间产品和最终产品。标准要求组织应建立程序并形成文件以规定不合格品的控制和相关的职责权限，并保持相关处置记录。组织在产品交付顾客前的采购过程、生产过程、监视测量过程等发现的不合格品应采取的处置方式有：通过返工使不合格品转化为合格品；改作它用、报废、采购产品的拒收；授权让步使用、放行或接收，但需经有关授权人员批准。对于交付顾客后及产品投入使用时才发现的不合格品，应根据不合格的影响程度或潜在影响程度，采取适当的措施并保留相应的记录，如调换、修理、赔偿损失等。返工是指"为使不合格产品或服务符合要求而采取的措施"。若产品需要返工（一次或多次），组织应考虑返工可能对产品的潜在不良影响建立形成文件的程序，并经过与原程序相同的评审和批准。

　　数据分析的目的、方法包括统计技术及其应用。组织应对监视和测量的数据和信息进行分析和评价，如果不对数据和信息进行分析、评价并转化为有用的输出，数据和信息收集本身是没有意义的。组织应重视对统计技术的应用，以更加有效地发现改进机会，有助于改进产品和服务、过程质量、满足顾客和法规要求、实现顾客满意。

　　改进是指"提高绩效的活动"。改进活动就是指识别和实施任何更改以确保和保持质量管理体系的持续适宜性、充分性和有效性，满足医疗器械的安全和性能并持续满足顾客要求和法规要求。组织应通过利用质量方针、质量目标、审核结果、上市后监督、数据分析、纠正和预防措施以及管理评审来识别改进需求，实施必要的改进。关于上市后监督，这是标准中首次提出医疗器械上市后监督将作为质量管理体系一部分，并且是个系统的过程。术语上市后监督指收集和分析从已经上市的医疗器械获得的经验的系统过程，是组织对于已上市医疗器械开展的一系列关于产品安全、有效性等产品特性相关经验的收集和分析活动。我国医疗器械法规有一系列上市后监督的规定要求。上市后监督通常包括产品上市后数据的监测和预警（纠正措施及报告）。组织应考虑评审生产后阶段医疗器械的使用经验，并采取必要的纠正措施。上市后监督的要求应该直接与器械相关风险相适应，此外还应考虑可用的科学知识、类似产品的市场经验和组织在产品或技术上的经验。本部分还介绍了纠正措施、预防措施的目的、方法、步骤及要求。

第三节　YY/T 0316—2016《医疗器械　风险管理对医疗器械的应用》介绍

⑦ 问题

　　医疗器械产品的风险管理包括哪些过程？这些过程的顺序是什么？风险管理过程应留下什么样的文档？如何评价产品风险管理实施的符合性和有效性？

一、YY/T 0316（ISO 14971）的发展历史和应用

　　风险管理理论和实践的发展得到医疗器械行业的高度关注，为了在医疗器械领域推进风险管理，一些国家或地区的监管部门在制定医疗器械法规时提出了风险分析要求。20世纪90年代美国FDA在质量体系法规（QSR），欧盟在医疗器械指令中均包含风险分析

的内容。ISO/TC 210根据世界上风险管理理论和应用情况以及各国医疗器械监管部门、医疗器械企业和医疗器械使用单位对风险管理的要求，于1995年开始了"风险分析对医疗器械的应用"工作草案的起草工作。1997年ISO/TC 210和国际电工委员会的医用电气设备通用要求分技术委员会（即IEC/SC62A）成立联合工作组JWG1，加强了风险管理对医疗器械应用有关标准的制定工作。1998年10月ISO发布了ISO 14971-1：1998《医疗器械风险管理：第一部分　风险分析对医疗器械的应用》。2000年12月ISO发布了ISO 14971：2000《医疗器械　风险管理对医疗器械的应用》标准，包括了医疗器械风险管理所有方面的内容。随着医疗器械风险管理的发展，ISO/TC 210不断总结医疗器械风险管理的实践经验和问题，经修订，于2007年3月1日发布了ISO 14971：2007《医疗器械　风险管理对医疗器械的应用》。

国家药品监督管理局非常重视医疗器械风险管理，ISO发布上述风险管理标准后，及时组织SAC/TC221开展等同采用的转化工作，将ISO上述标准转化为YY/T 0316—2000 idt ISO14971-1：1998、YY/T 0316—2003 idt ISO 14971：2003、YY/T 0316—2008 idt ISO 14971：2007，并于2016年1月发布YY/T 0316—2016 idt ISO 14971：2007更正版。我国还明确规定在医疗器械企业申报医疗器械产品注册时必须提交医疗器械风险分析报告，从而极大地推动我国医疗器械风险管理的贯彻和实施。ISO 14971：2007标准的内容充实、紧密结合实际，阐述了医疗器械风险管理的要求、过程、方法步骤，有助于医疗器械风险管理的深入开展和有效实施。该标准的发布对于指导、推动、规范医疗器械风险管理发挥了巨大作用。

目前，世界上很多国家在医疗器械法规中提出了风险管理要求，例如，欧盟国家，要求所有进入欧盟市场的医疗器械均须按照ISO 14971实施风险管理；在美国，虽然没有强制要求按照ISO 14971实施医疗器械风险管理，但如果医疗器械制造商能按照ISO 14971实施风险管理，通常被认为符合法规要求；其他很多国家也认可按照ISO 14971实施的风险管理。

二、YY/T 0316（ISO 14971）的基本理念

YY/T 0316（ISO 14971）包含的风险管理的基本理念如下。

（1）所有医疗器械都有风险，都应进行风险管理。

（2）医疗器械风险管理是将医疗器械风险控制在可接受水平。

（3）医疗器械制造商是把风险控制在合理可接受水平的首要责任人。

（4）风险管理的基本方法：①在上市前通过风险管理预防使用过程中的风险；②上市后通过对上市前风险管理不到位的地方采取措施保持已售出产品在寿命期的安全性，并通过变更控制包括变更的风险管理不断提高产品的安全性。

（5）保持完整的风险管理过程，才能确保风险管理的有效性。

（6）风险管理应贯穿于医疗器械生命周期，直至产品寿命终止。

（7）风险管理不仅要考虑医疗器械正常时的安全性，还要考虑医疗器械故障时的安全性。

（8）风险管理必须和相关法规和产品标准相结合。

三、YY/T 0316（ISO 14971）内容简介

（一）YY/T 0316（ISO 14971）标准结构

YY/T 0316标准主要内容：适用范围、术语和定义、风险管理基本要求、风险管理流程（包括风险分析、风险评价、风险控制、综合剩余风险的可接受性评价、风险管理报告、生产和生产后信息）。为了标准的使用者更好地应用该标准，标准还提供了指南性的10个附录。

附录A　各项要求的理由说明（资料性附录）

附录B　医疗器械风险管理过程概述（资料性附录）

附录C　用于判定医疗器械与安全性有关特征的问题（资料性附录）

附录D　用于医疗器械的风险概念（资料性附录）

附录E　危险（源）、可预见的事件序列和危险情况示例（资料性附录）

附录F　风险管理计划（资料性附录）

附录G　风险管理技术资料（资料性附录）

附录H　体外诊断医疗器械风险管理指南（资料性附录）

附录I　生物学危险（源）的风险分析过程指南（资料性附录）

附录J　安全性信息和剩余风险信息（资料性附录）

（二）YY/T 0316（ISO 14971）标准内容

1.适用范围　YY/T 0316标准为医疗器械制造商所提供的医疗器械产品的风险管理规定了风险管理要求，提供了风险管理流程和框架，可用于系统管理医疗器械的风险。本标准适用于医疗器械的生命周期的所有阶段。

2.术语和定义　YY/T 0316（ISO 14971）基本采用GB/T 19001（ISO 9001）和YY/T 0287（ISO 13485）的术语和定义，另外，本标准还给出了一些特定术语，例如风险、风险分析、风险评价、风险控制、风险管理文档等。

3.风险管理过程的基本要求　"质量管理体系"中的"质量"是指产品和服务质量，医疗器械产品质量的基本要求就是确保产品安全有效，组织建立的质量管理体系就是为了确保产品的质量符合要求。其中，对产品安全性的管理，就是通过控制影响产品安全性的质量活动，如设计开发、采购、生产等，达到产品安全的目的，对这些活动的控制管理就是风险管理。因此风险管理是质量管理体系的组成部分。

对于影响产品安全性的质量活动，如设计开发、采购、生产等，虽然质量管理体系（如ISO 13485或医疗器械生产质量管理规范）中明确了控制要求，但并没有描述风险管理应遵循的流程、程序和如何实施风险管理，而YY/T 0316专门为医疗器械制造商所提供的医疗器械产品的风险管理规定了风险管理流程和程序，并以附录形式提供了一些风险管理操作指南。因此，风险管理不仅是质量管理体系的组成部分，而且YY/T 0316是YY/T 0287或医疗器械生产质量管理规范的补充，医疗器械制造商在建立质量管理体系时，应包括医疗器械产品风险管理的适当内容，也就是说，应基于YY/T 0316的学习和理解，在质量管理体系的相关文件中明确风险管理的基本要求。

医疗器械制造商应在质量管理体系的相关文件中，至少应针对下列五个方面建立明确的要求。

（1）对最高管理者的要求（详见YY/T 0316的3.1）。

（2）对风险管理过程的要求（详见YY/T 0316的3.2）。

（3）对风险管理人员资格的要求（详见YY/T 0316的3.3）。

（4）对风险管理计划的要求（详见YY/T 0316的3.4）。

（5）对风险管理文档的要求（详见YY/T 0316的3.5）。

通过质量管理体系有效保持实施这五个方面的要求，才能真正发挥风险管理过程的作用，确保医疗器械产品的安全。

4.风险管理流程 要确保医疗器械产品安全，必须对医疗器械实施风险管理，且风险管理过程应完整，完整的风险管理见图5-1，该图说明了风险管理活动的先后顺序及其相互关联关系，每一个过程又包含着若干个相互关联和相互作用的子过程。图5-1是医疗器械风险管理的工作流程，制造商实施风险管理工作以及医疗器械监管部门检查制造商风险管理工作都可按该图进行。

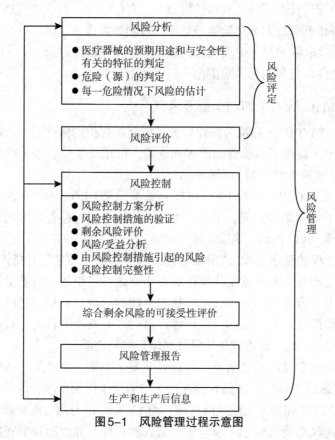

图5-1 风险管理过程示意图

（1）风险分析 实施风险分析，应按下列程序：①判定医疗器械预期用途和与安全性有关的特征［见YY/T 0316（ISO 14971）标准4.2条］；②判定危险（源），列出危险（源）清单［见YY/T 0316（ISO 14971）标准4.3条］；③估计每个危险（源）的风险［见YY/T 0316（ISO 14971）标准4.4条］。

1）判定医疗器械预期用途和与安全性有关的特征。医疗器械的风险分析应基于医疗器械的预期用途和与安全性有关的特征。因此，在进行风险分析时应首先判定医疗器械的预期用途和任何合理可预见的误用，判定可能影响医疗器械安全性的全部特征，并将分析和判定的结果形成文件，这是风险分析的第一步，是危险（源）判定的基础。

YY/T 0316（ISO 14971）的附录C给出了"判定医疗器械与安全性有关特征"的指南，制造商应当结合本企业医疗器械的实际情况，逐一回答附录C所提的34个问题。虽然这34个问题没能覆盖所有医疗器械的所有与安全性有关的特征，但该附录对于医疗器械企业实施风险分析，尤其是下一步的判定危险（源）非常有帮助。形成的风险管理文档举例见表5-1。

表5-1 医疗器械预期用途和与安全性有关的特征——文档格式举例

C.2 问题	特征判定结果
C.2.1 医疗器械的预期用途是什么和怎样使用医疗器械 应当考虑的因素包括： • 医疗器械的作用是与下列哪一项有关 — 对疾病的诊断、预防、监护、治疗或缓解 — 或对损伤或残疾的补偿，或 — 解剖的替代或改进，或妊娠控制 • 使用的适应证是什么（如病人群体） • 医疗器械是否用于生命维持或生命支持 • 在医疗器械失效的情况下是否需要特殊的干预	
C.2.2 医疗器械是否预期植入 应当考虑的因素包括植入的位置、病人群体特征、年龄、体重、身体活动情况、植入物性能老化的影响、植入物预期的寿命和植入的可逆性	
C.2.3 医疗器械是否预期和病人或其他人员接触 应当考虑的因素包括预期接触的性质，即表面接触、侵入式接触或植入以及每种接触的时间长短和频次	
C.2.4~C.2.33（略）	
C.2.34 医疗器械的使用是否依赖于基本性能 应当考虑的因素例如生命支持器械的输出特征或报警的运行。有关医用电气设备和医用电气系统的基本性能的讨论见IEC 60601-1	

2）判定危险（源），列出危险（源）清单。危险（源）是伤害的潜在源，因此判定已知或可预见的危险（源）是非常重要的活动。大量实践说明医疗器械存在各种各样的危险（源）。

YY/T 0316（ISO 14971）的附录E提供了可帮助判定与特定医疗器械有关的危险（源）的不完全清单，这些危险（源）最终可能导致对病人或其他人员的伤害，有的还可能导致对环境或财产的损坏。从标准附录E的举例可见，医疗器械危险（源）通常有四大类型：能量类危险（源）、微生物和化学物质类危险（源）、操作或运行过程中问题、信息类危险（源）。形成的风险管理文档举例见表5-2。

表5-2　举例——（手术电极）风险估计

危害 （标识）	造成危险情况的 可预见的事件序列	危险情况	伤害	初始风险估计		
				伤害 严重度	伤害 发生概率	风险 标识
网电源 （H1） ……	（1）电极电缆无意地 插入了电源线插座	网电源出现在 电极上	严重烧伤 心脏颤动 死亡	S1	P1	R1（S1P1）
微生物污 染（H5） ……	（1）灭菌工艺不适当 （2）手术过程中使用 了受污染的产品	手术过程中细 菌进入病人的 体内	细菌感染 死亡	S1	P2	R5（S1P2）

　　3）估计每个危险（源）的风险。逐一对危险（源）清单中的每一个危险（源）每一危险情况下的风险进行估计。把风险估计的结果记录下来，作为风险管理文档予以保存。形成的风险管理文档举例见表5-2。

　　（2）风险评价　风险分析阶段完成后就进入风险评价过程。风险分析的结果是判定每个危险情况的风险并确定了每个危险情况的风险水平。风险评价是"将估计的风险和给定的风险准则进行比较，以决定风险可接收性的过程"。即判断这些风险能不能接受。

　　对每一个已经完成风险分析的危险（源），都应逐一根据本章第三节所述的风险管理计划时建立的风险可接受准则，以确定其风险是否可以接受，把风险评价的结果记录下来，作为风险管理文档予以保存。形成的风险管理文档举例见表5-3。

表5-3　举例——（手术电极）风险评价和风险控制

危害（标识） ……	网电源（H1）	……	微生物污染（H5）	……
风险标识	R1（S1P1）		R5（S1P2）	
初始风险评价	不可接受		不可接受	
风险控制方案 分析	特殊的电源插头设计 设计一个开关，当插上电源座时电 极不带电，开关开启时电极才带电 电极带电时报警提示 说明书警告，未手术或不手术时， 请不要讲电极放在病人身上		控制产品的初始污染菌 对EO灭菌过程按照GB18279进行灭 菌确认 对每一灭菌批的灭菌过程进行监控， 包括灭菌参数控制和生物指示物无 菌培养，二者皆符合要求才放行	
风险控制措施 的落实验证	电源插头设计见图纸AK-SJ-*** 开关设计见图纸AK-SJ-*** 报警器设计见图纸AK-SJ-*** 警告见说明书		初始污染控制程序SOP-*** EO灭菌确认控制程序SOP-*** EO灭菌过程操作程序SOP-*** EO灭菌过程放行管理规定SOP-***	

风险控制措施的有效性验证	开关的开关功能验证和报警器报警功能验证见验证报告AK-YZ-***	初始污染菌监测记录JL-*** 灭菌确认按照GB18279，无需有效性验证 每一灭菌批有日常灭菌批记录、生物指示物培养记录和放行审批记录
……		

（3）风险控制　对风险评价结果为不可接受的风险，医疗器械制造商应采取措施降低风险，即实施风险控制，使其降低至可以接受的程度。风险控制具体包括以下几个过程。

1）风险控制方案分析　风险控制时，按下列优先顺序策划风险控制的措施方案：①用设计方法取得固有安全性，如消除固有的危险（源）；降低伤害的发生概率和（或）严重度。②在医疗器械本身或在医疗器械制造过程中采取防护措施，如使用自动切断或安全阀；或用视觉或听觉报警警告操作者注意危险（源）条件等。③从技术、经济上不能采取其他风险控制措施时，考虑在医疗器械产品说明书、标签等有关文件资料中告知安全性信息。形成的风险管理文档举例见表5-3。

2）风险控制措施的验证　然后逐一实施所策划的风险控制措施，对风险控制措施的落实情况和有效性逐一进行验证，即提供已经落实措施和有效性证据，把验证结果记录下来。形成的风险管理文档举例见表5-3。

3）剩余风险评价　采取风险控制措施后，应对剩余风险进行评价，评价结果应记录下来。剩余风险的评价方法与初始评价的方法相同。如果采取措施后剩余风险不可接受，应采取进一步的风险控制措施或重新策划风险控制措施。形成的风险管理文档举例见表5-4。

表5-4　举例——（手术电极）剩余风险估计和评价

危害（标识）……	剩余风险估计		剩余风险评价	风险控制措施是否有不利影响
	伤害严重度	伤害发生概率		
网电源 （H1）	S1	P3	可以接受	引入了新的危害——报警器故障（H1-1）
报警器故障 （H1-1）				
……				
微生物污染 （H5）	S1	P3	可以接受	否
……				

4）风险/受益分析　如果按照可接受性准则判断剩余风险是不能接受的，而需进一步采取风险控制措施，但制造商又没有技术方面和经济方面的能力。针对这种情况，标

准提出了生产企业应权衡风险和受益。如果剩余风险超过受益，则剩余风险是不可接受的。如果受益超过剩余风险，则剩余风险是可接受的。

5）由风险控制措施引起的风险　采取风险控制措施后，要对风险控制措施所带来的不利影响进行评审。有时，风险控制措施可能引入了其他新的危险（源），例如表5-4中的危险（源）H1-1；对新的危险（源）要实施风险分析、风险估计和风险评价，如果不可接受，还需要进一步控制。有时，风险控制措施可能影响其他危险（源）的风险控制措施的有效性，如果有影响，应对受影响的危险（源）的风险重新进行评估。形成的风险管理文档举例见表5-4。

6）风险控制的完整性　风险控制最后的活动是要回顾风险控制的全过程，确保所有已判定危险（源）的风险已经得到评价和控制。在实施风险控制并最终决策剩余风险可接受后，制造商还应考虑并决定哪些剩余风险在随附文件中予以公开，以便用户可以作出有效的决定。然而，至于应当提供什么和提供多少关于剩余风险的信息是制造商的决策，并注意要和国家和地区的适用法规要求相一致。

（4）综合剩余风险评价　制造商在完成上述风险控制和单个风险的剩余风险评价之后，必须返回和考虑这些单个剩余风险的综合影响，即进行综合剩余风险评价，从而作出是否继续进行该医疗器械的决策，因为即使单个剩余风险没有超过制造商的风险可接受性准则，但综合剩余风险也有超出该准则的可能。这对具有大量风险的复杂系统和医疗器械尤其如此。

综合剩余风险评价就是从各个方面检查剩余风险，例如检查风险控制措施之间是否有相互矛盾的地方，说明书是否过于复杂或过于简单等，是否过分地依赖警告；或与类似现有医疗器械的风险进行比较等。综合剩余风险的评价需要由具有知识、经验和完成此项工作权限的人员来完成，包括具有医疗器械知识和经验的应用专家。

（5）风险管理报告　在完成上述风险管理过程之后，在医疗器械产品上市和销售前，制造商还应对风险管理过程至少进行一次评审，确保以下方面符合要求：已圆满完成风险管理计划并且风险管理过程的结果已经达到所要求的目标，即综合剩余风险可接受；已有适当方法获得相关生产和生产后信息。

风险管理评审结果和所引起的措施记录下来即为风险管理报告。可见，风险管理报告是对风险管理过程最终结果评审的总结。

为达到风险管理评审的目的，风险管理评审前应认真准备，为风险管理评审提供充分的输入信息，内容可包括风险管理评审前形成的风险管理文档，例如，风险管理计划、风险分析、风险评价、风险控制措施的实施和验证、剩余风险的可接受评定的结果、相关法规和标准等（重要文档的举例见表5-1至表5-4）。此次风险管理评审一般应由最高管理者组织进行，并宜考虑产品应用专家的参与。

一般而言，依据我国医疗器械的管理模式，医疗器械产品上市前须进行产品注册，只有通过医疗器械产品注册，产品才可上市销售。所以，制造商可以将该次风险管理评审活动安排在产品完成（包括试生产、注册检测、临床评价等全部设计开发活动）后，准备申报产品注册前进行。

此次风险管理评审记录（即风险管理报告）应对评审活动进行描述，能追溯到被评审产品的风险分析、风险评价、风险控制和综合剩余风险评价等全部风险管理过程的结果。如果评审中发现以前的结果有欠缺，应记录评审过程中提出的问题，以及对任何阶段风险管理活动结果的改进意见。

因此，风险管理报告的内容一般包括如下内容：风险管理评审日期、评审人员；被评审产品的风险分析、风险评价、风险控制和综合剩余风险评价文档，或指明这些文档的文件编号和版本号；风险管理评审结论，例如：是否已圆满完成风险管理计划并且风险管理过程的结果已经达到所要求的目标，即综合剩余风险是否可接受？是否已有适当方法获得相关生产和生产后信息？

最后，风险管理报告应经过批准，记录批准人和批准日期。

（6）产品上市后的生产和生产后信息 只要医疗器械制造商还在销售和提供特定的医疗器械产品，或其以往售出的医疗器械产品还在寿命期内，其风险管理都不能终止，都需要定期或不定期地对生产和生产后阶段的信息进行收集和评审，以持续监测医疗器械的风险在寿命期内是否持续保持可接受和是否发现了新的危险（源）和风险，这些工作应持续到产品的寿命终止或产品报废为止。因此，制造商应当建立和保持收集和评审生产和生产后信息的系统，并形成文件，以便活动得到可能影响其风险估计和风险管理决策的数据和信息。

在建立收集和评审医疗器械信息的系统时，尤其应当考虑：①由医疗器械的操作者、使用者或负责医疗器械安装、使用和维护人员所产生信息的收集和处理机制；②新的或者修订的标准。

除上述两方面的信息之外，制造商还应当考虑收集和评审下列方面的信息。①设计更改；②采购产品的质量情况；③生产过程控制情况：不合格情况、关键（高风险）过程生产合格产品的能力（是否验证、验证后的监测情况），工艺更改的验证（包括不利影响）；④产品检验结果：趋势分析；⑤产品贮存过程的监视结果（环境、包装完好性、储存寿命）；⑥留样产品的分析。

上述信息通常可以从完善的质量管理体系中得到，如果质量管理体系不完善，应完善质量管理体系，以确保能获得这些信息。

另外，制造商也应当将最新技术水平因素和对其应用的可行性考虑在内。并应注意该系统不仅应收集和评审本企业类似产品的相关信息（内部信息），必要时，还应当收集和评审市场上其他类似医疗器械产品的公开信息（外部信息）。

对收集到的上述信息应进行分析，应评审是否存在下列情况：①是否有先前没有认识的危险（源）或危险情况出现，或；②是否由危险情况产生的一个或多个估计的风险不再是可接受的。

如果上述任何情况发生，制造商应对先前实施的风险管理活动的影响进行评价，作为输入反馈到风险管理过程中，并应对医疗器械的风险管理文档进行评审。如果评审的结果可能有一个或多个剩余风险或其可接受性已经改变，应对先前实施的风险控制措施的影响进行评价，必要时进一步采取措施以使风险可接受。如评审发现以往售出的产品存在安全隐患，还应考虑发布忠告性通知，必要时甚至召回。

必要时，应根据前面分析和评审结果，寻找产品改进方向，重复和完善风险管理过程。如果分析确定需要进一步降低风险，应重复前面所讲的风险控制过程。上市后的风险控制方案分析时也应依次使用下列一种或多种方法：①用设计方法取得的固有安全性（设计改进）；②改进产品或生产过程中的防护措施；③安全性信息（修改随附文件、加强培训等）。

最后，上述分析评价结果以及所引起的措施均应记录下来，作为风险管理文档予以保持，并注意按照质量管理体系中文件控制程序的相关规定修改风险管理文档。

定期或不定期地重复上述工作，就是医疗器械产品上市后的风险管理。

📝 思考题

1. 医疗器械质量管理标准包含哪些方面的内容？

2. 如何利用质量管理体系标准的理念、特点和要求，从企业质量管理的宏观到微观落实法规监管要求？

3. 医疗器械企业的质量管理体系应在哪些方面建立风险管理的要求？

4. 风险管理的流程是什么？

5. "规范"检查时，医疗器械企业应提供哪些质量管理体系文件和风险管理文档？

第六章　医疗器械生物学评价标准

📝 **学习导航**

1. 掌握医疗器械生物学评价标准在监管中的重要作用。
2. 熟悉医疗器械生物学评价程序和主要内容。
3. 了解医疗器械生物学评价相关标准和风险管理方法。

医疗器械生物学评价标准与医用电气安全标准一起并列为医疗器械两大类基础安全性标准。目前，国际通用的医疗器械生物学评价标准为ISO/TC 194负责制定的ISO 10993《医疗器械生物学评价》系列标准。我国相对应的是GB/T 16886系列国家标准。GB/T 16886系列标准目前共有19份。另外，我国还制定了38份医疗器械生物学评价行业标准，与GB/T 16886一起形成了我国医疗器械生物学评价标准体系，为我国医疗器械监督管理提供了有效的技术支撑。保证了我国医疗器械产品临床使用的生物安全性。

> ❓ **问题**
>
> 医疗器械生物学评价的程序与方法？如何理解生物学评价与试验之间的关系？医疗器械生物学评价标准对于医疗器械安全性监管的作用和意义？

第一节　概述

医疗器械生物学评价是针对器械材料或各种加工残留物对人体潜在的生物学危害进行评价，从而为器械临床试验和进一步的临床应用提供有效的数据资料，是新材料开发和产品注册上市不可或缺的评价程序。世界各国政府及生物学评价专家对医疗器械生物学评价标准及检测方法都高度重视。我国对应ISO/TC 194的技术委员会是SAC/TC 248，现已建立了以GB/T 16886系列国家标准为框架，以生物学检测方法行业标准为补充的医疗器械生物学评价标准体系。

一、生物学评价标准体系

目前ISO/TC 194工作内容涵盖医疗器械和齿科材料生物学和临床评价等方面，正在制修订的国际标准文件达35份。

SAC/TC 248已经组织我国专家将ISO/TC 194制定的19份ISO 10993（医疗器械生物学评价）系列标准等同转化为我国的国家标准GB/T 16886系列标准。目前已形成包括GB/T 16886国家标准和检测方法行业标准共58份，见表6-1。

表6-1　SAC/TC248制修订的我国医疗器械生物学国家标准与行业标准

序号	国家标准和行业标准
1	GB/T 16886.1医疗器械生物学评价　第1部分：风险管理过程中的评价与试验（ISO 10993-1, IDT）
2	GB/T 16886.2医疗器械生物学评价　第2部分：动物福利要求（ISO 10993-2, IDT）
3	GB/T 16886.3医疗器械生物学评价　第3部分：遗传毒性、致癌性和生殖毒性试验（ISO 10993-3, IDT）
4	GB/T 16886.4医疗器械生物学评价　第4部分：与血液相互作用试验选择（ISO 10993-4, IDT）
5	GB/T 16886.5医疗器械生物学评价　第5部分：体外细胞毒性试验（ISO 10993-5, IDT）
6	GB/T 16886.6医疗器械生物学评价　第6部分：植入后局部反应试验（ISO 10993-6, IDT）
7	GB/T 16886.7医疗器械生物学评价　第7部分：环氧乙烷灭菌残留量（ISO 10993-7, IDT）
8	GB/T 16886.9医疗器械生物学评价　第9部分：潜在降解产物的定性和定量框架（ISO 10993-9, IDT）
9	GB/T 16886.10医疗器械生物学评价　第10部分：刺激与皮肤致敏试验（ISO 10993-10, IDT）
10	GB/T 16886.11医疗器械生物学评价　第11部分：全身毒性试验（ISO 10993-11, IDT）
11	GB/T 16886.12医疗器械生物学评价　第12部分：样品制备与参照材料（ISO 10993-12, IDT）
12	GB/T 16886.13医疗器械生物学评价　第13部分：聚合物医疗器械降解产物的定性与定量（ISO 10993-13, IDT）
13	GB/T 16886.14医疗器械生物学评价　第14部分：陶瓷降解产物的定性与定量（ISO 10993-14, IDT）
14	GB/T 16886.15医疗器械生物学评价　第15部分：金属与合金降解产物的定性与定量（ISO 10993-15, IDT）
15	GB/T 16886.16医疗器械生物学评价　第16部分：降解产物与可沥滤物毒代动力学研究设计（ISO 10993-16, IDT）
16	GB/T 16886.17医疗器械生物学评价　第17部分：可沥滤物允许限量的建立（ISO 10993-17, IDT）
17	GB/T 16886.18医疗器械生物学评价　第18部分：材料化学表征（ISO 10993-18, IDT）
18	GB/T 16886.19医疗器械生物学评价　第19部分：材料物理化学、形态学和表面特性表征（ISO/TS 10993-19, IDT）
19	GB/T 16886.20医疗器械生物学评价　第20部分：医疗器械免疫毒理学试验原则和方法（ISO/TS 10993-20, IDT）
20	GB/T 16175医用有机硅材料生物学评价试验方法
21	YY/T 0297医疗器械临床调查（ISO 14155, IDT）
22	YY/T 0473外科植入物聚交酯共聚物和共混物体外降解试验（ISO 15814, MOD）
23	YY/T 0474外科植入物用聚L-丙交酯树脂及制品体外降解试验（ISO 13781, MOD）
24	YY/T 0511多孔生物陶瓷体内降解和成骨性能评价试验方法
25	YY/T 0616.1一次性使用医用手套　第1部分：生物学评价要求与试验
26	YY/T 0618医疗器械细菌内毒素试验方法常规监控与跳批检验
27	YY/T 0771.1动物源医疗器械　第1部分：风险管理应用（ISO 22442-1, MOD）
28	YY/T 0771.2动物源医疗器械　第2部分：来源、收集与处置的控制（ISO 22442-2, MOD）
29	YY/T 0771.3动物源医疗器械　第3部分：病毒和传播性海绵状脑病（TSE）因子去除与灭活的确认（ISO 22442-3, IDT）

续表

序号	国家标准和行业标准
30	YY/T 0771.4动物源医疗器械　第4部分：传播性海绵状脑病（TSE）因子的去除/或灭活及其过程确认分析的原则（ISO 22442-4, IDT）
31	YY/T 0870.1医疗器械遗传毒性试验　第1部分：细菌回复突变试验
32	YY/T 0870.2医疗器械遗传毒性试验　第2部分：体外哺乳动物细胞染色体畸变试验
33	YY/T 0870.3医疗器械遗传毒性试验　第3部分：用小鼠淋巴瘤细胞进行的TK基因突变试验
34	YY/T 0870.4医疗器械遗传毒性试验　第4部分：哺乳动物骨髓红细胞微核试验
35	YY/T 0870.5医疗器械遗传毒性试验　第5部分：哺乳动物骨髓染色体畸变试验
36	YY/T 0870.6医疗器械遗传毒性试验　第6部分：体外哺乳动物微核试验
37	YY/T 0878.1医疗器械补体激活试验　第1部分：血清全补体激活
38	YY/T 0878.2医疗器械补体激活试验　第2部分：血清旁路途径补体激活
39	YY/T 0878.3医疗器械补体激活试验　第3部分：补体激活产物（CSa和SC5b-9）的测定
40	YY/T 0879.1医疗器械致敏反应试验　第1部分：小鼠局部淋巴结试验放射性同位素掺入法
41	YY/T 0879.2医疗器械致敏反应试验　第2部分：小鼠局部淋巴结试验（LLNA）BrdU-ELISA法
42	YY 0970含动物源材料的一次性使用医疗器械的灭菌液体灭菌剂灭菌的确认与常规控制（ISO 14160, IDT）
43	YY/T 1292.1医疗器械生殖和发育毒性试验　第1部分：筛选试验
44	YY/T 1292.2医疗器械生殖和发育毒性试验　第2部分：胚胎发育毒性试验
45	YY/T 1292.3医疗器械生殖和发育毒性试验　第3部分：一代生殖毒性试验
46	YY/T 1292.4医疗器械生殖和发育毒性试验　第4部分：两代生殖毒性试验
47	YY/T 1465.1医疗器械免疫原性评价方法　第1部分：体外T淋巴细胞转化试验
48	YY/T 1465.2医疗器械免疫原性评价方法　第2部分：血清免疫球蛋白和补体成分测定（ELISA法）
49	YY/T 1465.3医疗器械免疫原性评价方法　第3部分：空斑形成细胞测定琼脂固相法
50	YY/T 1465.4医疗器械免疫原性评价方法　第4部分：小鼠腹腔巨噬细胞吞噬鸡红细胞试验半体内法
51	YY/T 1465.5医疗器械免疫原性评价方法　第5部分：用M86抗体测定动物源性医疗器械中α-Gal抗原清除率
52	YY/T 1465.6医疗器械免疫原性评价方法　第6部分：用流式细胞术测定动物脾脏淋巴细胞亚群
53	YY/T 1500医疗器械热原试验单核细胞激活试验人全血ELISA法
54	YY/T 1512医疗器械生物学评价风险管理过程中生物学评价的实施指南（ISO/TR 15499, MOD）
55	YY/T 1651.1医疗器械溶血试验　第1部分：材料介导的溶血试验
56	YY/T 1649.1医疗器械与血小板相互作用试验　第1部分：体外血小板计数法
57	YY/T 1649.2医疗器械与血小板相互作用试验　第2部分：体外血小板激活产物（β-TG、PF4和TxB2）的测定
58	YY/T 1670.1医疗器械神经毒性评价　第1部分：评价潜在神经毒性的试验选择指南

二、生物学评价与试验

生物材料与器械作用于人体时，其发生的生物学反应取决于多方面因素。既有器械材料本身的因素，如化学成分、分子量、材料相、体/表比、立体异构等，又有人体自身的因素，如病人身体状况、接触组织类型、局部剪切力、血管化等，这些因素共同决定了器械材料的生物相容性。因此生物相容性指的是一种器械材料在某种应用中产生的适宜的宿主反应。两者之间的关系如图6-1所示。

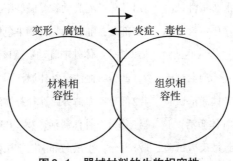

图6-1　器械材料的生物相容性

生物学危害的范围既广泛又复杂，按照GB/T 16886系列标准的要求，将生物学评价纳入风险管理的范畴，在具体评价的时候，需要按程序进行。先要对医疗器械在预期使用中与人体组织接触的性质和时间进行分类，以矩阵的形式给出各类医疗器械所需考虑的一组生物学数据，然后根据已有信息来分析是否需要收集进一步的资料或进行试验。

GB/T 16886系列标准中规定了一系列具体的生物学试验。生物学试验一般是基于体外和半体外试验方法以及动物模型，有一定的预示作用但也不能完全断定在人体内也出现同样的反应。另外，个体间对同种材料反应方式的差异性表明，即使是已证实是好的材料，也会有一些病人产生不良反应。同时，不能期望硬性规定一套生物学试验方法，包括合格/不合格准则。因为这样做会出现两种可能，一种可能是使新医疗器械的开发和应用受到不必要的限制，另一种可能是对医疗器械的使用产生虚假的安全感。实践证明，建立在材料理化表征基础上的生物安全性评价的效果为最佳。能为生产者提供高效、经济的生物学评价方法，从而降低医疗器械的开发成本，同时为管理方提供科学、高效的审查指南，也能为生物学实验室提供最佳的试验指南，切实保护实验动物的福利。

三、发展方向

随着新型生物材料的出现，对传统的评价方法提出了严峻的挑战，例如新制定的ISO/TR 10993-22纳米材料指南和ISO/TS 37137可吸收植入物系列标准，内容涉及当前生物学评价的热点和难点问题。这就需要积累大量器械材料生物学安全性评价数据，科学运用这些国际标准的原则制定适用于新型生物材料的评价方法，这样才能助推我国医疗器械和生物材料产业的快速发展。

第二节 GB/T 16886（ISO 10993）系列标准介绍

? 问题

GB/T 16886标准各部分之间的组织结构关系是什么？

GB/T 16886各部分标准的内容是什么？

一、GB/T 16886（ISO 10993）系列标准基本组成

在GB/T 16886系列标准中，其基本组成归纳如下。

（1）纲领性标准 包括GB/T 16886.1。

（2）基础通用标准 包括GB/T 16886.2和GB/T 16886.12。

（3）生物学试验与评价标准 包括GB/T 16886.3、GB/T 16886.4、GB/T 16886.5、GB/T 16886.6、GB/T 16886.10、GB/T 16886.11、和GB/T 16886.20。

（4）降解试验与评价标准 包括GB/T 16886.9、GB/T 16886.13、GB/T 16886.14、GB/T 16886.15和GB/T 16886.16。

（5）材料定性与评价标准 包括GB/T 16886.17、GB/T 16886.18和GB/T 16886.19。

（6）灭菌残留物评价标准 包括GB/T 16886.7。

二、GB/T 16886系列标准简介

（一）GB/T 16886.1《医疗器械生物学评价 第1部分：风险管理过程中的评价与试验》

ISO 10993-1于1992年首次发布，我国现行的标准GB/T 16886.1—2011是等同转化ISO 10993-1：2009，该标准是目前指导医疗器械生物学评价和审查的技术依据，是医疗器械管理方（特别是审查者）和评价方必须掌握，生产、科研方面的技术人员应熟悉的重要基础性标准。本标准的解读详见第三节。

（二）基础通用标准

1.GB/T 16886.2《医疗器械生物学评价 第2部分：动物福利要求》 该部分标准适用于GB/T 16886系列标准中所有涉及的动物实验。用来确保评价医疗器械材料生物相容性动物实验所用动物的福利，最大限度利用科学合理的非动物实验，并确保用于评价医疗器械生物性能所用动物实验符合认可的伦理和科学原则。进一步减少动物总体数量、优化试验方法以减轻或消除动物的疼痛或痛苦，以及采用其他不需要动物实验的科学有效的方法来替代动物实验。

2.GB/T 16886.12《医疗器械生物学评价　第12部分：样品制备与参照材料》 该部分标准规定了医疗器械生物学评价中，按照其他部分规定的生物学系统进行试验时的样品制备方法和参照材料的选择指南。本标准的解读详见第四节。

（三）生物学试验与评价标准

1.GB/T 16886.3《医疗器械生物学评价　第3部分：遗传毒性、致癌性和生殖毒性试验》

（1）遗传毒性　遗传毒性试验是指使用一组哺乳动物或非哺乳动物细胞培养或其他技术来测定由医疗器械、材料和（或）其浸提液引起的基因突变、染色体结构和数量的改变，以及其他DNA或基因毒性。遗传毒性试验包含体外和体内试验两大类。常见的试验组合为：细菌回复突变试验（Ames）、体外哺乳动物染色体畸变试验和小鼠淋巴瘤基因突变试验。

如果器械浸提液的化学表征和文献参考资料表明所有的组分都已进行过充分的遗传毒性试验，那么可以豁免遗传毒性试验。如果体外试验出现阳性，进一步的试验中可包括对产品中杂质、可浸提物或可溶出物的化学识别或补充进行遗传毒性试验。进行结果的风险评定时应考虑病人接触情况、数据权重（WOE）和作用模式（MOA）。

（2）致癌性　致癌性试验是指在实验动物的大部分寿命期内，测定一次或多次作用或接触医疗器械、材料和（或）其浸提液潜在的致癌性。一般只有极少数的医疗器械考虑做致癌性试验。目前致癌性试验可采用OECD的寿命期研究或适宜的转基因动物模型。

（3）生殖与发育毒性　生殖与发育试验是用来评价医疗器械、材料和（或）其浸提液对生殖功能、胚胎发育（致畸性）以及对胎儿和婴儿早期发育的潜在作用。只有在器械有可能影响应用对象的生殖功能时才进行生殖、发育毒性试验或生物测定。另外，对于孕期使用的器械、材料宜考虑进行这类试验。当考虑进行试验时，器械的应用部位是主要的考虑依据。

2.GB/T 16886.4《医疗器械生物学评价　第4部分：与血液相互作用试验选择》 血液相容性试验是用一个相应的模型或系统来评价与血液接触的医疗器械或材料对血液或血液成分的作用。常用的体外血液相容性试验包括：溶血试验、凝血试验、血小板试验、血液学、补体激活。

体内血液相容性试验有体内血栓形成试验。其他特殊血液相容性试验还可设计成模拟临床应用时器械或材料的形状、接触条件和血流动态，测定血液/材料/器械的相互作用。对于体外试验，优先使用人血。

3.GB/T 16886.5《医疗器械生物学评价　第5部分：体外细胞毒性试验》 体外细胞毒性试验是利用细胞培养技术来测定由器械、材料和（或）其浸提液引起的细胞溶解（细胞死亡）、细胞生长抑制、克隆形成和细胞方面的其他影响。体外细胞毒性试验是最常使用的适用于各种医疗器械和材料毒性筛选试验，一般分为三类：浸提液试验、直接接触试验和间接接触试验。对于本身具有细胞毒性的器械材料，如含药器械，可能需要使用不同稀释度的试验溶液进行附加试验，以确定没有细胞毒性的水平以及确定非含药器械是否具有细胞毒性。对于某些器械，如齿科材料，器械中含有一种已知细胞毒性剂或未固化的聚合物树脂，可能需要使用一种已合法上市的医疗器械进行附加的细胞毒性比较试验，用于说明该新器械的细胞毒性不大于具有相同类型和接触时间的同类器械。然后将这些信息结合临床使用情况，如接触时间及临床需求（如临床受益/风险）来综合评价，最终确定该器械的细胞毒性风险是否可以接受。

4.GB/T 16886.6《医疗器械生物学评价　第6部分：植入后局部反应试验》 植入后局部反应试验是采用外科手术法将材料或医疗器械最终产品的试验样品植入或放入预期应用植入部位或组织内（如特殊的牙科应用试验），经过预期时间后，在肉眼观察和显微镜检查下评价对活体组织的局部病理作用。从而预示医疗器械在临床预期接触途径和时间下的局部刺激反应。常用的植入试验包括皮下、肌肉或骨组织植入研究。对于某些相对高风险的植入器械，临床相关性植入（如脑、血管）评定是更合适的。除了特定使用时间或预期可降解的器械材料外，植入周期一般包括1周、4周和13周三个时间点。对于植入试验，如果有器械的几何形状特性可能干扰结果的解释，那么使用器械的组件或试样代替器械最终产品进行试验并进行适宜的论证也是可接受的。例如，如果能证明两者的加工和表面特性是可比较的，那么使用试样代替血管支架进行植入试验也是可接受的。另外，对于含有预期降解材料的器械的植入试验，建议植入试验宜包含中期评定以确定降解过程中的组织反应（即，当很少或无降解时；在降解过程中说明渐进的降解模式；和达到材料降解和组织反应的稳态时）。可根据体外降解试验来选择中期评定时间点。

5.GB/T 16886.10《医疗器械生物学评价　第10部分：刺激与皮肤致敏试验》

（1）刺激（包括皮内反应性） 刺激试验是在一种适宜模型的相应部位（如皮肤、眼和黏膜）上测定医疗器械、材料和（或）其浸提液的潜在刺激作用。其中，皮内反应试验还可用于不适宜于用皮肤或黏膜试验测定刺激的医疗器械（如植入或与血液接触的医疗器械）。出于动物福利要求等原因，一般pH≤2.0或pH≥11.5的器械材料或浸提液就不再进行动物体内的刺激试验。

（2）致敏反应 致敏反应试验是用一种适宜的动物模型评估医疗器械、材料和（或）其浸提液潜在的接触过敏反应。常见的致敏反应包括豚鼠最大化试验（GPMT）、Buehler贴敷法和局部淋巴结试验（LLNA）。

6.GB/T 16886.11《医疗器械生物学评价　第11部分：全身毒性试验》

（1）急性全身毒性 急性全身毒性试验评估在一个动物模型中24小时内一次或多次接触医疗器械、材料和（或）其浸提液的潜在危害作用。如可行，可将急性全身毒性试验结合到亚急性和亚慢性毒性以及植入试验方案中。

（2）亚急性和亚慢性毒性 亚急性和亚慢性试验是测定在大于24小时但不超过实验动物寿命的10%的时间内（如大鼠是13周）、一次或多次作用或接触医疗器械、材料和（或）其浸提液的作用。亚急性和亚慢性试验应与器械或材料临床预期的接触途径和接触时间相适应。如已有的相关材料慢性毒性数据足够评价亚急性和亚慢性毒性，则应免做这类试验，生物学评价总报告中应包括试验豁免的理由。如可行，可将亚急性和亚慢性全身毒性试验方案扩展为包括植入试验方案，来评价亚急性、亚慢性全身和局部作用。

（3）慢性毒性　慢性毒性试验是在不少于实验动物大部分寿命期内（如大鼠通常为6个月）、一次或多次接触医疗器械、材料和（或）其浸提液的作用。慢性毒性试验应与器械或材料的作用或接触途径和时间相适应。如可行，可将慢性全身毒性试验方案扩展为包括植入试验方案，来评价慢性全身和局部作用。

（4）热原反应　热原反应试验是用于检测医疗器械或材料浸提液的材料性致热反应。虽然医疗器械材料导致的热原反应很少见，但是单独的热原反应难以区分是因材料本身还是内毒素污染所致。植入物（由于他们接触淋巴系统）以及与心血管系统、淋巴系统或脑脊液（CSF）（不考虑接触时间）直接或间接接触的无菌器械、标示为"无致热性"的器械宜考虑进行热原试验。热原试验具体操作方法和判定指标是参照药典的规定。

7.GB/T 16886.20《医疗器械生物学评价　第20部分：医疗器械免疫毒理学试验原则和方法》 该部分标准给出了免疫毒理学试验原则以及医疗器械潜在免疫毒性方面的参考文献。根据医疗器械和材料的化学性质和提示免疫毒理学作用的原始数据，或如果任何化学物的潜在免疫原性是未知的情况下应考虑免疫毒理学试验。

（四）降解试验与评价标准

1.体外降解试验　GB/T 16886.9《潜在降解产物的定性和定量框架》中给出了生物降解试验的基本框架。GB/T 16886.13《聚合物医疗器械的降解产物的定性与定量》、GB/T 16886.14《陶瓷降解产物的定性与定量》和GB/T 16886.15《金属与合金降解产物的定性与定量》分别描述了聚合物、陶瓷和金属的体外降解试验。在下列情况下应考虑生物降解试验：器械设计成生物可降解的；或器械预期植入30日以上；或材料系统被公认为在人体接触期间可能会释放毒性物质。

2.GB/T 16886.16《医疗器械生物学评价　第16部分：降解产物与可沥滤物毒代动力学研究设计》 该部分标准的目的是评价医疗器械、材料和（或）其浸提液的可溶出物或降解产物的吸收、分布、代谢和排泄（ADME）。一般在下列情况下应考虑医疗器械的毒代动力学研究：器械被设计成生物可吸收性的；或器械是持久接触的植入物，并已知或可能是生物可降解的或会发生腐蚀、和（或）可溶出物由器械向外迁移；或在临床使用中可能或已知有实际数量的潜在毒性或反应性降解产物和可溶出物从器械上释放到体内。

如果根据有意义的临床经验，已经判定某一特定器械或材料的降解产物和可溶出物所达到或预期的释出速率提供了临床接触的安全水平，或已经有该降解产物和可溶出物的充分的毒理学数据或毒代动力学数据，则不需要进行毒代动力学研究。一般从非降解金属、合金和陶瓷中释出的可溶出物和降解产物的量一般都太低，不能用于开展毒代动力学研究。

（五）材料定性与评价标准

1.GB/T 16886.17《医疗器械生物学评价　第17部分：可沥滤物允许限量的建立》 该部分标准规定了医疗器械可沥滤物允许限量的确定方法，其目的是通过计算最大允许限量的方法，对医疗器械中潜在的可沥滤物的毒理学风险进行评定。

2.GB/T 16886.18《医疗器械生物学评价　第18部分：材料化学表征》 该部分标准描述了材料鉴别及其化学成分的定性与定量框架，所得出的化学表征信息可作为：医疗器械总体生物安全性评价的一部分；通过测定医疗器械可沥滤物水平，以评价是否符合根据健康风险评价得出的该物质的允许限量；判定拟用材料与临床已确立材料的等同性；判定最终器械与原型器械的等同性，检查用于支持最终器械评价的原型器械数据的相关性；筛选适用于医疗器械预期临床应用的新材料。

3.GB/T 16886.19《医疗器械生物学评价　第19部分：材料物理化学、形态学和表面特性表征》 该部分标准给出了适用于成品医疗器械材料物理化学、形态学和表面特性（PMT）判定与评价的各种参数和试验方法。所得到的表征信息可作为：医疗器械总体生物学评价的评定；适用于预期临床应用的医疗器械新材料和（或）加工过程的筛选。这种评定仅限于与生物学评价和医疗器械的预期用途（临床应用和使用时间）相关的性能。

（六）灭菌残留物评价标准

GB/T 16886.7《医疗器械生物学评价　第7部分：环氧乙烷灭菌残留量》，该部分标准规定了经环氧乙烷（EO）灭菌的单件医疗器械上EO及2–氯乙醇（ECH）残留物的允许限量、EO及ECH的检测步骤以及确定器械是否可以出厂的方法。新发布的GB/T 16886.7—2015中规定了EO和ECH的允许限量以及特殊器械中EO和ECH的限量值。从毒理学风险评估的角度对器械中EO和ECH进行科学合理的要求，见表6–2。

表6–2　EO和ECH的允许限量及特殊器械残留限值

器械分类	EO	ECH
短期接触类（＜24小时）	4mg	9mg
长期接触类（＞24小时，＜30日）	平均日剂量≤2mg/d 前30日≤60mg	平均日剂量≤2mg/d 前30日≤60mg
持久接触类（＞30日）	平均日剂量≤0.1mg/d，一生≤2.5g	平均日剂量≤0.4mg/d，一生≤10g
表面接触器械和植入器械的可耐受接触限量（TCL）	$10\mu g/cm^2$或可忽略的刺激反应	$5mg/cm^2$或可忽略的刺激反应
人工晶状体	每日0.5μg/lens；1.25μg/lens	4×EO（建议的限量）
血细胞分离器（单采）	10mg	22mg
血液氧合器	60mg	45mg
心肺旁路装置	20mg	9mg
血液净化装置（血液透析器）	4.6mg	4.6mg
接触完好皮肤的手术单	$10\mu g/cm^2$或可忽略的刺激反应	$5mg/cm^2$或可忽略的刺激反应

第三节　GB/T 16886.1《医疗器械生物学评价　第1部分：

风险管理过程中的评价与试验》标准介绍

? 问题

GB/T 16886.1在医疗器械生物学评价标准中地位和作用是什么？GB/T 16886.1标准与YY/T 0316标准之间的关系是什么？

如何正确认识生物学评价报告与生物学试验报告间的关系？

一、GB/T 16886.1标准制修订概况

2009年，ISO发布的新一版的ISO 10993-1，标准名称修订为《医疗器械生物学评价 第1部分：风险管理过程中的评价与试验》，正式将医疗器械风险管理的理念引入医疗器械生物学评价与试验之中。目前，该国际标准还处于动态修订中，进一步强调了风险管理过程中的评价与试验的重要性。我国与ISO 10993-1对应的是GB/T 16886.1，目前的版本是GB/T 16886.1—2011/ISO 10993-1：2009。该标准是指导我国医疗器械生物学评价和技术审查的依据，是重要基础性标准。

二、使用GB/T 16886.1时应注意的问题

（一）在风险管理过程中进行评价与试验

从GB/T 16886.1—2011的名称《医疗器械生物学评价 第1部分：风险管理过程中的评价与试验》可以看出，生物学评价属于风险管理的范畴。对于任何器械的生物学评价，都要从风险管理的角度来分析使用该器械所带来的风险与受益，以达到科学合理的控制其质量安全。

GB/T 16886.1—2011以资料性附录B的形式，介绍了医疗器械生物学评价在风险管理过程中应用的指南，供开展评价的专业人员参考。而YY/T 0316—2016《医疗器械 风险管理对医疗器械的应用》则以资料性附录I的形式，介绍了医疗器械生学危害的风险分析过程的指南，仅供精通风险管理的人员参考。可以看出，是YY/T 0316把医疗器械生物学评价纳入到了医疗器械风险管理的范畴。生物学评价的结果，应作为风险管理的输入，提供给从事风险管理的专业人员对风险进行控制和管理。进行生物学评价的专业人员应具备一定的风险管理知识，这会有助于他们选择适宜的试验，对生物学评价的结论作出合理的解释和判断。

（二）按照合理的程序进行生物学评价

最新版的GB/T 16886.1—2011中将生物学评价流程图（图6-2）从资料性附录部分调

整到正文部分，进一步强调了按程序进行生物学评价的重要性。另外，在最新的国际标准ISO10993-1的修订稿中，将材料的物理和化学表征信息同时作为评价的起始步骤，强调了在评价的起始步骤收集完整的器械材料的理化信息是非常重要的。

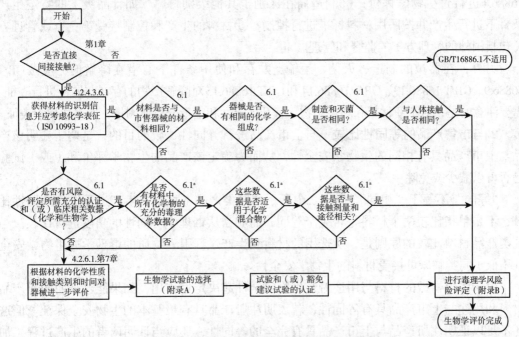

图6-2　医疗器械生物学评价的系统方法框图

（三）在材料表征基础上确定是否需要进行生物学试验

1.材料表征　生物学评价过程中的第一步就是材料表征。包括器械材料理化信息的收集和可沥滤物和可提取物的表征。表征至少应涉及组成器械的化学物和生产中可能残留的加工助剂或添加剂（见GB/T 16886.18和GB/T 16886.19）。

图6-2中给出了如何将化学表征过程中各阶段与总体生物学评价判断点相连接的方法。

从图6-2中可以看出，对于已知具有与预期剂量相关毒理学数据并且接触途径和接触频次显示有足够安全限度的器械可沥滤物，很少需要进一步试验。但是，如果一个特定化学物的可沥滤物总量超出了安全限度，应采用相应的模拟临床接触的浸提液试验来确立临床接触该化学物的速率，并估计总接触剂量。

对材料表征的目的是获取器械材料的成分信息。器械的成分信息可从以下几方面获取。

（1）公认的材料名称。

（2）材料理化特性信息（分子量、玻璃转化温度、熔点、密度和溶胀等）。

（3）从材料的供应方获取材料的成分信息（商品名、产品代号、规范、成分与配方等）。

（4）从器械的加工方获取加工助剂的成分信息。

（5）化学分析。

（6）有关产品标准。

（7）管理部门建立的材料控制文件或材料注册体系。

对于使用了具有良好临床应用史的原材料的医疗器械产品，就可以简化医疗器械生物学安全评价过程。这类原材料应至少包含有以下几个要素：①材料根据具体应用按GB/T 16886.1进行过生物学评价；②制造商在区别于其他级别材料（如食品级）的特定生产条件下进行生产并按医用材料标准进行控制；③材料的生产和控制接受第三方或管理方（包括国外的管理方）的监督和管理。

另外，在器械的制造、灭菌、运输、贮存和使用条件下有潜在降解时，应按GB/T 16886.9、GB/T 16886.13、GB/T 16886.14和GB/T 16886.15对降解产物的存在与属性进行表征。需要注意的是，对于新材料和新化学物，宜开展定性和定量分析或测量，而不适用于表征。

2. 与市售产品的等同性比较　与上市产品进行等同性比较的目的，是期望证明该产品与上市产品具有相同的生物学安全性，从而为确定该产品的生物学评价和（或）试验是否可以减少或免除。

"等同"不等于"相同"。图6-2中所示与同类产品、材料、生产过程进行等同性比较，不是单指比较两个材料是否完全等同，而应当从毒理学等同性的角度进行比较。与同类产品材料比较的原则是，所选用的材料和生产过程引入物质的毒理学或生物学安全性不低于同类临床可接受材料的生物学安全性。

由于医疗器械的材料与用途对其生物安全性起决定性作用，如果能够证明注册产品材料和用途与上市产品具有等同性，就表明注册产品具有最基本的生物安全保证。但这还不足以证明注册产品与上市产品具有完全的等同性，还应当证明两者的生产过程（加工过程、灭菌过程、包装等）是否相同，因为生产过程也可能会引入新的有害物质（灭菌剂、加工助剂、脱模剂等残留物）。一般来说，与自家生产的上市产品进行比较，往往比与他家生产上市产品进行比较更现实、更具可操作性。

3. 是否需要进行生物学试验的确定　从图6-2中可以看出，要对新的医疗器械产品提出生物学试验的豁免，生产者应向审查者提供下列证明材料。

（1）详细的材料特性和材料一致性证明。

（2）同材料、同品种的上市产品，且该已上市产品具有安全使用史的文献资料。

（3）新产品与上市产品有相同的生产加工过程、人体接触（临床应用）和灭菌过程的证明。如有不同，应有该不同不会影响生物学安全性的证明和（或）试验数据。

（四）在选择生物学试验项目时要注意的问题

评价人员在选择试验项目时，要学会应用风险分析。当认识到某项生物学危害的风险存在时，应衡量控制该危害所需付出的"代价"和给病人带来的"受益"，把危害控制在病人能够承受的现实水平。并非危害风险控制得越小越好，这就是风险管理的基本要求。在选择是否需要开展某项生物试验时，也是一个风险分析的过程。

另外，在选择试验项目时要注意，为了减少实验动物的消耗，最大限度地利用动物资源，GB/T 16886.1—2011中非常强调将多项试验结合到一起来开展。比如，建议将植入试验与慢性毒性试验、亚慢性毒性试验、亚急性毒性试验结合起来一起开展。

（五）利用已有数据资料信息进行生物学评价

GB/T 16886.1中强调通过已有资料的评审来进行生物学评价。

在器械已经有临床评价数据的情况下，应充分利用临床数据进行生物学安全性评价。这里需要强调两点：首先，医疗器械在没有开展生物学评价之前不能进入临床评价，只有这样做，才符合该标准"保护人类"的根本宗旨；其次，对已经有临床研究数据的医疗器械，对其进行生物学再评价时，应充分利用已获取的临床信息进行评价，这样不仅会大大降低生物学评价的风险，也符合标准所倡导的"保护动物"的要求。

（六）生物学评价终点的选择

GB/T 16886.1—2011中对生物学评价试验选择的内容作了较大的调整。

（1）将评价试验项目表从标准正文中调整入标准的资料性附录之中。进一步弱化了具体的生物学试验项目，同时更加强调了按程序进行生物学评价才是首选的评价模式。

（2）增加了部分产品的生物学试验项目。对于外部接入和植入性器械，增加了适用于该类器械的部分长期试验项目的举例，使生物学评价试验更加全面和完善，更能反映该类器械的生物安全性（表6-3）。

（3）对一些特殊医疗器械，可能需要不同的试验组。因此，除了表6-3中所列的框架外，还宜在风险评定的基础上根据具体接触性质和接触周期考虑以下评价试验：慢性毒性、致癌性、生物降解、毒代动力学、免疫毒性、生殖/发育毒性或其他器官特异性毒性。

需注意的是，由于医疗器械的多样性，对于某种给定的器械而言，对一类器械所识别出的所有试验并非都是必须要进行的或可行的。应根据每种器械的具体情况考虑应做的试验。同时，应对所考虑的试验、选择和（或）放弃试验的理由进行记录。

表6-3　要考虑的评价试验

器械分类			生物学作用							
人体接触性质 （见GB/T 16886.1—2011中5.2）		接触时间 见GB/T 16886.1—2011中5.3 A–短期（≤24小时） B–长期（>24小时~30日） C–持久（>30日）	细胞毒性	致敏	刺激或皮内反应	全身毒性（急性）	亚慢性毒性（亚急性毒性）	遗传毒性	植入	血液相容性
分类	接触									
表面器械	皮肤	A	×[a]	×	×					
		B	×	×	×					
		C	×	×	×					
	黏膜	A	×	×	×					
		B	×	×	×					
		C	×	×	×		×	×		

器械分类			生物学作用							
人体接触性质 （见 GB/T 16886.1—2011 中 5.2）		接触时间 见 GB/T 16886.1—2011 中 5.3 A–短期（≤24小时） B–长期（>24小时~30日） C–持久（>30日）	细胞毒性	致敏	刺激或皮内反应	全身毒性（急性）	亚慢性毒性（亚）	遗传毒性	植入	血液相容性
分类	接触									
表面器械	损伤表面	A	×	×	×					
		B	×	×	×					
		C	×	×	×			×	×	
外部接入器械	血路，间接	A	×	×	×	×				×
		B	×	×	×	×				×
		C	×	×	×	×				×
	组织/骨/牙本质	A	×	×	×					
		B	×	×	●	●	●	×	×	
		C	×	×	●	●	●	×	×	
	循环血液	A	×	×	×					×
		B	×	×	×	●			×	×
		C	×	×	×	●			×	×
植入器械	组织/骨	A	×	×	×					
		B	×	×	●	●	●	×	×	
		C	×	×	●	●	●	×	×	
	血液	A	×	×	×	×	●		×	×
		B	×	×	×	×	●		×	×
		C	×	×	×	×	×	×	×	×

ª：×表示基于风险分析之上的生物安全性评价可能所需的数据终点。当已有充分的数据时，则不需要再进行试验

说明： ×　GB/T 16886.1—2001（ISO 10993–1：1997）中规定的评价试验项目

　　　 ●　GB/T 16886.1—2011（ISO 10993–1：2009）中增加的评价试验项目

（七）医疗器械生物学评价报告与试验报告

1. 医疗器械生物学评价报告的内容　医疗器械生物学评价报告与试验报告之间存在着本质上的区别。一般来说，生物学评价报告的内容和形式都会比生物学试验报告丰富和复杂。生物学试验报告指的是针对某一试验终点进行生物学试验的整体描述，而在 GB/T 16886.1—2011 中则明确给出生物学评价结果应至少包括以下 7 个方面内容。

（1）医疗器械生物学评价的策略和程序内容。

（2）确定材料和预期目的在风险管理计划范畴内的可接受性准则。

（3）材料表征的适当性。

（4）选择和（或）豁免试验的说明。

（5）已有数据和试验结果的解释。

（6）完成生物学评价所需的其他数据。

（7）医疗器械总体生物学安全性的结论。

2.《生物学评价报告》与《生物学试验报告》的区别　GB/T 16886.1—2011同时提到了《生物学评价报告》与《生物学试验报告》，这也是在使用该标准时容易混淆的两个概念，表6-4从不同的方面比较了两者之间的区别。

表6-4　《生物学评价报告》与《生物学试验报告》的区别

方　面	《生物学评价报告》	《生物学试验报告》
出具者	有资质并有丰富经验的专家	授权的生物学实验室
评价内容	器械/材料在预期人体应用中的生物学安全性	器械/材料在体外或试验动物应用中的生物安全性
形成的条件	文献评审、材料表征、生物学试验、临床经验、临床数据研究、科学推断等	生物学试验（包括动物学试验和体外试验）
形成的时机	对于新器械/材料，应在临床试用前形成和临床试用后完善。以后可视情况重新或补充开展	在新器械/材料理化试验完成之后，临床研究开始之前形成。以后一般不再重复和补充开展
必备性	必须有	可以没有

（八）生物学评价的质量体系保证

GB/T 16886.1中要求进行生物学评价的实验室应符合良好质量规范，即符合GLP或ISO/IEC 17025的要求。

产品所用材料应保证持续可靠的生物学安全性。因此，GB/T 16886.1标准提倡制造商的质量保证体系推行GB/T 19001/ISO 9001和YY 0287/ISO 13485。医疗器械生产企业应能对其原材料供应商所提供材料的持续可靠性进行有效控制，针对各生产环节提供"器械的生物安全性持续得到有效控制"的保证。管理方也应考虑审查企业对所用材料的持续保证能力，并对已上市产品所用材料的持续保证能力进行监督。

第四节　GB/T 16886.12《医疗器械生物学评价　第12部分：样品制备与参照材料》标准介绍

? 问题

样品制备与参照样品在医疗器械生物学评价中的作用是什么？如何看待GB/T 16886.12与GB/T 16886其他部分标准之间的关系？

一、医疗器械试验样品的选择与制备概述

试验样品的采集与制备，关系到试验结果的准确性、可靠性、可信性。也是生物学安全性评价全过程中重要内容之一，如果样品不正确采集或制备操作有误，或者取样不具有代表性，试验结果就变得毫无意义，甚至得出错误的结论。因此，样品的采集与制备对试验结果起着决定性作用。

二、医疗器械试验样品的选择与制备内容的介绍

（一）范围

GB/T 16886.12规定了医疗器械生物学评价中样品制备方法和参照材料的选择指南。样品制备方法应考虑到生物学评价方法和被评价的材料。各生物学试验方法均需要规定材料的选择、浸提溶剂和条件。

（二）重要术语和定义

1.**极限浸提（exhaustive extraction）** 随后的浸提至浸提液中的可浸提物质的量小于第一次浸提液中10%检出量的浸提。

2.**模拟使用浸提（simulated-use extraction）** 符合GB/T 16886.12本部分要求的浸提，通过评价在常规使用某一器械过程中，患者或使用者接受可沥滤物质水平而使用的一种模拟产品使用的浸提方法。

注：分析实验室确认的内容是证实模拟使用浸提是在对预期使用提供最大挑战的条件下进行的。模拟产品使用的方法是，在考虑了器械所接触的组织、接触温度和接触时间，假定为最严的可能接触分类。

3.**可浸提物（extractables）** 某一医疗器械或材料用浸提溶剂和（或）在至少与预期临床使用相同的严格的条件下浸提时，能释放出的物质。

4.**可沥滤物（leachables）** 某一医疗器械或材料在临床使用过程中能释放出的物质。

5.**参照材料[reference material（RM）]** 具有充分重现性的一种或多种特性值，并已确定能用于标定器具、评价测量方法或给材料赋值的材料。

注：GB/T 16886.12本部分中的参照材料是指经充分表征的材料或物质。当按规定程序试验时，能证实试验程序的适宜性，并得出重现性的、预期的反应。这种反应可是阴性反应或是阳性反应。

6.**试验样品（test sample）** 用于生物学或化学试验或评价的医疗器械、组件或材料（或用相同方法生产和加工的具有代表性的样品）、浸提液或部分。

（三）试验样品选择

试验应在最终产品、取自最终产品中有代表性的样品或与最终产品以相同的工艺过程制得的材料，或以上制备的相应的浸提液中进行。试验样品的选择应进行论证。

（四）器械代表性部分的选择

如器械不能整体用于试验时，应选取最终产品中各种材料有代表性的部分按比例组合成试验样品。有表面涂层器械的试验样品应包括涂层材料和基质材料，复合材料应以最终材料进行试验。

（五）样品浸提液制备

如果试验程序要求用器械的浸提液，所用浸提介质和浸提条件应与最终产品的属性和使用以及试验目的相适应，如危害识别、风险评估和风险评定。在选择浸提条件时应考虑器械材料的物理化学特性、可沥滤物或残留物。

浸提条件在多数情况下为产品使用的适当加严的条件。应在下列之一的条件下进行浸提：（37±1）℃，（72±2）小时；（50±2）℃，（72±2）小时；（70±2）℃，（24±2）小时；（121±2）℃，（1±0.1）小时。

对于在使用条件下溶解或吸收的材料，用适宜的浸提介质和浸提时间/温度条件进行浸提以模拟加严接触。一般应完全溶解。对于多孔材料的评价，只要能模拟临床使用条件或测定潜在危害即可。浸提之前应将材料切成小块，使材料浸没在浸提介质中。例如，聚合物宜切成约10mm×50mm或5mm×25mm的小块。样品表面积和浸提液体积示例见表6-5。

表6-5　标准表面积和浸提液体积

厚　度 （mm）	浸提比例 （表面积或质量/体积）±10%	材料形态举例
<0.5	6cm²/ml	膜、薄片、管壁
0.5~1.0	3cm²/ml	管壁、厚片、小型模制件
>1.0	3cm²/ml	大型模制件
>1.0	1.25cm²/ml	弹性密封件
不规则形状固体器械	0.2g/ml	粉剂、球体、泡沫材料、无吸收性模制件
不规则形状多孔器械（低密度材料）	0.1g/ml	薄膜、织物

注：现在尚无测试吸收剂和水胶体的标准化方法，推荐以下方案。
—测定材料浸提介质吸收量（每0.1g或1.0cm²材料所吸收的量）；
—在进行浸提时，对浸提混合物按每0.1g或1.0cm²额外加入该浸提介质吸收量。

对于弹性体、涂层材料、复合材料、多层材料等，由于完整表面与切割表面存在潜在的浸提性能差异，因此应尽量完整地进行浸提。浸提时应使用极性和非极性两种溶剂。

（1）极性浸提介质　水、生理盐水、无血清培养基。

（2）非极性浸提介质　符合各国药典质量规定的新鲜精制植物油（如棉籽油或芝麻油）。

（3）其他浸提介质　乙醇/水、乙醇/生理盐水、聚乙二醇400（稀释至生理渗透压）、二甲基亚砜和含血清培养基。

浸提应在搅动或循环的条件下进行。当认为静态条件适宜时，应对试验方法加以论证、规定并出具报告。液体浸提液应尽可能在制备后立即使用，以防止吸附在浸提容器上或成分发生其他变化。浸提液如存放超过24小时，则应验证贮存条件下浸提液的稳定性和均一性。

一般不应调整浸提液的pH，除非给出理由。

浸提液通常不应采用过滤、离心或其他方法来去除悬浮的粒子，如有必要进行时，应给出说明并形成文件。

对于在使用条件下预期不溶解或吸收的材料或器械，用于聚合材料或器械浸提的任何溶剂不应导致聚合物发生溶解。聚合材料在挥发性溶剂中只应发生轻微变软（如小于10%的溶解度）。

对于溶液和可溶性材料，则不需要浸提而直接对其试验，前提是该溶液的特性与该试验系统相容。

当液体按正常使用条件通过器械进行循环（如体外循环器械）时，可采用重复循环浸提。若可能，加严一个或多个试验条件（如温度、时间、体积、流速）。应在报告中对所选择的浸提方法进行说明。

加严试验条件下危害识别和风险评估的浸提条件，应按照ISO14971来考虑由于制造过程的改变或制造过程控制不足引起的危害。应特别注意那些制造过程中的残留物，如微量元素、清洁剂和消毒剂。

（六）试验样品制备和样品选择的基本原则与规范

用于生物学测定的材料宜代表最终产品的成分和表面特征以及加工过程。理想的生物学试验是从器械上切取材料、器械组件作为试验材料，或用它们制备的浸提液，试验时使材料的表面与试验系统细胞/生物环境接触。另一个可选方法是，用与器械制造过程所用的相同过程（挤出、浸泡等）、温度、时间、大气压强、脱模剂和退火、固化、清洗、灭菌等过程加工成小体积样品。这有助于评价表面积、表面特性、可沥滤物浓度、材料表面和形状相关的作用。例如：塑料和橡胶材料成分宜包括树脂、聚合物和添加剂的识别。可能用同一方法或其他方法再次灭菌的材料应经多次灭菌处理后进行试验。例如，一种材料经辐照灭菌并经环氧乙烷再次灭菌，则宜经过下列过程后再进行试验：①辐照；②辐照加环氧乙烷。

（七）试验样品浸提原则

制备器械浸提液时，所用的浸提介质和浸提条件既要与最终产品的性质和用途相适应，又要与试验方法的可预见性（如试验目的、原理、敏感性等）相适应。因此理想的浸提条件和试验系统浸提液的应用不仅要反映产品的实际使用条件，还要反映试验的目的和可预测性。不同的试验目的采用不同的浸提，例如：加严和极限浸提适用于危害识别；极限浸提适用于长期使用的植入性器械的安全性评估，用以估计器械释放给病人的化学物的上限；模拟使用浸提适用于人体健康风险评价中得出安全系数；经过蒸汽灭菌且在贮存期内含有液体的材料和器械，可采用（121±2）℃浸提（如预充液的透析器）；对含有蛋白的器械材料宜特别注意要确保浸提程序不会改变材料的生物学特性。

（八）试验对照

可用参照材料和对照品的示例见表6-6。

表6-6　可用参照材料和对照品的示例

试验	阳性对照a	阴性对照a	参照材料a
植入	PVC-org.Sn	PE	
	SPU-ZDEC	硅树脂	
	天然乳胶	氧化铝	
		不锈钢	
细胞毒性	PVC-org.Sn	PE	
	SPU-ZDEC		
SPU-ZDEC			
	天然乳胶		
	聚氨基甲酸酯		
血液相容性			PVC 7506、PUR 2541

？ 思考题

1.GB/T 16886中有一项试验结果不符合标准要求，该产品是否就无法通过生物学评价？通过GB/T 16886系列标准评价的医疗器械或材料是否就一定安全？

2.GB/T 16886中涉及动物实验的方法标准内容发生改变以后的相应动物实验要不要重新开展？

3.新版GB/T 16886.1发布后，已上市产品是否需要按照新增加的终点重新进行试验？

4.延续注册产品是否一定无需进行生物学试验？

5.对某一新材料按照GB/T 16886.1进行了全套生物学试验，是否意味着已经完全控制了其生物学风险？

6.试验样品制备的基本原则是什么？试验样品浸提比例和浸提条件选择的依据是什么？

第七章　医疗器械灭菌过程的确认和常规控制标准

✎ **学习导航**

1. 掌握灭菌过程确认标准对于保证无菌医疗器械的无菌保证水平的指导作用和应用。
2. 熟悉不同灭菌确认和常规控制标准的区别。
3. 了解无菌医疗器械的不同灭菌方式的原理和选择。

自然界中存在许多微生物，包括细菌、真菌、原生动物和病毒等。无菌医疗器械是一种无活微生物的产品，灭菌是经确认的使产品无存活微生物的过程，灭菌的目的是灭活微生物，从而使非无菌产品转变为无菌产品。

质量管理体系标准认为，制造中的有些过程有效性不能完全通过后续的产品检验和测试来验证，灭菌就是这样的特殊过程。因此，应在灭菌前进行灭菌确认。灭菌过程确认和常规控制包含了数个不连贯但相关的活动，例如校准、维护、产品定义、过程定义、安装鉴定、运行鉴定和性能鉴定等。

《医疗器械生产质量管理规范　附录　无菌医疗器械》中规定：应当选择适宜的方法对产品进行灭菌或采用适宜的无菌加工技术以保证产品无菌，并执行相关法规和标准的要求。应当建立无菌医疗器械灭菌过程确认程序并形成文件。灭菌过程应当按照相关标准要求在初次实施前进行确认，必要时再确认，并保持灭菌过程确认记录。《医疗器械生产质量管理规范　附录　植入性医疗器械》中也有类似规定。

第一节　辐射灭菌标准

❓ **问题**

在GB 18280.1—2015标准规定的辐射灭菌分为哪几种方式？如何进行灭菌确认？

一、概述

GB 18280标准是等同转化ISO 11137国际标准，适用于医疗器械电离辐射灭菌过程控制，包括GB 18280.1—2015《医疗保健产品灭菌　辐射　第1部分：医疗器械灭菌过程的开发、确认和常规控制要求》、GB 18280.2—2015《医疗保健产品灭菌　辐射　第2部分：建立灭菌剂量》和GB/T 18280.3—2015《医疗保健产品灭菌　辐射　第3部分：剂量测量指南》3个部分，于2015年12月31日发布，替代GB 18280—2000《医疗保健产品灭菌　确认和常规控制要求 辐射灭菌》。

标准规定的辐照装置所使用的辐射源有以下三种。

（1）使用放射性核素钴60或铯137。

（2）电子加速器发出的电子束，射线能量≤10MeV。

（3）X射线发生器发出的X射线，射线能量≤5MeV。

电离辐射灭菌作为一种工业化灭菌的方式，对于辐照运营商而言它是一种加工手段，通过有效过程控制将医疗器械制造商要求的灭菌剂量实施到产品上即可；但对于医疗器械制造商而言，它是实现产品无菌的一种手段，需要对包括灭菌确认、过程有效性保持、辐照加工过程、产品制造过程等进行管控，选择合格的辐照运营商并确保辐照运营商严格按照电离辐射灭菌标准实施辐照加工。

产品质量的最终责任由医疗器械制造商负责，因此，医疗器械制造商不但需要对辐照运营商等相关方进行审核，还要对产品的原材料、制造过程、包装、运输及存储、产品的最终放行等进行管控。

二、主要内容

GB 18280.1—2015包括质量管理体系要素、灭菌因子的特征描述、过程和设备的特征描述、产品定义、过程定义、确认、常规监测与控制、灭菌产品的放行、过程有效性的保持等，标准附录对标准中的部分条文进行进一步的解释，以便更好地理解执行标准。

1.质量管理体系要素

（1）虽然本标准只规定了灭菌过程至少需要控制的要素，并未要求建立完整的质量管理体系，但是建议医疗器械制造商以及辐照运营商等相关方需要按照GB/T 19001—2016《质量管理体系　要求》以及YY/T 0287—2017《医疗器械　质量管理体系　用于法规的要求》的要求建立质量管理体系。

（2）如果相关方均按照YY/T 0287—2017的要求建立了质量管理体系，则本标准的质量管理体系要素所要求的内容都能满足，否则应根据GB 18280.1—2015标准中第4章对相关方进行审核，确保其所制定程序和过程控制符合要求。

（3）本标准中医疗器械制造商和辐照运营商是两个组织，当然目前也有医疗器械制造商自己建立了辐照灭菌中心。

2.灭菌因子的特征描述

（1）明确辐射灭菌加工中使用的辐射源的类型。如果选用电子束或X射线灭菌，则应规定电子束的能量不能超过10MeV或用于产生X射线的能量不能超过5MeV，否则应评估产品中可能诱发放射性的潜在可能。

（2）辐照运营商除了评价所采用的辐射源对环境带来的影响，做好相关的保护措施外，还应评估辐射对材料（包括设施和产品）带来的变化而导致潜在危害（如爆炸、易燃性等）的影响，适用时，辐照运营商应制定相应的控制措施避免可能的潜在危害或是将其降低到可接受的水平。

3.过程和设备的特征描述
辐照运营商应明确用于辐照灭菌过程的所有仪器、设备的特征，主要包括辐照装置和计量测量仪器以及其控制软件等。计量测量仪器包括剂量测量系统的仪器设备，也包括辐照装置剂量监测的仪器设备，还有诸如称重、测量尺寸的设备等。

4. 产品定义   就是将需要灭菌的产品以及灭菌前产品的微生物特性加以规定。产品定义，一是确定需要灭菌的产品，包括产品名称/代码、产品外箱尺寸、产品单箱毛重、产品结构、产品材料构成、产品包装方式以及产品在纸箱内的位置摆放等；二是确定灭菌前产品的微生物特性，即微生物的数量和种类。医疗器械制造商应确保灭菌前产品微生物特性的稳定。

在产品定义时需要注意以下几点。

（1）应形成产品定义的文件和保存相关记录。

（2）产品定义一经完成，如有任何产品变更，须严格按照变更控制程序执行。

（3）在产品的设计阶段就应该考虑产品所选用的原材料、包装材料、结构，生产过程的微生物控制水平，所选取的灭菌方式以及风险控制等内容。不同的灭菌方式对产品定义中所选用材料（原材料和包装材料）以及生产过程的管控是不同的。

（4）不同的灭菌方式有各自的特性，其定义产品的方式和控制的要求也不一样，不能通用。

（5）医疗器械制造商应对产品的生产体系建立生物负载监控机制，以保证灭菌前生物负载的稳定且低水平，不会危及灭菌过程的有效性。可依据GB/T 19973.1—2015《医疗器械的灭菌　微生物学方法　第1部分：产品上微生物总数的测定》确定生物负载。

（6）当材料发生改变、生物负载的种类发生变化、生物负载的数量超过控制线时，需要评估所设定的辐照剂量的范围是否仍然适合。

（7）医疗器械制造商根据灭菌前产品的微生物特性建立产品族，产品族的建立参照GB 18280.2—2015的第4章。

（8）辐照运营商根据产品剂量分布特性制定产品加工类别，医疗器械制造商对辐照运营商制定的加工类别予以批准确认。

5. 过程定义   就是建立产品的最大可接受剂量和灭菌剂量。

（1）建立最大可接受剂量

1）应编写产品建立最大可接受剂量的文件，以保证灭菌后的产品在其规定的有效期内能满足其规定的功能要求。

2）在产品的设计阶段（选择材料）以及生产过程中材料的供应商变更时，应实施评估。

3）应评估产品组成的原材料（包括包装材料）的耐辐照性能。

4）材料试验的辐照由合格的辐照运营商进行，至少满足：①获得相关认证（如ISO 11137–1）；②辐照装置设备完成了安装鉴定和运行鉴定；③具有合格的剂量测量系统；④有能力实施精准的剂量，如验证剂量范围控制在 ± 10% 之内，详见GB/T 18280.3—2015中第6章。

5）选择有代表性的产品。

6）有能力对产品预定功能进行评估的工厂/设备。

7）组成产品的所有材料的最大可接受剂量中的最小值作为产品的最大可接受剂量。

（2）建立灭菌剂量   医疗器械制造商应制定建立灭菌剂量方法的文件，GB 18280.2—2015给出了相关要求及方法指南。

（3）规定最大可接受剂量和灭菌剂量。

（4）最大可接受剂量、验证剂量和灭菌剂量在不同辐射源之间的转换。

1）最大可接受剂量的转换　主要考虑不同辐射源辐照时的剂量率与产品温度变化。剂量率越高则产品的有害影响越低，辐照产生的温度越高则有害影响越高。

电子束的剂量率主要是要看其束流功率，这是可调的。由于电子的质量大，致使产品的温升较高。

X射线的剂量率主要是要看其电子束的束流功率及转换率，也是可调的。

γ射线的剂量率主要是要看其钴源活度以及产品离源距离，剂量率相对较低。

在低剂量率情况下（γ射线或X射线），产品需要最低限度的鉴定以证明材料在高剂量率情况（电子束）下的兼容性。相反，适合高剂量率情况的材料在应用于低剂量率情况时可能要求更多的鉴定。如果剂量率和产品温度相当，那么在同类型辐射源之间的转换是合适的。

2）验证剂量和灭菌剂量的转换　能否转换主要看产品是否含液态水及辐射源的剂量率，因为不同的剂量率能提供不同的灭菌效果。不同辐射源之间能否转换，需要通过对将要采用的辐射源进行验证剂量实验以证明其灭菌效果一致。

6.灭菌确认

（1）安装鉴定　安装验证文件根据规格说明书内容进行验证，一般应包含以下内容。

1）辐照运营商提出的辐照装置设计需求。

2）设备供应商提供辐照装置的规格说明书。

3）建筑物平面布局图，包含库区环境和安全控制要求的评估。

4）根据规格说明书的内容，包含辐照装置关键技术参数的要求和控制等详细安装验证方案和报告。

5）辐照装置控制系统的验证报告。

6）工厂支持性服务及动力供应保障等评估报告。

7）对于γ辐照装置，每次钴源排布发生变化、过源机构的结构发生变化均应进行钴源安装的验证。

8）在安装鉴定过程中，如果发生与规格说明书不符的偏差，应进行变更控制，并给出适当性的说明。

（2）运行鉴定　辐照装置所使用到的仪器设备均要进行检定及校准，主要的仪器设备如下。①测量产品的尺寸和重量：卷尺和磅秤或电子秤；②剂量测量方面：分光光度计、厚度仪、剂量计、温湿度计、标准量块；③仓储环境监测：温湿度计；④辐照装置控制相关部件，如时间定时器等。

（3）性能鉴定　是确认的最后一个步骤，是用已定义的产品来证明设备按照预定的标准且在规定的剂量范围内持续运行的能力，从而使产品满足规定的灭菌要求。详细的测量方法见GB/T 18280.3—2015。

性能鉴定是根据运行鉴定的结果，验证辐照装置能否满足产品所要求的剂量范围，或者说，根据运行鉴定的结果及产品要求的剂量范围，来确定产品的装载模式及加工类别。

通常辐照装置进行运行鉴定时均要进行性能鉴定，除非有技术数据支持运行鉴定的结果变化对该产品的性能鉴定有相似的变化特征。

产品的结构、材质、装箱模式或包装规格发生变化，需要进行适当的技术评估确认，根据评估结果确定是否需要重新进行性能鉴定。

如果在辐照容器中使用保护产品的系统，使用材料的描述及保护方法应包含在过程规范之中。

7. 常规监测与控制

（1）常规监测与控制的目的是证明经过确认的、规定的灭菌过程已经实施到产品上。

（2）未照产品与已照产品的区分隔离。当隔离产品时，应考虑以下方面：①未（已）照标签和（或）照否标志的使用；②产品之间的物理间隔；③可靠的库存控制系统的使用。

（3）如果产品能在辐照容器中移动并且因为这种移动而影响剂量分布，那么产品应被固定，应规定并确认能正确使用的防止产品在加工过程中不适当移动的材料。

（4）对来自过程参数监测的评审和对常规剂量测量结果的评审。辐照灭菌合格判定原则：①过程符合，即产品已经按照所确认的过程规范（辐照工艺）完成辐照加工；②过程监测的结果符合，即剂量监测结果符合辐照工艺的规定。

（5）布放剂量计的频率应充分以证实过程是受控的。应对频率和规定频率的依据加以规定，剂量计布放频率根据辐照装置结构特性确定。

8. 灭菌产品的放行

（1）辐照运营商只是对灭菌的过程及吸收剂量是否符合医疗器械制造商的要求进行判定放行，产品的最终放行是医疗器械制造商的职责，医疗器械制造商和辐照运营商需要在委托灭菌合约中，明确各自的职责及产品放行要求。

（2）电离辐射灭菌采用参数放行，按照过程规范，即辐照工艺进行参数放行。标准不要求在辐射灭菌的确认和生产监测中使用的生物指示剂，也不要求使用药典中的无菌检查放行产品，因为使用无菌检查确认来保证 10^{-6} 无菌保证水平是不切合实际的。

（3）辐照运营商授权有资格人员复核加工过程和批记录，出具《辐照证明书》，批准产品的辐照放行（如果有 ERP 系统记录更好）。辐照灭菌的批记录应包括：①产品接收记录（名称、规格、批号、数量、尺寸、重量、要求剂量）；②所选用的灭菌装置（如果多座）；③辐照加工路径（如果辐照装置是多路径，或有人工换位操作，建议不用这类辐照装置）；④辐照加工安排记录（工艺技术文件或加工安排记录等）；⑤辐照容器装卸货记录（包括剂量计的布放）；⑥辐照装置的运行记录（包括辐照参数设定、辐照始止时间、设备故障等）；⑦剂量计的检测记录；⑧异常调查及其采取的纠正预防措施（如果有）；⑨辐照证明书（包含所使用的剂量计的型号、批号和测量不确定度）；⑩对于电子束和X射线，束流特点和传送速度。

（4）医疗器械制造商   医疗器械制造商依据如下文件进行灭菌产品的放行：①灭菌确认报告；②过程有效性保持的记录；③辐照工艺参数文件；④变更控制记录，包括产品变更控制和辐照装置变更控制；⑤辐照证明书或是剂量报告书。

9. 过程有效性的保持

（1）辐照灭菌过程确认完成后，过程有效性的保持是灭菌过程持续有效的关键保证。

（2）过程有效性的保持包括以下4个方面的内容：①定期的生物负载测试，监控产品的生物负载的稳定性；②剂量审核，监控产品上微生物的辐射抗力的稳定性；③与灭菌过程相关的仪器设备的定期检定、校准，保持仪器设备的有效性；④变更控制，包括产品变更控制和辐照装置的变更控制。

第二节 环氧乙烷灭菌标准

? 问题

GB 18279.1—2015中环氧乙烷灭菌关键过程变量有哪些？安装鉴定、运行鉴定和性能鉴定的关注点在哪里？

一、概述

气态环氧乙烷灭菌是化学灭菌法的一种，由于其对绝大多数微生物（包括细菌芽孢）均具有强大的杀灭作用，因此在灭菌领域应用极广。环氧乙烷还具有穿透性强、灭菌温度低、对产品损害小等特点，成为一次性使用无菌医疗器械的主流灭菌方法之一。

医疗器械环氧乙烷灭菌过程标准有两部分组成：GB 18279.1—2015《医疗保健产品灭菌 环氧乙烷 第1部分：医疗器械灭菌过程的开发、确认和常规控制的要求》和GB/T 18279.2—2015《医疗保健产品灭菌 环氧乙烷 第2部分：GB 18279.1应用指南》。

GB 18279.1—2015等同采用ISO 11135：2007，与GB 18279：2000的主要差异包括：①增加了部分术语；②增加了灭菌因子特征、产品定义、过程定义、安装鉴定、运行鉴定、保持灭菌过程有效性等技术内容；③性能鉴定、常规监视和控制等技术要求更为具体和细化；④增加了实施环氧乙烷灭菌过程的指南。

二、主要内容

GB 18279.1—2015的内容正如其名称，规定的是医疗器械环氧乙烷灭菌过程的开发、确认和常规控制的要求。从标准结构和内容上来划分，主要是以下内容：①质量管理体系要素；②灭菌因子的特征；③过程和设备的特征；④产品定义；⑤过程定义；⑥确认；⑦常规监视和控制；⑧保持灭菌过程有效性。

（一）质量管理体系要素

设计与开发、生产、安装与服务等质量管理体系的一般要求见GB/T 19001—2016，医疗器械的要求见YY/T 0287—2017。质量管理体系标准认为：制造中的有些过程有效性不能完全通过后续的产品的检验和测试来验证，灭菌就是这样的特殊过程。

（二）环氧乙烷的特征

环氧乙烷是一种具有广谱、高效、穿透力强、对消毒物品损害轻微的灭菌剂。

环氧乙烷杀灭各种微生物的作用机制主要是烷基化作用。它可以与蛋白质上的游离羧基（—COOH）、氨基（—NH₂）、硫氢基（—SH）和羟基（—OH）发生烷基作用，造成蛋白质失去反应基团，阻碍了蛋白质的正常化学反应和新陈代谢，从而导致微生物死亡。其灭菌原理如图7-1所示。

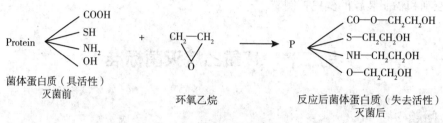

图7-1　环氧乙烷灭菌原理

环氧乙烷气体有以下特征：①环氧乙烷为易燃、易爆的有毒气体（常温、常压）；②与空气形成的爆炸极限为3%~100%；③温度过高时环氧乙烷开始聚合，比较难保管；④为提高安全性，通常用二氧化碳或其他惰性气体作为稀释剂保管使用。

从图7-2的曲线可以看出：EO与CO₂混合气体中，随着CO₂的百分比浓度不断提高，混合气体在空气中的爆炸范围不断缩小。

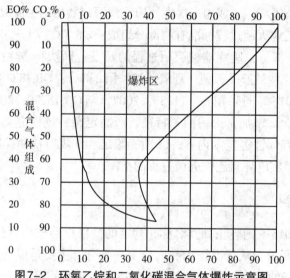

图7-2　环氧乙烷和二氧化碳混合气体爆炸示意图

环氧乙烷灭菌法可以说是目前最复杂、最难控制的灭菌方法，其影响因素包括产品包装形式、产品结构、微生物数量种类、真空度、EO浓度、温度、湿度、时间等。

其中影响灭菌效果最为关键的要素，即关键过程变量是：浓度、温度、湿度、时间。灭菌效果的评判，以灭菌后产品中微生物的存活概率来评价。

1.环氧乙烷浓度　作为影响环氧乙烷灭菌效果的重要因素，可通过提高其浓度来增强灭菌效果。通常的灭菌操作中以450~800mg/L的浓度使用较多。从图7-3中可看出，在一定浓度范围内，温度、湿度等其他条件相同时，随着浓度的增加，杀灭一定数量的微生物所需的时间越短，杀灭效果越好。环氧乙烷气体浓度对杀灭效果的影响见图7-3。

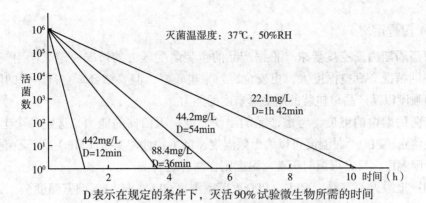

D表示在规定的条件下，灭活90%试验微生物所需的时间

图7-3　环氧乙烷气体浓度对杀灭效果的影响

2.温度　对环氧乙烷的灭菌效果有显著的影响，这是因为温度可促进化学反应加快，以及提高环氧乙烷的浸透效果。温度对环氧乙烷的灭菌效果影响见图7-4。

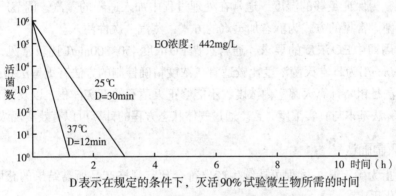

D表示在规定的条件下，灭活90%试验微生物所需的时间

图7-4　相同条件下D值随温度的变化图

3.湿度　对环氧乙烷灭菌效果的影响并不明确。有一点可以确定，当相对湿度低于30%RH时，明显影响环氧乙烷的灭菌效果，微生物比较难杀灭。

4.时间　同样条件下，灭菌时间越长，产品中微生物存活的概率越小，灭菌效果就越好。枯草芽孢杆菌存活概率与灭菌时间的关系见图7-5。

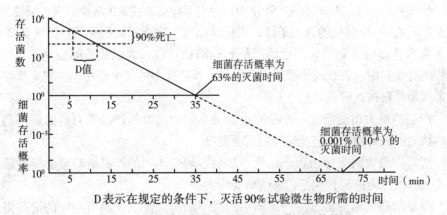

D表示在规定的条件下，灭活90%试验微生物所需的时间

图7-5　枯草芽孢杆菌存活概率与灭菌时间的关系

（三）过程定义

1.灭菌周期内真空度要求　根据产品的包装耐受压力的情况决定灭菌用气体种类。条件允许的情况，真空深度大，更安全，效果也较好，但要结合真空泵本身的能力、灭菌柜体的强度以及产品单包装的耐受真空度的能力。

2.灭菌周期中的温度　考虑产品的耐受温度、灭菌器的能力，选定一个上限温度。物理性能鉴定（PPQ）时温度可以为上限温度，微生物性能鉴定（MPQ）时灭菌柜内温度应低于上限温度，日常灭菌时灭菌室温度则在两者之间。

举例：上限灭菌室温度60℃，PPQ灭菌室温度60℃，MPQ灭菌室温度54℃，日常灭菌灭菌室温度57℃（公差±3℃）。如此选择温度，能实现一个比较大的温度公差范围，有利于日常灭菌的参数管理。

3.处理　灭菌周期内灭菌室内温度确定后（MPQ的温度），则可以进行处理时间的确定，方式同预处理，主要测定产品内部的温度和湿度分布，期待处理结束后温差在10℃之内。另外，为保证足够的湿度，通常在处理过程中加入适当的蒸汽，调节产品的湿度，更有利于灭菌。常见的方式为静态加蒸汽的方式：蒸汽一次性注入。

4.灭菌周期中EO浓度的要求　通常灭菌EO浓度450~800mg/L比较常见，考虑到成本，采用550mg/L为日常灭菌浓度比较适宜。浓度精确控制的方法有重量法和压力计算法两种，重量法是粗略计算灭菌室内浓度，不能修正灭菌室的真实体积，以及部分吸附等问题；压力计算法基本与真实浓度一致。通过气体状态方程的计算可以有效实现浓度的控制。

（四）灭菌确认

确认是指为确定某一过程可持续生产出符合预定规格产品所需结果的获取、记录和解释的文件化程序。

1.环氧乙烷灭菌确认前应做好的准备

（1）产品族　通常将结构相似，可以设置在同一灭菌参数下灭菌的产品组合。通常不将灭菌时间过长或过短的产品放在同一个产品族内；或者产品直接包装（小包装或单包装）式样不同的产品放在同一个产品族。

（2）过程挑战装置（PCD）　主要是内部过程挑战装置（IPCD）的选择。从产品族中选择相对最难灭菌的产品。IPCD的选择和使用是决定灭菌确认成败的先决因素，可使用结构分析法，或者是采用一个弱化的灭菌条件，根据产品内生物指示物的芽孢存活数量来确认。

（3）灭菌产品的装载模式　考虑产品装载的稳定性、大包装箱间的空隙、托板（推车）面积的有效利用、装载的体积等多个因素。产品族中的每个产品均需制定产品装载模式，日常灭菌严格按此模式。

（4）产品的最大耐受温度　产品族中的最不耐受温度的产品所对应的最高温度应高于灭菌确认时的最高温度，包括包装的耐受温度。

（5）产品的最大耐受压力　产品族中的最不耐受压力的产品所对应的极限范围应大于灭菌确认时的压力范围，包括包装的耐受压力。

（6）产品的最大耐受湿度　产品族中的最不耐受湿度的产品所对应的最高湿度应高于灭菌确认时的湿度，包括包装的耐受湿度。

2.环氧乙烷灭菌确认　包括安装鉴定、运行鉴定、性能鉴定3个方面，性能鉴定又可以分为物理性能鉴定和微生物性能鉴定。

（1）安装鉴定　安装鉴定的内容可包括：①文件确认；②安全确认；③工艺和仪表流程图、布局图的检查；④设备检查；⑤仪表清单和仪表校准的核实；⑥材料和物体表面的检查；⑦公用设施的确认；⑧柜体和管道的泄漏检查；⑨控制系统、电气柜和接线图等的检查。

（2）运行鉴定　运行鉴定的内容可包括：①通电和断电确认；②紧急开关确认（如有）；③口令确认（密码和权限）；④PLC数字和模拟输入/输出确认；⑤报警和联锁确认；⑥计算机软件确认（CSV）；⑦打印功能确认；⑧设备能力确认（门开关/真空能力/汽化器能力/柜内温度分布等）。

（3）物理性能鉴定（PPQ）

1）目的　通过建立一套合适的灭菌参数来保证产品的性能。

2）方法　全周期法。

3）确认项目　灭菌参数确认（包括半周期的参数）。

4）实施步骤　替代品的准备、确认用仪器仪表的校准、温湿度传感器在替代品中的设置。

5）实施全周期　温度、湿度、浓度、时间上限3次。

6）数据处理、分析。

（4）微生物性能鉴定（MPQ）

1）目的　根据灭菌处理后生物指示物无菌试验结果评价设定的灭菌时间（气体暴露时间）。

2）方法　半周期法（最常用的方法，操作最简便）。

3）实施步骤　①替代品的准备；②确认用仪器仪表的校准；③多个过程挑战装置（PCDs）的准备，放置好生物指示物；④过程挑战装置（PCD）、温湿度传感器在替代品中的放置。

4）半周期运行　温度、湿度、浓度、时间（整周期一半）下限3次。

5）生物指示物（BI）和过程挑战装置（PCD）放置个数见表7-1。

表7-1　生物指示物和过程挑战装置放置个数

产品装载体积（m³）	微生物学性能稳定	常规控制（若采用）
1	5	3
10	30	15
15	35	18
20	40	20
25	45	23
30	50	25
35	55	28
40	60	30
45	70	35
100	120	60

对于微生物学性能鉴定，除表7-1给出的体积外，可按以下规则插值：10m³以下，生物指示物（BI）数量为3个/m³，最少为5个。10m³至100m³，在以上基础上，每增加1m³增加1个BI。对于常规控制，生物指示物（BI）数量为微生物性能鉴定时的一半。

第三节　湿热灭菌标准

? 问题

GB 18278.1—2015规定的湿热灭菌有哪些不同类别？请举例说明应用范围。湿热灭菌确认的重点是什么？

一、概述

蒸汽湿热灭菌具有无残留、不污染环境、不破坏产品表面、容易控制和重现性好等优点，作为一种成熟灭菌方式已有200多年的历史了，但对于医疗器械的灭菌的确认和常规控制标准，最早在1994年国际标准化组织发布了ISO 11134：1994《医疗保健产品灭菌确认和常规控制要求　工业湿热灭菌》。1997年发布了ISO 13683：1997《医疗保健产品灭菌　医疗保健机构湿热灭菌的确认和常规控制要求》。

2006年国际标准化组织又发布了ISO 17665：2006《医疗保健产品灭菌　湿热　第1部分：医疗器械灭菌过程的开发、确认和常规控制要求》，该标准是在ISO 11134：1994和ISO 13683：1997的基础上，将工业灭菌和医疗机构湿热灭菌合二为一，统一规定了只要是对医疗器械的湿热灭菌，均应满足本标准。

GB 18278.1—2015《医疗保健产品灭菌　湿热　第1部分：医疗器械灭菌过程的开发、确认和常规控制要求》标准与GB 18279.1—2015（ISO 11135—2007）环氧乙烷灭菌类似，都分为术语和定义、质量体系管理、灭菌因子、过程和设备的特征、产品确定、过程确定、确认、常规监测与控制、灭菌后的产品放行、保持过程的有效性等部分。GB 18278.1—2015的表A.1也给出了这些重要因素的目的、组成和责任方，更便于各方按照标准操作。

二、主要内容

（一）质量体系管理要求

GB 18278.1—2015是一个管理标准，质量体系管理要求是进行湿热灭菌过程的开发、确认和常规控制时首先要考虑的问题，例如，人员、人员资质、职责、当发现不合格时需要采取的措施等。

（二）灭菌因子的特征描述

湿热灭菌的灭菌因子主要是饱和蒸汽，同时也有些是空气蒸汽混合气体、热水等，所以标准提及的灭菌因子成为湿热。同时，也需要对湿热灭菌的材料以及环境的影响进行评估，以保证灭菌因子不会对材料和外部环境有不利影响。

（三）过程和设备的特征

过程和设备是湿热灭菌过程的开发、确认和常规控制实施时的必需条件，设备特征中包括了用于实施灭菌过程的设备、配套措施的操作程序以及对设备安装的要求。过程特征描述中增加了以下内容。

（1）包含在被允许的进入灭菌室的任何液体、空气、气体或蒸汽中每种污染物的最大数量，这意味着从初级阶段关注灭菌效果到关注灭菌过程的控制、再到关注初始污染菌的数量，标准关注的重点不断在变化，越来越关注过程及源头的控制，以及过程及源头因素对灭菌效果的影响。

（2）被灭菌族的描述，这就意味产品可以按照灭菌族来区分，并且经评估后可以组合灭菌。

（3）任何灭菌负载的尺寸和（或）质量的限定，之前的标准仅对负载的体积有要求，本标准对质量也提出了要求，负载质量对热分布及热平衡影响都很大，需要作出限定。

（4）饱和蒸汽过程的要求作为一项单独提出，并且很详细地规定了诸如饱和蒸汽浓度、参考负载干燥度等，饱和蒸汽质量也作为影响灭菌过程的一项非常重要的参数来考虑。

（四）产品确定

产品确定中引入了一个概念，过程挑战装置（PCD）。在灭菌过程中，尤其是医院的消毒灭菌中，现在已经逐步使用过程挑战装置，在湿热灭菌过程中使用过程挑战装置，应先评估该装置可以代表产品及包装系统对灭菌过程的挑战才可以使用。

（五）过程确认

确认活动包括安装鉴定、运行鉴定和性能鉴定。

1.安装鉴定 通常指设备到达顾客处的所有部件和安装后的所有仪表、零部件符合双方合同的约定以及设计确认的内容。设备的水、电、气等公用设施安装到位，能够满足湿热灭菌的要求。虽然通常说设备的安装鉴定，但是鉴定本质不是对设备的鉴定，而是对整个设备系统的鉴定，因为在设备进入正常湿热灭菌状态就不能只看到单个设备的运行，而是与该设备连接的公用系统和其他辅助设备的共同作用，所以在确认阶段就要以系统的观念执行设备安装鉴定。

2.运行鉴定 关键在于检查安装完成后的设备能否达到所处正常灭菌过程中的性能要求。运行鉴定之前一定要明确该设备要达到的性能参数，在鉴定过程中调节设备控制系统，使设备在空载和负载的条件下都没有异常情况出现。运行鉴定实际是对设备的所有湿热灭菌功能进行一次又一次的重现，以考察设备性能的实现和性能的稳定性。在运行确认的每一个阶段，所有的操作都要记录，并注意要记录设备运行鉴定阶段的重要参数。

3.性能鉴定 是对过程的检验。性能鉴定包括物理鉴定和微生物鉴定。性能鉴定要涉及很多的测试仪器和最终验收准则，所有的测试仪器都要提前检验和检查，以保证最终测试结果的正确。

第四节　其他灭菌标准

? 问题

　　除辐射、环氧乙烷、湿热三大灭菌，还有其他哪些灭菌方式被应用于医疗器械灭菌？这些灭菌方式相应的确认和常规控制标准是什么？以后有新的灭菌方式应该遵循什么标准？

　　除辐射、环氧乙烷和湿热三种原理的灭菌是医疗器械灭菌中应用最为广泛的灭菌方式外，还有其他的灭菌方式得到应用。

　　如干热灭菌适用于玻璃器具、金属、耐热化学物、蜡类和油等材质的医疗器械进行灭菌处理，并去热原，干热引起的热破坏是去除热原最常见、最有效的方法。干热灭菌过程具体可见行业标准YY/T 1276—2016《医疗器械干热灭菌过程的开发、确认和常规控制要求》。

　　有些动物源性医疗器械可能适用于常规灭菌方式（如辐照灭菌），而另一些医疗器械，如生物心脏瓣膜或组织补片，可能不适用传统灭菌过程，在这些特殊情况下必须使用其他灭菌方式。为使医疗器械在灭菌后仍保持组织所需的物理性能，与其他灭菌方式相比更常选用液体化学灭菌。液体化学灭菌过程具体可见行业标准YY 0970《含动物源材料的一次性使用医疗器械的灭菌　液体灭菌剂灭菌的确认与常规控制》。

　　对于其他通过物理或化学方法灭活微生物的灭菌过程，或者正在开发新原理的灭菌过程，具体可见国家标准GB/T 19974—2018《医疗保健产品灭菌　灭菌因子的特性及医疗器械灭菌过程的开发、确认和常规控制的通用要求》。这份国标包括了质量管理体系、灭菌因子特性、过程/设备特性、产品定义、过程定义、确认、常规监测和控制、产品放行、保持过程有效性九大要素，涉及各大要素的目的、组成和责任方，适用于将对医疗器械产品进行灭菌而无具体标准可遵循的医疗器械制造商、使用者、灭菌过程的操作者等，同时也为具体灭菌过程标准的制定与修订提供了一个框架。

? 思考题

1. 灭菌过程确认和常规控制系列标准与医疗器械的法规有什么关系？
2. GB 18280.1—2015规定的辐射灭菌有哪些类别，在灭菌确认时有何异同？
3. 环氧乙烷灭菌过程为何被称为"最为复杂"的灭菌过程？
4. 湿热灭菌在医疗器械灭菌中的应用有何优点？
5. 除辐射、环氧乙烷、湿热三种灭菌方式外，是否还有其他灭菌原理的灭菌过程？请说明不同灭菌方式的确认和常规控制标准的异同。
6. 若新开发一种灭菌方式，如何进行灭菌确认和常规控制？是否有标准可以遵循？

第八章 无菌医疗器械包装标准

✏️ 学习导航

1. 掌握GB/T 19633等系列标准的基本内容。
2. 熟悉我国最终灭菌医疗器械包装标准体系。

无菌医疗器械包装，相关标准中一般称为"最终灭菌医疗器械包装"。最终灭菌医疗器械包装应能使医疗器械以无菌状态提供，能实现无菌取用，并能留有打开迹象。鉴于最终灭菌医疗器械包装在保持医疗器械的无菌性等方面所起的重要作用，很多国家将其视为无菌医疗器械的重要组件。

第一节 概述

> ❓ 问题
>
> 我国最终灭菌医疗器械包装标准体系包括哪些标准？

很长一段时间内，我国不少医疗器械产品标准错误地将医疗器械成品的无菌检验作为证实灭菌有效性和包装无菌保持能力的手段，这直接导致我国最终灭菌医疗器械包装标准制定起步相对较晚。直到2005年，我国才首次发布了GB/T 19663—2005《最终灭菌医疗器械的包装》（等同采用ISO 11607—1997）。该标准的发布，标志着我国最终灭菌医疗器械包装标准体系正式着手建立。

随后，2009年我国发布了YY/T 0698.2~YY/T 0698.10《最终灭菌医疗器械包装材料》系列标准，2011年发布了YY/T 0698.1《吸塑包装共挤塑料膜》，先后共发布了10项最终灭菌医疗包装材料及预成形无菌屏障系统标准。

同时，2009年以来，我国又先后发布了YY/T 0681.1~YY/T 0681.13《无菌医疗器械包装试验方法》系列标准，以及两项最终灭菌医疗器械包装热封参数确认的标准，即YY/T 1432—2016《通过测量热封试样的密封强度确定医疗器械软性包装材料的热封参数的试验方法》和YY/T 1433—2016《医疗器械软性包装材料热态密封强度（热粘强度）试验方法》。

2015年底发布了由ISO 11607-1：2006和ISO 11607-2：2006转化的GB/T 19633.1《最终灭菌医疗器械的包装 第1部分：材料、无菌屏障系统、包装系统的要求》和GB/T 19633.2《最终灭菌医疗器械的包装 第2部分：成形、密封和装配过程的确认要求》两项国家标准。这两项国家标准的发布，标志着我国最终灭菌医疗器械包装标准体系与国际标准体系全面接轨。

【案例】

　　某无菌医疗器械生产商的货架有效期验证方案中，规定对加速老化后的产品进行无菌检验以证实包装的无菌保持能力，这种做法合理吗？

【分析】

　　这种做法不合理，最重要的原因是因为加速老化过程并不能模拟微生物对产品的真实污染情况。应对包装材料的物理特性、无菌屏障系统的完整性等进行评价，可参考YY/T 0681.1。

　　以上标准构成了我国最终灭菌医疗器械包装标准体系的基本框架。目前已制定了32项标准，归纳如下。

　　1.通用标准　即GB/T 19633系列标准，共2项（见本章第二节）。

　　2.产品标准　即YY/T 0698系列标准，共10项（见本章第三节）。

　　3.方法标准　即YY/T 0681系列标准（见本章第四节）以及YY/T 1432和YY/T 1433，共20项。

　　应说明的是，最终灭菌医疗器械包装的方法标准分为专用方法标准和通用方法标准，以上提到的为专用方法标准。通用方法标准不仅适用于医疗器械包装，还适用于其他产品，也是我国最终灭菌医疗器械包装标准体系的组成部分（参见GB/T 19633.1附录B，不在本文介绍范围内）。

　　图8-1用"鱼骨图"的形式表现了无菌包装标准体系中各标准的作用和相互关系。

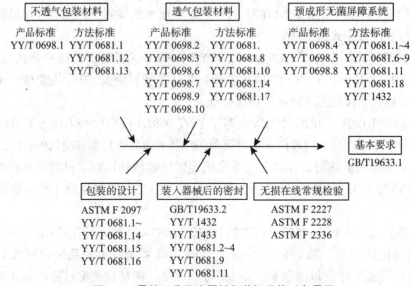

图8-1　最终灭菌医疗器械包装标准体系鱼骨图

第二节　包装基本要求和过程确认标准

? 问题

最终灭菌医疗器械包装材料的选择至少需要考虑哪些方面？

一、基本要求标准

最终灭菌医疗器械的责任人在实现器械无菌方面至少要做好两件事：①要按相关标准对灭菌过程进行确认和常规控制，以确保灭菌过程的有效性；②要证实所采用的包装系统符合GB/T 19633.1《最终灭菌医疗器械的包装　第1部分：材料、无菌屏障系统、包装系统的要求》（等同采用ISO 11607-1：2006），以证实包装对灭菌方法的适应性和无菌保持的有效性。由此可见GB/T 19633.1在最终灭菌医疗器械包装标准体系中处于核心地位，其他标准都是为证明包装系统符合该标准提供支持。

GB/T 19633.1规定了材料和预成形无菌屏障系统的基本要求，无菌屏障系统和包装系统的设计要求以及设计确认要求。该标准是对材料、医疗器械、包装系统设计以及灭菌方法的通用要求，可供材料供应商、预成形无菌屏障系统供应商、器械制造商和医疗机构使用。

🔗 知识链接

1.包装材料　任何用于包装或密封包装系统的材料。

2.预成形无菌屏障系统　已完成部分装配供装入和最终闭合或密封的无菌屏障系统。

3.无菌屏障系统　防止微生物进入并能使产品在使用地点无菌取用的最小包装。

4.保护性包装　为防止无菌屏障系统和其内装物从其装配直到最终使用的时间段内受到损坏的材料结构。

5.包装系统　无菌屏障系统和保护性包装的总和。

最终灭菌医疗器械包装的选择需要考虑诸多因素，至少包括以下方面：①与灭菌过程的适应性；②安全性，包括毒理学和化学特性；③屏障特性，包括微生物、光和气体等；④外观，包括光泽度、透明度等；⑤物理特性，包括耐刺穿、耐磨损、耐撕裂、耐弯曲、厚度和重量等；⑥无菌屏障系统完整性；⑦密封强度和胀破强度；⑧加工性能；⑨可印刷性；⑩洁净度；⑪稳定性和环境挑战要求。

包装材料的微生物屏障特性对保持包装的完整性和产品的安全性至关重要。包装材料分为不透气性材料和透气性材料两大类。GB/T 19633.1附录C给出了不透气型材料的不透过性测试方法，证实材料是不透气性材料后，就意味着满足微生物屏障要求。对于透气性材料，国际公认的测试方法包括三个，分别是 ISO 11607-1 标准推荐的 ASTM F1608、DIN 58953-6 和 ASTM F2638。

无菌屏障系统稳定性试验用以确定产品货架有效期，是无菌屏障系统设计确认的重要内容，也是目前医疗器械产品上市审批时的重点关注点。稳定性试验包括加速稳定性试验（提高环境温度以缩短试验周期）和实时稳定性试验（采用正常贮存条件）两种，应同时进行。实时稳定性试验结果是验证产品货架有效期的直接证据。当加速稳定性试验结果与其不一致时，应以实时稳定性试验结果为准。目前正在修订的 YY/T 0681 系列标准的第 1 部分适用于加速老化稳定性试验。

包装系统性能试验同样是包装系统设计确认的重要内容，用于评价在经受生产、灭菌、搬运、贮存和运输过程后包装系统和产品因外部影响而发生的变化。可参考 YY/T 0681 系列标准的第 15 和 16 部分。

二、过程确认标准

GB/T 19633.2《最终灭菌医疗器械的包装　第 2 部分：成形、密封和组装过程的确认要求》（等同采用 ISO 11607-2：2006）规定了包装过程的开发与确认要求。

和其他重要的生产过程的确认方法相似，包装过程的确认依次包括：安装鉴定（IQ）、运行鉴定（OQ）和性能鉴定（PQ）。安装鉴定是对包装设备安装完成后进行的技术鉴定，主要目的是证实包装设备满足预期的技术规范；运行鉴定是使包装过程参数经受所有预期生产条件的挑战（特别是在过程参数允许范围的边界处运行），以确定包装设备的运行符合预期要求；性能鉴定是证实包装设备在规定条件下能持续生产出可接受的预成形无菌屏障系统或无菌屏障系统。

预成形无菌屏障系统、无菌屏障系统的生产过程包括成形、密封和装配三个方面。标准中规定的三方面的过程确认不一定都是必须的，开展哪方面的确认取决于包装型式以及包装设备的自动化程度。比如，采用全自动吸塑包装设备的包装过程一般包括"成形"、"密封"和"装配"三方面的过程确认，而采用预成形无菌屏障系统的包装过程一般没有"成形"的过程确认。

无论包装设备的自动化程度以及包装型式如何，对"密封"过程的确认都是必须开展的。"密封"质量对无菌屏障系统的完整性也是至关重要的。YY/T 1432—2016 为密封确认提供了重要支撑。另外，YY/T 1433—2016 也为热封后尚处于热态时的密封区热粘强度提供了试验方法。

第三节　最终灭菌医疗器械包装材料系列标准

⑦ 问题

医疗器械生产商常用的包装型式有哪些？适用标准有哪些？

YY/T 0698《最终灭菌医疗器械包装材料》系列标准所规范的对象是在市场上流通的包装材料和预成形无菌屏障系统，符合该系列标准可用以证实符合GB/T 19633.1中规定要求的部分要求，但不是全部要求。

该系列标准共包括10部分，其中，第1、2、3、6、7、9、10部分是对包装材料的要求，第4、5、8部分是对预成形无菌屏障系统的要求。这些标准包括：

第1部分：吸塑包装共挤塑料膜　要求和试验方法。

第2部分：灭菌包裹材料　要求和试验方法。

第3部分：纸袋（YY/T 0698.4所规定）、组合袋和卷材（YY/T 0698.5所规定）生产用纸　要求和试验方法。

第4部分：纸袋　要求和试验方法。

第5部分：纸与塑料膜组合成可密封组合袋和卷材　要求和试验方法。

第6部分：用于低温灭菌过程或辐射灭菌的无菌屏障系统生产用纸　要求和试验方法。

第7部分：环氧乙烷或辐射灭菌无菌屏障系统生产用可密封涂胶纸　要求和试验方法。

第8部分：蒸汽灭菌器用重复性使用灭菌容器　要求和试验方法。

第9部分：可密封组合袋、卷材和盖材生产用无涂胶聚烯烃非织造布材料　要求和试验方法。

第10部分：可密封组合袋、卷材和盖材生产用涂胶聚烯烃非织造布材料　要求和试验方法。

目前市场上常见的包装型式的特征、用途及适用标准见表8-1。

表8-1　常见包装型式的特征、用途和适用标准

应用领域	包装型式	特征、用途及适用标准等
器械生产商	型式1：托盘式包装	由预成型硬质托盘（目前尚无标准）和盖材（符合YY/T 0698.9或YY/T 0698.10）密封而成。一般用于较大、较重的器械，如骨科植入物、起搏器和手术套装盒
	型式2：预成形组合袋	一面是复合膜，一面是纸（符合YY/T 0698.3、YY/T 0698.6、YY/T 0698.7）。除留有一个开口外，其他所有的密封都已形成，装入器械后在灭菌前进行最终封口
	型式3：顶头袋	一面是复合膜（符合YY/T 0698.5），一面是有涂胶层的透气材料（符合YY/T 0698.7或YY/T 0698.10）。透气材料可以在最后使用时剥离以便打开袋子。主要用来装大体积器械，如器械包
	型式4：FFS包装	在FFS(成形/装入/密封)过程中，设备先对吸塑包装共挤塑料膜（符合YY/T 0698.1）进行成形，装入器械后，盖上透气材料（符合YY/T 0698.6、YY/T 0698.7、YY/T 0698.9或YY/T 0698.10），四周热封
	型式5：四边封包装	在四边封（4SS）过程中，设备先将器械置于膜（符合YY/T 0698.5）上，再将透气材料（符合YY/T 0698.6、YY/T 0698.7、YY/T 0698.9或YY/T 0698.10）置于器械上，四边热封

续表

应用领域	包装型式	特征、用途及适用标准等
医疗机构	型式1：灭菌包	用包裹材料（符合 YY/T 0698.2，包括平面纸、皱纹纸、非织造布或纺织布）以闭合的方式对器械进行包裹
	型式2：预成形组合袋	将器械装入袋状或管状的纸袋或组合袋（符合 YY/T 0698.4 和 YY/T 0698.5）然后对开口进行闭合或密封
	型式3：灭菌盒	将器械装入有闭合状态指示装置的灭菌盒（符合 YY/T 0698.8）中

第四节　无菌医疗器械包装专用试验方法标准

⑦ 问题

YY/T 0681 系列标准的哪几部分属于包装完整性试验？

YY/T 0681《无菌医疗器械包装试验方法》系列标准是最终灭菌医疗器械包装标准体系中的专用试验方法标准，其适用对象涵盖包装材料、无菌屏障系统和（或）包装系统。

目前，该系列标准共包括18部分，包括：

第1部分：加速老化试验指南。

第2部分：软性屏障材料的密封强度。

第3部分：无约束包装抗内压破坏。

第4部分：染色液穿透法测定透气包装的密封泄漏。

第5部分：内压法检测粗大泄漏（气泡法）。

第6部分：软包装材料上印墨和涂层抗化学性评价。

第7部分：用胶带评价软包装材料上印墨或涂层附着性。

第8部分：涂胶层重量的测定。

第9部分：约束板内部气压法软包装密封胀破试验。

第10部分：透气包装材料微生物屏障分等试验。

第11部分：目力检测医用包装密封完整性。

第12部分：软包装屏障材料抗揉搓性。

第13部分：软屏障膜和复合膜抗慢速戳穿性。

第14部分：透气包装材料湿性和干性微生物屏障试验。

第15部分：运输容器和系统的性能试验。

第16部分：包装系统气候应变能力试验。

第17部分：透气包装材料气溶胶过滤法微生物屏障试验。

第18部分：用真空衰减法无损检验包装泄漏。

这些试验方法有些适用于包装的设计开发阶段，有些可作为生产监控手段。特定试验方法的选择应基于其被包装器械的特征及其测试目的。其中，产品特征包括质量或重量、外形尺寸和产品组成等，测试目的包括包装设计、常规质量控制等。有些试验方法并没有给出接受准则，这需要包装生产商和医疗器械制造商视情况联合确定。该系列标准的应用说明见表8-2。

表8-2 无菌医疗器械包装专用试验方法应用说明

标准号	应用说明
YY/T 0681.1—2009	该方法为加速老化中温度和时间参数的选择提供了指南。加速老化一般用于包装的早期开发，可以用于包装材料、预成形无菌屏障系统、无菌屏障系统及器械的稳定性研究，也可用于包装系统性能试验的预试验
YY/T 0681.2—2010	该方法是密封强度的决定性方法，是包装形成过程的关键指示，通常用于材料组合的筛选工具，灭菌前后密封强度评价，生产过程的监控等
YY/T 0681.3—2010	该方法包括胀破试验和蠕变试验，属于密封强度试验，一般用于过程控制
YY/T 0681.4—2010	该方法是密封完整性试验，用于检查贯通缺陷，一般用于包装设计阶段，比如稳定性研究中密封完整性的检验
YY/T 0681.5—2010	该方法是整体包装完整性试验，用于检测整体泄漏，一般用于对经历过运输过程的无菌屏障系统的完整性进行评估
YY/T 0681.6—2011	该方法适用于对包装材料上的印墨、印刷上层的覆盖漆或涂层对化学接触（水、乙醇、酸等）的承受能力进行评估
YY/T 0681.7—2011	该方法适用于其表面可粘贴胶带并且去除胶带时表面无破坏的软包装材料，对墨迹或涂层牢固性进行评价
YY/T 0681.8—2011	该方法适用于用减重法测量施加于基材（膜、纸、非织造布等）上的涂胶量
YY/T 0681.9—2011	该方法作为无约束加压（YY/T 0681.3—2010）的替代方法
YY/T 0681.10—2011	该方法适用于透气材料微生物屏障特性的评价。用于不同材料间以及同种材料经受各种过程前后微生物屏障特性的比较，以及不同批次材料的一致性评价
YY/T 0681.11—2014	该方法是密封完整性试验，采用定性目力检验的方法评价未打开的完整的密封，以便确定缺陷
YY/T 0681.12—2014	该方法通过应用染色松节油测量揉搓过程中形成的针孔数量来判定软屏障膜材料的抗揉搓性能
YY/T 0681.13—2014	该方法适用于测定软性屏障膜和复合膜抗驱动测头的戳穿性
YY/T 0681.14—2018	该方法适用于透气材料微生物屏障特性的评价，包括湿性条件和干性条件两种定性试验方法。该方法给出了可接受准则，试验条件要求相对较低，便于推广
YY/T 0681.15	该方法给出了包装系统的实验室模拟运输的试验方案，为实验室内评价无菌医疗器械运输单元承受运输环境的能力提供了统一方法
YY/T 0681.16	该方法给出了包装系统的实验室模拟气候应变的试验方案，为评价包装系统在流通周期可能承受的气候应变作用下仍能为产品提供保护而不受损坏或变化提供了统一基准

续表

标准号	应用说明
YY/T 0681.17	该方法适用于最终灭菌医疗器械包装用的透气材料，不适用于本生透气度超过4000ml/min的材料。YY/T 0681.10和YY/T 0681.14分别提供了定量和定性微生物试验方法，本部分给出的方法是一种经确认的定量物理试验方法，只要与经确认过的微生物挑战法有对应关系，其所得的数据也可用于确定微生物屏障特性
YY/T 0681.18	该方法给出了用真空衰减法无损检验无菌医疗器械包装系统泄漏的测试方法

? 思考题

1.为什么用于蒸汽灭菌和辐射灭菌的医疗器械包装也宜采用透气包装材料？

2.透气窗式包装为什么不能用于环氧乙烷灭菌？

3.无菌屏障系统稳定性试验和包装系统性能试验有什么区别？

4.根据我国最终灭菌医疗器械包装行业现状和标准现状，结合日常监管中遇到的实际问题，在哪些方面还急需建立相关标准？

第九章 医用电气设备安全标准

📝 学习导航

1. 掌握医用电气设备安全系列标准的适用范围及核心内容。
2. 熟悉医用电气设备安全系列标准的组成。
3. 了解国内外医用电气设备安全系列标准情况。

医用电气设备的安全标准是医用电气设备最基础的标准，其涵盖了通用安全要求，并列安全要求及专用安全要求。系列标准针对医用电气设备的电击危害、机械危害、辐射危害、故障危害、着火危害、结构危害、环境危害等进行了识别，并确定了具体要求和试验方法。本章着重对通用安全标准和并列安全标准的范围、主要内容进行逐一介绍。

第一节 概述

> **⑦ 问题**
>
> 医用电气设备的标准由哪些组成？国际医用电气标准化技术委员会是哪一个？国内医用电气标准化技术委员会组成情况？

对于医用电气设备来说，电气安全是最主要的安全指标。与电气安全相关的系列安全标准的制修订，是由国际电工委员会（IEC）下属的技术委员会（TC62）负责归口起草的。

IEC/TC 62成立于1968年，主要负责医疗领域内的医用电气设备和医用电气系统及医用软件等标准制修订工作。IEC/TC 62下属有4个分技术委员会，截至2018年9月，已发布的有效标准共有283份（含技术报告，修订版，合订版等），其中涉及通用安全、并列安全和专用安全的标准共72份。目前，该安全系类标准中最为基础的通用安全标准（即：IEC60601-1：2012标准的版本为第3.1版），此版本与之前的第二版相比较在结构和内容上有着重大的调整。因而相关的并列标准和专用安全标准也正在逐步转换成能与之相配套使用的标准。

在国内对应IEC/TC62是全国医用电器标准化技术委员会（SAC/TC10），成立于1982年，主要承担国内医用电气设备标准的制修订工作及国际标准的投票工作。SAC/TC10下属5个分技术委员会，目前，也已经制定一系列医用电气设备安全标准，其中涉及通用标准（即：GB 9706.1—2007标准）对应IEC 60601-1第二版标准，与其相关的并列标准和专用标准也均基于第二版的格式要求。

一、医用电气设备安全系列标准

通用标准（IEC 60601-1标准）是医用电气设备应普遍适用的安全标准，即符合医用电气设备定义的设备均应满足此基础标准要求。

并列标准（IEC 60601-1-X系类标准）也是医用电气设备应普遍适用的安全标准，但多数情况下仅限于具有某些特定功能或特性的设备才需要满足此类标准要求。

专用标准（IEC 60601-2-X、IEC80601-2-X及ISO80601-2-X系类标准）则是某一类医用电气设备应适用的安全标准，且并非所有的医用电气设备都有专用标准。

二、医用电气设备安全系列标准的执行原则

目前国内发布的医用电气设备安全系列标准，除一份标准是推荐的行业标准外，所有标准都是强制执行的国家标准或行业标准。贯彻执行这一系列的标准是为了保证医用电气设备和医用电气系统最基本的安全。

执行这一系列标准应遵循以下原则。

（1）确定设备是否满足医用电气设备的定义，是否要求满足安全通用标准的要求，即IEC 60601-1标准要求。

（2）确定是否要满足安全并列标准的要求，即IEC 60601-1-X系列标准的要求。

（3）确定是否要满足安全专用标准的要求，即IEC 60601-2-X及IEC80601-2-X及ISO80601-2-X系列标准的要求。

需要注意是：安全并列标准的要求是对安全通用标准要求的补充，安全专用标准要求是对安全通用标准要求的变更，通常使用替换、补充、修改、附加的方法。因此，在执行医用电气设备系列安全标准时，安全专用标准的要求优于安全通用标准和安全并列标准的要求。

三、国际与国内的医用电气设备通用及并列标准清单

国际与国内的医用电气设备通用及并列标准清单详见表9-1。

表9-1 与医用电气设备相关的通用及并列标准

国内标准		国际标准	
标准号	标准名称	标准号	标准名称
GB 9706.1—2007（IEC 60601-1: 1988+A1: 1991+A2: 1995, IDT）	医用电气设备 第1部分: 安全通用要求	IEC 60601-1: 2012	Medical electrical equipment – Part 1: General requirements for basic safety and essential performance
GB 9706.15—2008（IEC 60601-1-1: 2000, IDT）	医用电气设备 第1-1部分: 安全通用要求 并列标准: 医用电气系统安全要求	IEC 60601-1-1: 2000（已废止）	Medical electrical equipment – Part 1-1: General requirements for safety – Collateral standard: Safety requirements for medical electrical systems
YY 0505—2005（IEC 60601-1-2: 2001, IDT）	医用电气设备 第1-2部分: 安全通用要求并列标准: 电磁兼容要求和试验	IEC 60601-1-2: 2014	Medical electrical equipment – Part 1-2: General requirements for basic safety and essential performance – Collateral standard: Electromagnetic disturbances – Requirements and tests
GB 9706.12—1997（IEC 60601-1-3: 1994, IDT）	医用电气设备 第1部分: 安全通用要求 三, 并列标准: 诊断X射线设备辐射防护通用要求	IEC 60601-1-3: 2013	Medical electrical equipment – Part 1-3: General requirements for basic safety and essential performance – Collateral Standard: Radiation protection in diagnostic X-ray equipment
YY/T 0708—2009（IEC 60601-1-4: 2000, IDT）	医用电气设备 第1-4部分: 安全通用要求并列标准: 可编程医用电气系统	IEC 60601-1-4: 2000（已作废）	Medical electrical equipment – Part 1-4: General requirements for safety – Collateral Standard: Programmable electrical medical systems
/		IEC 60601-1-6: 2013	Medical electrical equipment – Part 1-6: General requirements for basic safety and essential performance – Collateral standard: Usability

国内标准		国际标准	
标准号	标准名称	标准号	标准名称
YY 0709—2009（IEC 60601-1-8: 2001, IDT）	医用电气设备　第1-8部分：安全通用要求 并列标准：通用要求，医用电气设备和医用电气系统中报警系统的测试和指南	IEC 60601-1-8: 2012	Medical electrical equipment – Part 1-8: General requirements for basic safety and essential performance – Collateral Standard: General requirements, tests and guidance for alarm systems in medical electrical equipment and medical electrical systems
/		IEC 60601-1-9: 2013	Medical electrical equipment – Part 1-9: General requirements for basic safety and essential performance – Collateral Standard: Requirements for environmentally conscious design
/		IEC 60601-1-10: 2013	Medical electrical equipment – Part 1-10: General requirements for basic safety and essential performance – Collateral Standard: Requirements for the development of physiologic closed-loop controllers
/		IEC 60601-1-11: 2015	Medical electrical equipment – Part 1-11: General requirements for basic safety and essential performance – Collateral Standard: Requirements for medical electrical equipment and medical electrical systems used in the home healthcare environment
/		IEC 60601-1-12: 2014	Medical electrical equipment – Part 1-2: General requirements for basic safety and essential performance – Collateral Standard: Requirements for medical electrical equipment and medical electrical systems intended for use in the emergency medical services

第二节　安全通用标准

? 问题

国内通用安全要求的版本对应国际哪一版本？医用电气设备的定义是什么？第三版与第二版的主要差异有什么？

IEC 60601-1最早来源于1930年起草的德国国家标准VDE 0750，第1版于1977年正式发布，编号为IEC 601-1：1977《医用电气设备　第1部分：安全通用要求》。1988年，国际电工委员会（IEC）发布了第2版，其编号变更为IEC 60601-1：1988，并先后在1991年和1995年发布了第2版的第1号修改件和第2号修改件。此后，在对第2版标准的复审过程中，IEC发现第2版标准确实存在一些技术要求缺失，于是1995年底正式启动了IEC 60601-1第2版标准的修订工作。经过10年的努力，IEC 60601-1：2005（第3版）标准于2005年正式发布，其名称变更为《医用电气设备　第1部分：基本安全和基本性能的通用要求》。虽然第3版制定过程耗时逾10年，但仍存在部分指标要求不合理、非量化评价操作性差等缺陷，所以IEC于2008年10月开始制定第3版的第1号修改件。期间，还陆续发布了一些标准勘误表和标准解释单，最终于2012年7月13日正式发布第3版标准的第1号修改件（A1）。目前，IEC已融合了第3版、第1号修改件、3份标准勘误表和2份标准解释单，在2012年8月20日正式发布了IEC 60601-1：2012，也就是第3.1版。

我国在1995年等同采用IEC 60601-1：1988及第1号修改件，制定了强制性国家标准GB 9706.1—1995。2007年，再次等同采用IEC 60601-1：1998标准及第1号和第2号修改件，修订GB 9706.1—1995标准为GB 9706.1-1：2007。目前，该标准是我国医用电气设备必须要遵守的强制性技术规范，对保障医用电气设备的安全性至关重要。2012年，为了更好地和国际标准保持一致，原国家食品药品监督管理局制定了IEC 60601-1第3版转化实施方案并提出了明确的转化时间表，以保障该标准的顺利转化及相关工作的有效衔接。全国医用电器标准化技术委员会现已申请GB 9706.1：2007修订立项，并将按相关程序开展第3.1版的具体转化工作。

一、医用电气设备　第1部分：安全通用要求（GB 9706.1—2007标准）

（一）适用范围

标准适用于医用电气设备的安全。不适用于体外诊断设备、有源植入医用装置的植入部分、医用气体管道系统。

本标准中的医用电气设备是指与某一专门供电网有不多于一个连接，对在医疗监督下的病人进行诊断、治疗或监护，与病人有身体的或电气的接触，和（或）向病人传送或从病人获得能量，和（或）检测这些所传送或取得的能量的电气设备。

注1：病人是指接受医学或牙科检查或治疗的生物（人或动物）。

注2：供电网是指永久性安装的电源，它也可以用来对本标准范围外的设备供电。也包括在救护车上永久性安装的电池系统和类似的电池系统。

（二）核心内容

医用电气设备的安全标准最主要的是电气安全部分，但电气设备的安全不仅限于电气安全，还包括机械安全、结构安全等。

该标准由十篇共59章组成，每一篇章都涵盖了一类安全要求。

（1）第一篇"概述" 主要规定了通用试验要求，以及设备的标识、标记和文件的要求。通过规范设备的标志、标签、标识及随机文件的内容来控制风险，达到可接受的水平。

（2）第二篇"环境条件" 主要规定了设备使用的气候环境及电源环境的要求。确保设备在规定的使用条件下能满足安全的要求。

（3）第三篇"对电击危险的防护" 主要规定了设备的隔离、防护、保护接地、漏电流和电介质强度的安全要求。确保病人和操作者及其他人员不会在无意的情况下触及设备的危险带电部分，也保证了设备在正常或单一故障状态下不会造成漏电及绝缘击穿的电击危险。

（4）第四篇"对机械危险的防护" 主要规定了机械强度、运动和传动部件及悬挂物的安全要求。确保病人和操作者及其他人员不会在无意的情况下触及危险的运动或传动部件，也保证了设备在正常或单一故障状态下其机械结构不会对病人或操作者造成人身损害。

（5）第五篇"对不需要的或过量的辐射的防护" 主要规定了对X射线辐射的安全要求。确保病人、操作者、其他人员以及设备附近的灵敏装置采用了足够的防护措施，以使他们不会受到来自设备的不需要的或过量的辐射。

（6）第六篇"对易燃麻醉混合气点燃危险的防护" 主要规定了AP型和APG型设备及其部件和元器件的安全要求，确保在正常使用、正常状态和单一故障状态下此类设备在特殊环境下工作时，不会点燃易燃混合气而产生燃烧或爆炸情况。

（7）第七篇"超温和其他安全方面危险的防护" 主要规定了超温、防火、溢流、液体泼洒、泄漏、受潮、进液、清洗、消毒、灭菌、压力容器和受压部件等安全要求。确保在正常使用和正常状态下设备不发生着火的危险，也要求了设备在结构上对液体造成的安全方面的危险有足够的防护能力，同时防止了压力容器和受压部件的破裂而造成的安全方面的危险。

（8）第八篇"工作数据的准确性和危险输出的防止" 未规定具体的对工作数据的准确性和危险输出防止的安全要求，相应的要求会在专用安全标准中给出。主要是为了规范与安全直接相关的性能要求及通过设备设计来降低人为差错的可能性。

（9）第九篇"不正常的运行和故障状态；环境试验" 主要规定了一系列的单一故障试验的要求。通过模拟元器件故障、运动部件（电动机）的故障、发热部件的故障等，来确定设备不产生起火、燃烧或以确保设备在单一故障时也不存在安全方面的危险。

（10）第十篇"结构要求"　主要规定了元器件、布线、端子连接等电气和机械结构的安全要求。确保设备使用符合要求的元器件，也确保设备内部的布线、连接等的规范，以使得满足电气和机械结构的要求。

二、修订中的 GB 9706.1（即修改采用 IEC 60601-1：2012）的标准

（一）适用范围

本标准适用于医用电气设备和医用电气系统的基本安全和基本性能。不适用于：由 IEC 61010 系列标准覆盖的不满足医用电气设备定义的体外诊断设备；由 ISO 14708 系列标准覆盖的有源医疗植入装置的植入部分；或由 ISO 7396-1 标准覆盖的医用气体管道系统。

本标准中的医用电气设备（ME）是指具有应用部分或向病人传送或取得能量或检测这些所传送或取得能量的电气设备。这样的电气设备是指与某一指定供电网有不多于一个的连接，且其制造商旨在将它用于对病人的诊断、治疗或监护，或消除或减轻疾病、伤损或残疾。

注1：医用电气设备包括那些由制造商定义的医用电气设备在正常使用时所必需的附件。

注2：并非所有在医疗实践中使用的电气设备都符合本定义（例如，某些体外诊断设备）。

注3：有源植入式医疗器械的植入部分能符合本定义，但依据第一章的相应说明它们不在本标准适用的范围内。

注4：本标准使用术语"电气设备"来指医用电气设备或其他电气设备。

本标准中的医用电气系统是指在制造商的规定下由功能连接或使用多位插座相互连接的若干设备构成的组合，组合中至少有一个是医用电气设备。

本标准中提到的设备宜被理解为包括医用电气设备。

（二）与前版的主要差异

1. 修订版和 GB 9706.1—2007 的直观变化　修订版和 GB 9706.1—2007 无论在名称上还是结构上都发生了重大的变化。修订版标准的名称，将原来的"医用电气设备　第1部分安全通用要求"更新为"医用电气设备　第1部分　基本安全和必要性能的通用要求"。从结构上看，GB 9706.1—2007 标准内容分为10篇共59章，而修订版不分"篇"，只分为17章，并将 GB 9706.15《医用电气设备　第1-1部分：安全通用要求　并列标准：医用电气系统安全要求》（对应 IEC 60601-1-1）和 YY/T 0708《医用电气设备　第1-4部分：安全通用要求 并列标准：可编程医用电气系统》（对应 IEC 60601-1-4）的内容合并为标准的第14章和第16章。修订版标准整体篇幅较 GB 9706.1—2007 也大幅增加。

该标准认为，对于生命支持设备和系统，为了建立更宽的安全裕度，即使在通常的医疗使用环境下使用，也必须有更高的抗扰度电平。因此，该标准对生命支持设备和系统规定了附加要求。

2. 修订版和 GB 9706.1—2007 的核心变化　相比 GB 9706.1—2007，修订版标准最

大的革新是安全理念的变化。修订版扩大了安全的范围和概念，引入了风险管理的流程，并要求企业在产品的整个生命周期内进行风险控制，风险控制的范围扩大到基本安全和基本性能。"基本安全"和"基本性能"概念的提出赋予了企业一定的自由度选择产品的实现方式。在修订版标准中，"Risk（风险）"一词出现500余次，"Hazard（危险）"相关词汇出现160余次，"Risk Management（风险管理）"出现近200次。正是修订版安全理念的巨大变化，对世界各国和地区转化及实施该标准都形成了巨大挑战。

3.修订版主要新增的内容　新增内容主要是分布在术语（第3章）、对电击（第8章）及机械（第9、15章）、超温的防护要求等。

具体而言，修订版共增加术语53个，包括新定义了"基本性能""预期使用寿命""对操作者及病人的防护措施"等术语，以及引进其他标准已定义的术语，比如YY 0316《医疗器械　风险管理对医疗器械的应用》（对应ISO 14971）的"风险分析""风险控制"等，YY 0708的"可编程医用电气系统"等，GB 9706.15的"医用电气系统（ME系统）""病人环境"等，GB 4943《信息技术设备的安全　第1部分：通用要求》（对应IEC 60950）的"峰值工作电压""工作电压"等，IEC 60601-1-6《医用电气设备　第1-6部分：安全通用要求 并列标准：可用性》的"可用性"等。

修订版在第9章和15章中大幅增加了机械防护的要求，其中第9章的主要变化包括：参考ISO 13857（对应GB 23821）对俘获区域防护提出了具体要求；增加了对过冲终端限位装置的要求；增加了水平外力和垂直外力导致不稳定性的试验；对于移动式设备的脚轮或轮子，增加了推动力、越过门槛不失衡以及制动系统的要求；对于支撑或悬挂系统，制定了不同情况下应采用的拉伸安全系数值。关于机械强度的要求还出现在第15章，比如增加了粗鲁搬运试验包括上台阶冲击、下台阶冲击和门框冲击试验；增加了热塑性材料外壳的模压应力消除试验等。此外，修订版还增加了对标识标签及说明书、对所用材料可燃性等要求。

值得注意的是，GB 9706.1—2007对病人和设备操作者电击防护同等要求，而修订版第8章区别对待"对病人的防护措施（MOPP）"和"对操作者的防护措施（MOOP）"。对病人的防护措施，第3.1版中的"一重病人防护措施"和"两重防护病人防护措施"基本等同于GB 9706.1中的"基本绝缘"和"双重/加强绝缘"。也就是说，符合GB 9706.1要求的绝缘设计通常可符合第3.1版要求。而第3.1版"对操作者的防护措施"参考了GB 4943的绝缘理念，在某种程度上放宽了要求，可允许使用信息技术设备的系统部件比如电源、变压器、个人电脑等，这种变化将显著减少产品成本。

第三节　安全并列标准

? 问题

目前IEC已发布的并列标准有哪些？电磁兼容主要试验有哪些？

一、医用电气设备 第1-1部分：安全通用要求 并列标准：医用电气系统安全要求（GB 9706.15标准）

（一）适用范围

本标准适用于医用电气系统的安全。规定了为保护病人、操作者及环境所必须提供的安全要求。不适用于同时工作的医用电气设备，即不同的医用电气设备同时连接在一个病人身上，但设备之间并不互连。

本标准中的医用电气系统是指多台设备的组合，其中至少有一台为医用电气设备，并通过功能连接或使用可移式多孔插座互连。

注1：当设备与系统连接时，医用电气设备应被认为包括在系统内。

注2：可移式多孔插座是指有两个或两个以上插孔的插座，打算与软电线或电线相连或组成一体，与网电源连接时，可以方便地从一处移到另一处。其可作为独立部分或医用、非医用设备的组成部分。

（二）核心内容

由于现代电子技术和生物医学技术在医学实践中的应用和快速发展，使得越来越复杂多样的医用电气系统取代单台医用电气设备用于对病人进行诊断、治疗和监护。

这种系统可应用于不同领域（不仅限于医学领域）内，可直接或间接相连使用，既可安置在用于诊断、治疗或监护病人的医用房间内，也可安置在不进行医疗实践的非医用房间。医用房间内，设备可放在定义为病人环境的区域内部或外部。符合GB 9706.1标准的医用电气设备可以和其他非医用电气设备连接。每台非医用电气设备可能都符合了其专业领域的安全标准中规定的要求，通常它们并不能符合医用电气设备安全标准要求，可能影响整个系统的安全。因而，需要制订医用电气系统的安全要求。

本标准共十篇，完全对应于安全通用要求标准的格式。本标准相对于安全通用要求标准主要增加了对系统的随机文件、隔离装置、漏电流、可移式多孔插座、连接、布线、结构等特殊要求。本标准供装配和销售包含一台或多台医用电气设备的组合电气设备的制造商使用，也供医疗行业科研人员装配医用电气系统时使用以确保医用电气系统的安全。

二、医用电气设备 第1-2部分：安全通用要求 并列标准：电磁兼容要求和试验（YY 0505标准）

（一）适用范围

该标准适用于医用电气设备和系统的电磁兼容性，对医用电气设备和系统的电磁兼容性规定了要求及试验，并作为其他专用标准中第36章电磁兼容性要求和试验的基础。有源植入式医疗器械（如植入式心脏起搏器）和实验室设备（如全自动生化仪）不适用该标准。

对于根据医用电气系统定义的医用电气系统中使用的信息技术设备（如中央监护系统中的计算机部分），该标准同样适用。由医用电气系统制造商提供并预期通过现有的连接到系统设备的电气电子设施，作为医用电气系统的一部分按照该标准要求进行电磁兼容试验；现行的局域网络、通信网络、供电网络等电气电子基础设施的电磁兼容试验和要求该标准暂不涵盖，但需要依据 YY 0708《医用电气设备　第1-4部分：安全通用要求：可编程医用电气系统》（IEC 60601-1-4）、YY/T 0316《医疗器械　风险管理对医疗器械的应用》（ISO 14971）标准的要求，对这些电气电子基础设施产生的影响进行风险评估；预期用于医用电气系统一部分的现行基础设施应考虑在试验中加以模拟。

该标准认为，对于生命支持设备和系统，为了建立更宽的安全阈度，即使在通常的医疗使用环境下使用，也必须有更高的抗扰度电平。因此，该标准对生命支持设备和系统规定了附加要求。

（二）核心内容

1.标记和说明书要求

（1）标记　包含 RF 发射器或要利用射频电磁能诊断或治疗的设备和系统，应当标记非电离辐射符号（GB/T 5465.2-5140）；如果使用 YY 0505—2012 中 36.202.2 b）3）中规定的免予试验的连接器，则必须用静电放电敏感性的符号标记，且标记应靠近每个免予试验的连接器（GB/T 5465.2-5134）；规定仅用于屏蔽场所的设备和系统，应当标记警示标识，以告示其仅用于指定类型的屏蔽场所。

（2）说明书　使用说明书应提供电磁兼容信息和进行安装和使用的电磁兼容信息说明、便携式和移动式 RF 通信设备可能产生影响的说明、免予试验的连接器的相关说明、没有手动灵敏度调节且制造商规定了病人生理信号最小幅值或最小值的设备和系统的相关说明。

技术说明书应列出符合 YY 0505—2012 中第 36.201 条和第 36.202 条要求的所有电缆、电缆的最大长度（若适用）、换能器及其他附件，以及使用规定外的附件、换能器和电缆可能导致设备或系统发射的增加或抗扰度的降低。另外，应该根据设备的分组分类特性选取 YY 0505—2012 标准的表 201~208 中的适用表格进行填写并列明在技术说明书中（表 9-2）。

表 9-2　技术说明书的表格

要求	表格	适用设备	流程图
适用于所有设备和系统的要求	表 201	GB 4824 设备	图 201
		GB 4343 和 GB/T 17743 设备	图 202
	表 202	所有设备	图 203
适用于未规定仅在屏蔽场所使用的设备和系统的要求	表 203 表 205	生命支持设备和系统	图 204
	表 204 表 206	非生命支持设备和系统	图 205

续表

要求	表格	适用设备	流程图
适用于规定仅在屏蔽场所使用的设备和系统的要求	表201	/	/
	表207	生命支持设备和系统	/
	表208	非生命支持设备和系统	/

注：表中的所列的表和图号均是YY 0505—2012的表和图号。

2.发射试验

（1）概述　发射试验涉及无线电业务的保护试验和公共电网的保护试验，包括辐射发射、传导发射、骚扰功率、谐波失真、电压的波动和闪烁等电磁发射试验项目，该项目的试验要求及方法根据产品不同，适用不同的基础标准。

（2）设备的分组和分类　从设备产生和使用射频能量的方式来分，可分为1组设备和2组设备。1组设备为发挥其自身功能的需要而有意产生和（或）使用传导耦合射频能量的所有工科医设备。大多数设备和系统属于1组，如心电图机、脑电图机、X射线诊断设备、CT和超声诊断设备等。2组设备为材料处理、电火花腐蚀等功能的需要而有意产生和（或）使用电磁辐射射频能量的所有工科医设备。只有少数设备属于2组，如磁共振成像系统、短波和微波治疗设备。

从设备使用的场所来分，可分为A类设备和B类设备：A类设备为非家用和不直接连接到住宅低压供电网设施中使用的设备；B类设备为家用和直接连接到住宅低压供电网设施中使用的设备。

3.抗扰度试验

（1）概述　抗扰度试验涉及静电放电抗扰度、射频电磁场辐射抗扰度、电快速瞬变脉冲群抗扰度、浪涌抗扰度、射频场感应的传导骚扰抗扰度、工频磁场抗扰度、电压暂降、短时中断和电压变化抗扰度7个试验项目，试验方法分别参考GB/T 17626.2、GB/T 17626.3、GB/T 17626.4、GB/T 17626.5、GB/T 17626.6、GB/T 17626.8、GB/T 17626.11这7个基础标准。

（2）试验结果的评价　除非识别出设备或系统的基本性能，否则设备或系统的所有功能都应考虑作为基本性能进行抗扰度试验。

基本性能的确定：产品适用的专用标准中的基本性能；依据标准YY/T 0316或ISO 14971对产品进行风险分析，确定的基本性能；基于临床分析确定的基本性能。

抗扰度试验电平应符合YY 0505中36.202.1 j）要求。

1）试验结果依据受试设备在试验中的功能丧失或性能降低现象进行分类。①在制造商、委托方或购买方规定的限值内性能正常；②功能或性能暂时丧失或降低，但在骚扰停止后能自行恢复，不需要操作者干预；③功能或性能暂时丧失或降低，但需操作者干预才能恢复；④因设备硬件或软件损坏，或数据丢失而造成不能恢复的功能丧失或性能降低。

鉴于医疗产品的重要性，在对受试产品符合性评价时采用 a）类评价，对于 b）、c）类还是要根据风险评价确定，对于 d）类明确是不符合要求。

2）试验不允许设备和系统有下列有关基本性能和安全的降低。①器件故障；②可编程参数的改变；③工厂默认值的复位（制造商的预置值）；④运行模式的改变；⑤虚假报警；⑥任何预期运行的终止或中断，即使伴有报警；⑦任何非预期运行的产生，包括非预期或非受控的动作，即使伴有报警；⑧显示数值的误差大到足以影响诊断或治疗；⑨会干扰诊断、治疗或监护的波形噪声；⑩会干扰诊断、治疗或监护的图像伪影或失真；⑪自动诊断或治疗设备和系统在进行诊断或治疗时失效，即使伴随着报警。

注：对于多功能的设备和系统，该准则适用于每种功能、参数和通道。

三、医用电气设备　第1-3部分：安全通用要求　并列标准：诊断X射线设备辐射防护通用要求（GB 9706.12标准）

（一）适用范围

本标准适用于医用诊断X射线设备及该种设备的部件。标准中各项要求，主要针对加载期间的X射线辐射。其中有些要求包括了不同类型的X射线设备的差异，其意图是为了在不增加或修改的情况下拓宽本标准的适用范围，尤其在医用诊断放射学中普遍使用的X射线设备的形式方面。

（二）核心内容

制定医用诊断X射线设备电离辐射防护的通用要求，目的是尽可能使病人、操作者和其他工作人员接受的剂量当量降至在可合理实现情况下的最低程度。

本标准也完全对应安全通用要求标准的格式，但实际有内容的只有两篇，分别是第一篇"概述"和第五篇"对不需要的或过量的辐射危险的防护"主要涉及的内容是随机文件和X射线辐射的要求。

其中辐射质量涉及X射线束辐射质量的要求，是为了在给病人最适宜的吸收剂量情况下，产生所期望的诊断影响；辐射线束范围的指示与限制是对有关应用所需的X射线束范围，以及将最大可用X射线束范围限制到与所规定的使用取得一致的值，以供操作者准确合理地选择；X射线与影像接收面之间的关系涉及X射线束安全准直同X射线影像接收面安全准直的要求，是为了保证X射线设备在实施辐射时，避免病人不需要获得诊断信息的部位受到辐射；泄露辐射是关于X射线管组件和X射线源组件泄漏辐射的要求，是对病人、操作者及其他工作人员的防护要求；焦点至皮肤距离是为了使病人的吸收剂量在合理实现的情况下尽可能低，避免使用不合理的短的焦点到皮肤距离；X射线束的衰减是为了避免插入病人与X射线影像接收器之间的材料对X射线束过度衰减可能造成吸收剂量程度和杂散辐射程度不必要高的要求；一次防护屏蔽是X射线设备配置适当程度且能衰减剩余辐射的一次防护屏，以保护操作者和其他工作人员的要求；杂散辐射的防护是防止操作者和其他工作人员遭受杂散辐射的合理措施。

四、医用电气设备　第1-4部分：安全通用要求　并列标准：可编程医用电气系统（YY/T 0708标准）

（一）适用范围

适用于带有可编程电子子系统（PESS）的医用电气设备和医用电气系统［可编程医用电气系统（PEMS）］的安全性。某些带有软件并用于医用目的的系统超出了本并列标准的范围，例如：许多医用信息系统。识别准则为：该系统是否满足GB 9706.1中关于医用电气设备的定义或GB 9706.15中关于医用电气系统的定义。

注1：可编程电子子系统（PESS）是指基于一个或多个中央处理单元的系统，包括它们的软件和接口。

注2：可编程医用电气系统（PEMS）是指包含有一个或多个可编程电子子系统的医用电气设备或医用电气系统。

（二）核心内容

计算机在医用电气设备中的使用日益增多，并与安全密切相关。计算机应用技术在医用电气设备的运用使系统的复杂程度仅次于医疗设备的诊断和（或）治疗的对象——病人的生理系统。这种复杂性意味着系统性失效可能超出通过实际可以接受的测试限来判定的能力。本标准超出了对已有医用电气设备的传统测试和评定；成品测试本身不能充分说明复杂医用电气设备的安全性。本标准规定了可编程医用电气系统设计过程中的要求，作为降低和管理风险目的的安全要求指南。它要求遵循某一过程，并产生该过程的记录来支持带有可编程电子子系统的医用电气设备的安全。风险管理和开发生存周期的概念是标准的基础。

本标准也完全对应安全通用要求标准的格式，但实际有内容的只有两篇，分别是第一篇"概述"和第九篇"不正常的运行和故障状态；环境试验"主要涉及的内容是随机文件和不正常的运行和故障状态。涵盖：需求规格说明；体系结构；详细设计与实现，包括软件开发；修改；验证和确认；标记和随机文件。不涵盖：硬件制造；软件复制；安装与交付使用；操作和维护；退出使用。

五、医用电气设备　第1-8部分：安全通用要求　并列标准：通用要求，医用电气设备和医用电气系统中报警系统的测试和指南（YY 0709标准）

（一）适用范围

本标准规定了医用电气设备和医用电气系统中报警系统和报警信号的要求。它为报警系统的应用也提供了指导。

注1：报警系统是指以侦测报警状态，并适当产生报警信号的医用电气设备或医用电气系统的部分。

注2：报警状态是指已确定潜在的或实际危险存在时的报警系统的状态。

注3：报警信号是指以侦测报警状态，并适当产生报警信号的医用电气设备或医用电气系统的部分。

（二）核心内容

出于病人安全的立场，若没能对潜在的或已存在的危险发出有效的警告，报警系统会给病人或操作者带来危险，会导致操作者、使用者或其他人不能作出正确反映，降低他们的警惕性或妨碍他们的行为。

本标准规定了医用电气设备和医用电气系统中报警系统的基本安全和基本性能要求和测试要求，并提供它们的应用指南。通过由紧急程度，一致的报警信号和一致的控制状态和其为所有报警系统的标记来定义报警类型（优先级）。本标准没有规定：是否对特定的医用电气设备或医用电气系统要求提供报警系统；触发报警状态的特定环境；对特定的报警状态的优先级分配；产生报警信号的方式。

本标准也完全对应安全通用要求标准的格式，但实际有内容的只有一篇，即第一篇"概述"，其余内容是增加了的"报警系统"的要求。主要涉及内容是随机文件、报警状态、智能报警系统、报警信号、延迟说明、报警预置、报警限值、报警系统的安全、报警信号非激活状况、报警复位、非栓锁和栓锁报警信号、分布式报警系统及报警状态日志。这些内容均是为了规范报警的设计。本标准既用于简单的内部电源设备或家庭护理设备，也用于复杂的生命维持设备，所以不可能对许多重要的问题都提供详细的要求。对于特殊的设备种类，其安全专用标准宜提供更详细的要求。本标准中的术语和基本要求是确保各种类型医用设备的报警系统采用一致性的方法。

第四节　医用电器设备环境试验标准

> ### ⑦ 问题
>
> 环境试验的范围是什么？环境分组有哪些？环境试验包括哪些试验？

一、适用范围

医用电器环境要求及试验方法适用于所有符合医疗器械定义的电气设备或电气系统。

注：例如符合 GB 9706.1 标准中定义的医用电器设备、GB 4793.1 标准中规定的实验室用电气设备及 GB 9706.15 标准中定义的医用电气系统等。

二、核心内容

本标准的目的是评定设备在各种工作环境和模拟贮存、运输环境下的适应性。

标准分为11章，主要规定了医用电器设备环境试验的目的、环境分组、运输试验、对电源的适应能力、基准试验条件、特殊情况、试验程序、试验顺序、试验要求、试验方法及引用标准时应规定的细则等。

1.环境分组　医用电器设备的环境分组可以按气候环境和机械环境分组，分别分为Ⅰ组、Ⅱ组、Ⅲ组。

（1）按气候环境分组

Ⅰ组：在良好的环境中使用。通常指设备在具有空调等设备的可控环境中使用。

Ⅱ组：在一般的环境中使用。通常指设备在具有供暖及通风的环境中使用。

Ⅲ组：在恶劣的环境中使用。通常指设备在无保温供暖及通风的环境，以及与此相类似的室外环境中使用。

（2）按机械环境分组

Ⅰ组：操作时细心，运输、流通时受到轻微的振动和冲击的设备，一般指固定、位置很少移动的设备。

Ⅱ组：在使用中允许受到一般的振动与冲击的设备，一般指移动方便的设备。

Ⅲ组：在频繁的运输、装卸、搬运中允许受到振动与冲击的设备。

2.主要的环境试验

（1）与气候环境条件相关的试验　额定工作低温试验、低温储存试验、额定工作高温试验、高温储存试验、额定工作湿热试验、湿热储存试验。

（2）与机械环境条件相关的试验　振动试验、碰撞试验。

除此上述试验外还有一项运输试验。

3.常规试验顺序及程序

（1）常规的试验顺序　额定工作低温试验、低温储存试验、额定工作高温试验、高温储存试验、额定工作湿热试验、湿热储存试验、振动试验、碰撞试验、运输试验。

（2）常规试验适用的程序　预处理、初始检测、试验、中间检测、运行试验、恢复、最后检测。

4.特殊情况　标准允许制造商根据产品的具体情况，对试验的要求和项目进行调整。对某些不适合的试验也提出的豁免说明。同时，也规定了若设备需要使用其他国家或行业标准时（例如：YY/T 0291《医用X射线设备环境要求及试验方法》及YY/T 1420《医用超声设备环境要求及试验方法》等），应按其规定要求执行的说明。

🔖 **思考题**

1.简述我国医用电气标准系列标准与IEC医用电气系列标准的对应关系。

2.简述医用电气设备通用安全标准的使用范围及主要内容。

3.简述医用电气设备通用标准，并列标准及专用标准之间的关系。

4.简述IEC 60601-1：1988和IEC 60601-1：2005的主要差异。

5.简述环境试验的分组及主要试验顺序。

第十章　植入器械标准

✎ 学习导航

1. 掌握植入器械种类及主要标准核心内容。
2. 熟悉植入器械标准组成。

植入器械是指以治疗或诊断为目的的长期或暂时植入人体的有源或无源医疗产品，这些植入物用于代替、修复或模拟人体有缺陷或损坏的部位，可以完全或部分植入人体，产品范围包括复杂系统（如心脏起搏器）、简单的半成品（如骨螺钉）及元件或材料（如植入用不锈钢）等。植入器械标准主要涉及安全、质量和性能及可互换性和适应性等方面。

植入器械是医疗器械的一个重要分支领域，植入器械领域涵盖骨科植入物、心血管植入物、有源植入物、组织工程植入物、植入材料及矫形工具等多个领域。植入器械标准化工作归口在全国外科植入物和矫形器械标准化技术委员会（SAC/TC110），对口国际标准化组织ISO/TC150外科植入物技术委员会。

第一节　概述

> ⑦ 问题
>
> 植入器械标准体系主要组成部分有哪些？

植入器械标准体系主要包括基础通用标准、材料标准、骨科植入物标准、心血管植入物标准、组织工程医疗器械产品标准、有源植入物标准以及其他植入物标准和相关器械工具标准。

1.基础标准　包括植入器械共同遵守的基本原则及子领域的通用要求，如无源外科植入物通用要求，以及适用于植入器械领域的一些相关标准，如植入物的取出与分析、植入物核磁兼容性评价等。

2.材料标准　包括植入用金属材料、高分子材料和陶瓷材料等生物医用材料标准及相关的测试方法标准。

3.骨科植入物标准　主要包括关节类产品、创伤类（骨板、骨钉等）、脊柱产品等产品标准和方法标准。

4.心血管植入物标准　主要包括心脏瓣膜、血管支架、心血管可吸收植入物等产品标准及方法标准。

5.组织工程医疗器械标准　包括基础标准、软骨再生、动物源性产品等相关标准。

6.有源植入物标准　主要包括心脏起搏器、植入式人工耳蜗、植入式神经肌肉刺激器、植入式输液器和生命支持系统等相关标准。

7.其他植入物标准 主要包括除上述已列出之外的其他植入医疗器械标准，如神经外科植入物、乳房植入物等。

8.相关器械工具标准 主要包括植入医疗器械所包括的一些专用手术工具，以骨科领域手术器械为主。

第二节 基础标准

(?) 问题

植入器械基础标准如何分类？适用于所有无源外科植入物的基础标准是哪项标准？

外科植入物标准按国际惯例分为三个等级，一级是对无源或有源外科植入物的通用要求；二级是对某一类外科植入物的特殊要求；三级是对某一种外科植入物的专用要求，一些附加的要求包含在二级和三级标准中。一级标准包含适用于所有无源或有源外科植入物的要求，即基础标准。

一、基础标准体系框架

基础标准体系框架及现行有效标准详见表10-1。

表10-1 基础标准体系框架及现行有效标准

标准体系		现行有效标准
基础标准	基础通用	YY/T 0340—2009《外科植入物　基本原则》
		YY/T 0640—2016《无源外科植入物　通用要求》
		YY/T 0726—2009《与无源外科植入物联用的器械　通用要求》
		YY/T 0682—2008《外科植入物　外科植入物用最小资料群》
		YY/T 0728—2009《外科植入物　术语"外翻"和"内翻"在矫形外科中的用法》
		GB/T 24629—2009《外科植入物　矫形外科植入物维护和操作指南》
	植入物取出与分析	GB/T 25440.1-4外科植入物的取出与分析　系列标准

二、主要基础标准

（一）YY/T 0340—2009《外科植入物　基本原则》

标准等同采用ISO/TR 14283：2004，标准提供了有源或无源植入物设计和制造的基本原则，以达到预期目的。标准主要内容包括外科植入物涉及的部分通用术语和定义，如医疗器械、外科植入物、有源医疗器械、附件等，植入物的设计与制造应遵循的原则、有关设计与生产的特殊原则，附录A提供了各国的相关法规文件。

（二）YY/T 0640—2016《无源外科植入物　通用要求》

标准等同采用ISO 14630：2012，标准规定了无源外科植入物的通用要求。本标准不适用于齿科植入物、齿科修复材料、经牙髓牙根植入物、人工晶状体和有活力动物组织的植入物。关于安全方面，本标准规定了预期性能、设计属性、材料、设计评估、制造、灭菌、包装和制造商提供信息的要求，以及验证符合这些要求的试验。与YY/T 0640—2008相比，本版标准修改了适用范围，不适用于源于有活力动物组织的植入物；增加了"磁共振环境"和"磁共振成像"的术语和定义；设计属性中增加部分要求；对"临床前评价"、"临床评价"和"上市后跟踪"作了更加详细的规定；对"使用说明书"的内容作了更加详细的规定。

（三）GB/T 25440.1~25440.4—2010《外科植入物的取出与分析系列标准》

本系列标准为外科植入物及相关样本的取出、处理和分析提供了建议，所涉及的植入物及相关样本来自于外科修复手术时病人体内的例行取出或尸检。制订本标准的目的是为了避免损坏相关样本而影响研究结果并为在适当的时间和环境下采集有效数据提供指导，并对数据的收集及检查也给出了相应的规定，包括取出、处理和包装程序、组织和植入物界面分析、植入物分析、植入物性能等。

第三节　植入用材料标准

⑦ 问题

植入用材料主要包括哪几类？植入金属材料的主要性能指标都包括什么？

植入性医疗器械所使用的生物医用材料按属性可分为多种，如生物医用金属材料、生物医用高分子材料、生物医用陶瓷材料、生物医用复合材料、生物衍生材料、可降解生物材料、组织工程及支架材料等。但目前就原材料而言，与标准相关的主要分为植入用金属材料、植入用高分子材料和植入用陶瓷材料。

一、植入用金属材料标准

植入用金属材料指医用的金属和合金，外科植入物金属材料主要有不锈钢、钴基合金、钛合金材料、医用贵金属等。

（一）外科植入物用不锈钢

外科植入物用不锈钢为铁基耐蚀合金，按金相组织划分，属于奥氏体不锈钢。组成成分中C、Mn、Cr、Ni、Mo、Cu、N为合金元素，Si、P、S为杂质元素，Fe为余量。不锈钢以其较好的生物相容性和综合力学性能以及简便的加工工艺和低成本在骨科、口腔修复和替换中占有重要的地位，主要涉及标准：GB 4234.1—2017《外科植入物　金属材料　第1部分：锻造用不锈钢》、YY 0605.9—2015《外科植入物　金属材料　第9部分：锻造高氮不锈钢》。

（二）外科植入物用钛及钛合金

钛是目前已知的生物亲和性最好的金属之一。钛及钛合金的相对密度较小，比强度高，弹性模量低，其生物相容性、耐腐蚀性和抗疲劳性能都优于不锈钢和钴基合金。钛及钛合金的缺点是硬度较低、耐磨性差。在骨外科，钛及钛合金用于制作各种骨折内固定器械和人工关节。其特点是弹性模量比其他金属材料更接近天然骨，而且密度小、质量轻。但钛合金耐磨性能不好，且存在咬合现象，因此，用钛合金制造组合式全关节需注意材料的配合。

外科植入物用钛及钛合金涉及标准包括：GB/T 13810—2017《外科植入物用钛及钛合金加工材》、GB 23102—2008《外科植入物　金属材料 Ti-6Al-7Nb 合金加工材》。

（三）外科植入物用钴基合金

钴基合金在人体内多保持钝化状态，很少见腐蚀现象，与不锈钢相比，其钝化膜更稳定，耐蚀性更好。从耐磨性看，它也是所有医用金属材料中最好的，一般认为植入人体后没有明显的组织学反应。但用铸造钴基合金制作的人工髋关节在体内的松动率较高，其原因是金属磨损腐蚀造成Co、Ni等离子溶出，在体内引起细胞和组织坏死，从而导致病人疼痛以及关节的松动、下沉。钴、镍、铬还可产生皮肤过敏反应，其中以钴最为严重。

外科植入物用钴基合金涉及标准包括：GB 4234.4—2019《外科植入物　金属物料　第4部分铸造钴-铬-钼合金》、YY/T 0605.5-8系列标准、YY 0605.12—2016《外科植入物　金属材料　第12部分：锻造钴-铬-钼合金》。

外科植入物用常见金属材料标准还包括YY/T 0966—2014和GB 24627—2009。

YY/T 0966—2014《外科植入物　金属材料　纯钽》：钽是一种浅灰色金属，与人体组织具有非常好的生物相容性，是目前已知最好的金属植入材料之一。由于钽受到较高密度、重量大、难加工等的限制，其应用范围还不广。

GB 24627—2009《医疗器械和外科植入物用镍-钛形状记忆合金加工材》：镍钛形状记忆合金为镍含量54%~56%的金属化合物，它在不同温度下表现为不同的金属结构相。低温时为单斜结构相（马氏体相），高温时为立方体结构相（奥氏体相）。前者柔软可随意变形，如拉直式屈曲；而后者刚硬，恢复原来的形状，并且在形状恢复过程中产生较大的恢复力。由于其优越的性能得到比较广泛的临床应用。

二、植入用高分子材料标准

高分子材料在生物医用材料领域中应用最为广泛，其优良的易于通过设计调整或控制的理化性能，使其应用到医学的各个领域。相关标准包括：GB/T 19701.1—2016《外科植入物　超高分子量聚乙烯　第1部分：粉料》和GB/T 19701.2—2016《外科植入物　超

高分子量聚乙烯 第2部分：模塑料》。

常见的外科植入物用高分子材料涉及已发布标准还有：YY 0459—2003《外科植入物丙烯酸类树脂骨水泥》、YY/T 0510—2009《外科植入物用无定形聚丙交酯树脂和丙交酯－乙交酯共聚树脂》、YY/T 0660—2008《外科植入物用聚醚醚酮（PEEK）聚合物的标准规范》、YY/T 0661—2017《外科植入物 半结晶型聚丙交酯聚合物和共聚物树脂》、YY/T 0811—2010《外科植入物用大剂量辐射交联超高分子量聚乙烯制品标准要求》。

三、植入用陶瓷材料标准

植入用陶瓷材料，包括氧化物陶瓷、磷酸盐陶瓷、生物玻璃陶瓷等。按其性质可分为三类，一类为生物惰性陶瓷，即可在体内保持稳定的陶瓷，如氧化铝、氧化锆等。另一类为生物活性陶瓷，指可通过体内发生的生物化学反应，与组织形成牢固的化学键结合的陶瓷，如羟基磷灰石、生物玻璃陶瓷等。另外还有在体内可发生降解和吸收的可降解生物陶瓷，如 β－磷酸三钙生物陶瓷等。相关标准包括：GB 23101.1-2外科植入物—羟基磷灰石系列标准、GB/T 23101.3-4、GB/T 22750—2008《外科植入物用高纯氧化铝陶瓷材料》、YY/T 0683—2008《外科植入物用 β－磷酸三钙》、YY/T 0964—2014《外科植入物 生物玻璃和玻璃陶瓷材料》、YY/T 1294.2—2015《外科植入物 陶瓷材料 第2部分：氧化锆增韧高纯氧化铝基复合材料》、YY/T 1558.3—2017《外科植入物 磷酸钙 第3部分：羟基磷灰石和 β－磷酸三钙骨替代物》。

第四节 骨科植入器械标准

? 问题

骨科植入器械主要包括哪几类？骨科植入器械产品标准规定的物理性能一般包括哪些指标？

骨科植入物大多数是人体骨骼的替代物或人体骨骼接合物。目前在我国上市的骨科植入物有数百个品种，新材料、新产品不断涌现，特别是直接关系到人身健康的金属植入物、陶瓷植入物、羟基磷灰石植入物、可吸收和可降解植入物等更是主导产品。可以说从人体的头盖骨到脚趾骨都可以用人工材料来代替。骨科植入物主要包括骨接合植入物、脊柱植入物、骨与关节替代物。

一、骨接合植入物标准

骨接合植入物是指为骨、软骨、肌腱或韧带结构提供支持的无源植入性医疗器械。骨接合植入物主要包括：接骨板、接骨螺钉、矫形用钉、矫形用棒、股骨颈固定钉、髓内针、带锁髓内钉、脊柱固定器、椎间融合器等。

骨接合植入物相关标准见表10-2。

表10-2　骨接合植入物标准

标准号	标准中文名称
GB/T 12417.1—2008	无源外科植入物　骨接合与关节置换植入物　第1部分：骨接合植入物特殊要求
YY 0017—2016	骨接合植入物　金属接骨板
YY 0018—2016	骨接合植入物　金属接骨螺钉
YY 0341—2009	骨接合用无源外科金属植入物通用技术条件
YY 0346—2002	骨接合植入物　金属股骨颈固定钉
YY/T 0019.1-2	外科植入物　髓内钉系统　系列标准
YY/T 0342—2002	外科植入物　接骨板弯曲强度和刚度的测定
YY/T 0345.1-3	外科植入物　金属骨针　系列标准
YY/T 0509—2009	生物可吸收内固定板和螺钉的标准要求和测试方法
YY/T 0591—2011	骨接合植入物　金属带锁髓内钉
YY/T 0662—2008	外科植入物　不对称螺纹和球形下表面的金属接骨螺钉　机械性能要求和试验方法
YY/T 0727.1-3	外科植入物　金属髓内钉系统　系列标准
YY/T 0812—2010	外科植入物　金属缆线和缆索
YY/T 0816—2010	外科植入物　缝合及其他外科用柔性金属丝
YY/T 0856—2011	骨接合植入物　金属角度固定器
YY/T 0956—2014	外科植入物　矫形用U型钉　通用要求
YY/T 1503—2016	外科植入物　金属接骨板疲劳性能试验方法
YY/T 1504—2016	外科植入物　金属接骨螺钉轴向拔出力试验方法
YY/T 1505—2016	外科植入物　金属接骨螺钉自攻性能试验方法
YY/T 1506—2016	外科植入物　金属接骨螺钉旋动扭矩试验方法

　　骨接合植入物产品标准所规定的性能指标主要包括物理性能、化学性能、生物性能。物理性能包括抗拉强度、屈服强度、硬度、磨损性能、疲劳性能、扭转性能、弯曲性能、刚度等。化学性能包括化学成分、耐腐蚀性能等。生物性能包括生物相容性等。

　　重点标准介绍：YY 0017—2016《骨接合植入物　金属接骨板》，YY 0018—2016《骨接合植入物　金属接骨螺钉》。

　　（1）材料　总则：接骨板应优先选用国际标准、国家标准、行业标准规定的外科植入物金属材料。不锈钢接骨板应优先选用符合GB 4234或YY/T 0605.9规定的材料。钛及钛合金接骨板应优先选用符合GB/T 13810或GB 23102规定的材料。

　　（2）机械性能　接骨板（硬度、弯曲强度和等效弯曲刚度、疲劳性能），接骨螺钉（硬度、最大扭矩和断裂扭转角、轴向拔出力、旋入旋出扭矩、自攻性能）。

　　（3）耐腐蚀性能　不锈钢接骨板最终产品表面的点蚀电位值（Eb）应不低于800mV。

　　（4）表面质量　表面缺陷、表面粗糙度、外观、表面处理。

　　（5）几何特性　尺寸、公差等。

二、脊柱植入物标准

脊柱内固定的目的是在损伤节段形成牢固的生物学融合前，分担其负荷并维持其解剖对线。每种内固定系统都有它的优缺点，因此，了解与内固定相关的生物力学因素对手术的成功有重要作用。

脊柱植入物标准所规定的性能包括：化学组成、静态轴向压缩、静态弯曲压缩、静态拉伸、静态扭转、动态扭转、动态弯曲压缩、疲劳性能、抗拉强度、硬度、生物相容性等，相关标准见表10-3。

表10-3　脊柱植入物相关标准列表

标准号	标准中文名称
YY 0119—2002	骨接合植入物　金属矫形用钉
YY/T 0119.1-5	脊柱植入物　脊柱内固定系统部件　系列标准
YY/T 0857—2011	椎体切除模型中脊柱植入物试验方法
YY/T 0959—2014	脊柱植入物　椎间融合器力学性能试验方法
YY/T 0960—2014	脊柱植入物　椎间融合器静态轴向压缩沉陷试验方法
YY/T 0961—2014	脊柱植入物　脊柱内固定系统组件及连接装置的静态及疲劳性能评价方法
YY/T 1428—2016	脊柱植入物　相关术语
YY/T 1502—2016	脊柱植入物　椎间融合器
YY/T 1559—2017	脊柱植入物　椎间盘假体静态及动态性能试验方法
YY/T 1560—2017	脊柱植入物　椎体切除模型中枕颈和枕颈胸植入物试验方法
YY/T 1563—2017	脊柱植入物　全椎间盘假体功能、运动和磨损评价试验方法

三、骨与关节替代物标准

常见的骨替代物是人工骨，人工骨可用于椎体间融合、后外侧融合、对骨不连结的处理、创伤后骨完整性的重建和骨肿瘤切除后缺损处的填充。关节替代物是指用于提供类似人体自然关节功能并与相应的骨连接的植入物，包括辅助性的植入部件和材料。

关节替代物生产工艺主要采用锻造、铸造、机加工、喷涂、烧结、化学沉积等，生产过程中主要应关注材料的改性、关节面精度、锥连接精度、产品表面处理、产品的清洗、灭菌等方面。

骨与关节替代物标准所涉及的产品性能包括：化学组成、抗拉强度、硬度、疲劳性能、磨损性能、黏接强度、抗扭力、抗静载力、表面粗糙度、球面径向偏差、冲击强度等，相关标准见表10-4。

表10-4　骨与关节替代物标准列表

标准号	标准中文名称
GB/T 12417.2—2008	无源外科植入物　骨接合与关节置换植入物　第2部分：关节置换植入物特殊要求
YY 0117.1-3	外科植入物　骨关节假体锻、铸件　系列标准
YY 0118—2016	关节置换植入物　髋关节假体
YY 0502—2016	关节置换植入物　膝关节假体
YY/T 0651.1-2	外科植入物　全髋关节假体的磨损　系列标准
YY/T 0652—2016	植入物材料的磨损　聚合物和金属材料磨屑　分离和表征
YY/T 0809	外科植入物　部分和全髋关节假体　系列标准
YY/T 0810	外科植入物　全膝关节假体　系列标准
YY/T 0919—2014	无源外科植入物　关节置换植入物　膝关节置换植入物的专用要求
YY/T 0920—2014	无源外科植入物　关节置换植入物　髋关节置换植入物的专用要求
YY/T 0924.1-2	外科植入物　部分和全膝关节假体部件　系列标准
YY/T 0963—2014	关节置换植入物　肩关节假体
YY/T 1426.1-3	外科植入物　全膝关节假体的磨损　系列标准
YY/T 1429—2016	外科植入物　丙烯酸类树脂骨水泥　矫形外科用丙烯酸类树脂骨水泥弯曲疲劳性能试验方法

第五节　心血管植入物标准

> ? **问题**
>
> 心血管植入器械主要包括哪些?

心血管植入物主要包括人工心脏瓣膜、血管内器械、心脏封堵器、管状血管移植物（人工血管）和血管补片等。

一、人工心脏瓣膜标准

通常来讲，人工心脏瓣膜按照瓣膜的使用材料可分为机械瓣膜和生物瓣膜。根据手术的置换方式，人工心脏瓣膜又可分为外科植入式人工心脏瓣膜和经导管植入式人工心脏瓣膜。

GB 12279—2008《心血管植入物　人工心脏瓣膜》，标准的主要技术要求包括：材料、组件和瓣膜性能试验；流体力学试验；疲劳试验；临床前体内评价；临床评价；包装、标签和说明等。

YY/T 1449.3—2016《心血管植入物　人工心脏瓣膜　第3部分：经导管植入式人工心脏瓣膜》，标准概括了通过风险管理来验证/确认经导管植入式人工心脏瓣膜（以下简称经导管瓣膜）的设计和制造的方法，通过风险评估选择适当的验证/确认试验和方法。这些试验包括经导管植入式瓣膜及其材料和组件的物理、化学、生物和机械性能测试，还包括经导管植入式瓣膜成品的临床前体内评价和临床评价。

二、血管内器械标准

血管内器械产品组成都较为复杂。其主要组成部分有相应的行业标准。另外还有许多通用标准和参考标准，主要标准如下。

YY/T 0663.1—2014《心血管植入物　血管内装置　第1部分：血管内假体》

YY/T 0663.2—2016《心血管植入物　血管内器械　第2部分：血管支架》

YY/T 0663.3—2016《心血管植入物　血管内器械　第3部分：腔静脉滤器》

标准主要在预期性能、设计属性、材料、设计评价、制造、灭菌、包装及制造商提供信息方面进行了要求。

三、心脏封堵器标准

心脏封堵器是指放置于心脏缺损、异常通路或特殊开口等处，并封堵该位置，以达到阻止异常血流流通的无源外科植入物。目前市场上的心脏封堵器多由金属材料制造，以具备形状记忆功能的金属材料居多。大部分产品具备阻流膜结构，以降低血流速度。

心脏封堵器的标准是YY/T 1553—2017《心血管植入物　心脏封堵器》。标准在预期性能、设计属性、材料、设计评价、制造、灭菌包装及制造商提供信息方面提出了要求。

四、管状血管移植物和血管补片标准

管状血管移植物是指经直视型（而非射线或其他非直接成像）外科手术植入，用于在血管系统节段间置换、旁路移植或形成分流的血管假体。血管补片是指预期用于修复和重建血管系统的非管状血管假体。管状血管移植物和血管补片都属于血管假体。

现行有效的血管假体标准是YY 0500—2004《心血管植入物　人工血管》，标准已于2016年完成修订，新版标准规定了血管假体的最低要求以及术语、设计属性和制造商提供信息相关的要求。

第六节　有源植入物标准

⑦ 问题

有源植入物（有源植入器械）主要分为哪些种类？心脏节律管理类设备主要包括哪些种类的设备？标准的适用原则是什么？

一、有源植入器械的主要分类

有源植入器械按照用途不同主要可以分为心脏节律管理设备、神经调控设备以及辅助位听觉设备。

心脏节律管理设备包括了植入式心脏起搏器、植入式心律转复除颤器、相应的电极导线，以及植入式心脏事件监测设备、植入式电极导线移除工具、起搏系统分析设备、程控设备等辅助工具和配套设备。

神经调控设备包括了植入式神经刺激器及其电极、程控设备和各种附件。

辅助位听觉设备则包括了人工耳蜗及其处理器和控制器组成的各种植入式位听觉设备。

除了以上三个主要部分之外，还有人工心脏、植入式心脏辅助泵等植入式循环设备以及植入式药物输注设备等特殊的设备种类。

二、有源植入器械的适用标准及分类体系

有源植入式医疗器械的系列标准分为以下七个部分。

第1部分：安全、标记和制造商所提供信息的通用要求。

第2部分：心脏起搏器。

第3部分：植入式神经刺激器。

第4部分：植入式输液泵。

第5部分：循环支持器械。

第6部分：治疗快速心律失常的有源植入式医疗器械的特殊要求（包括植入式心脏除颤器）。

第7部分：人工耳蜗。

目前其中第1、第2、第6部分的标准已经发布，同时有源植入器械的标准体系还在不断完善之中，部分设备的标准正处在国际转化的过程中。而除了此系列标准之外，对于有源植入器械的各种部件和配套设备也有着相应的标准作为补充，比如YY/T 0492—2004《植入式心脏起搏器电极导管》等标准。

三、心脏节律管理类设备的适用标准及主要内容

（一）心脏节律管理类设备的主要适用标准

心脏节律管理类设备主要用于治疗各类心脏节律疾病，比如心脏起搏器常用于治疗慢性心律失常，再同步治疗起搏器还可用于心力衰竭治疗，植入式心律转复除颤器可用来治疗快速室性心律失常，植入式心脏事件监测设备则植入于人体内记录皮下心电图和心律失常事件。

（二）心脏节律管理类设备适用标准的主要内容

本部分将以植入式心脏起搏器及其电极导线为例，介绍心脏节律管理类设备标准的结构和主要内容（表10-5）。如前文所介绍，植入式心脏起搏器及其电极导线适用标准包

括GB 16174.1—2015《手术植入物　有源植入式医疗器械　第1部分：安全、标记和制造商所提供信息的通用要求》，此标准规定了有源植入器械在安全方面的一些共性要求，比如制造商应在设备销售包装、无菌包装以及说明书等文件上提供的信息和资料、有源植入物非预期的生物效应、外部物理特性造成对病人或使用者伤害、对病人热伤害等防护的要求，以及有源植入物本身对于外部除颤、大功率电场、大气压力和温度变化等外部影响的防护。

表10-5　心脏节律管理类设备的主要适用标准列表

心脏节律管理类设备适用标准		（可能）须符合相应标准的主要产品
GB 16174.1—2015	手术植入物　有源植入式医疗器械　第1部分：安全、标记和制造商所提供信息的通用要求	植入式心脏起搏器 植入式心律转复除颤器 植入式心脏除颤电极导线 植入式心脏起搏电极导线 植入式心脏除颤电极导线 临时起搏器 植入式心脏事件监测设备
GB 16174.2—2015	手术植入物　有源植入式医疗器械　第2部分：心脏起搏器	植入式心脏起搏器、 植入式心律转复除颤器 植入式心脏起搏电极导线
YY/T 0491—2004	《心脏起搏器　植入式心脏起搏器用的小截面连接器》	植入式心脏起搏器 植入式心脏起搏电极导线
YY/T 0492—2004	《植入式心脏起搏器电极导管》	04植入式心脏起搏电极导线
YY 0989.6—2016	手术植入物　有源植入医疗器械　第6部分：治疗快速性心律失常的有源植入医疗器械（包括植入式除颤器）的专用要求	植入式心律转复除颤器 植入式心脏除颤电极导线
YY/T 0946—2014	心脏除颤器　植入式心脏除颤器用DF-1连接器组件 尺寸和试验要求	植入式心脏除颤电极导线
YY 0945.2—2015	医用电气设备　第2部分：带内部电源的体外心脏起搏器安全专用要求	临时起搏器、临时起搏电极导线

而GB 16174.2—2015《手术植入物　有源植入式医疗器械　第2部分：心脏起搏器》则是对GB 16174.1—2015的修改和补充，其在GB 16174.1—2015的基础上针对心脏起搏器的特点，增加了植入式心脏起搏器特性的测量方法、包装文件的要求以及对机械力防护的具体要求和试验方法。YY/T 0491—2004《心脏起搏器　植入式心脏起搏器用的小截面连接器》及YY/T 0492—2004《植入式心脏起搏器电极导管》更有针对性地规定了作为心脏起搏器重要组成部分的连接器及电极导线的专用安全及性能要求。

　　YY 0989.6—2016《手术植入物　有源植入医疗器械　第6部分：治疗快速性心律失常的有源植入医疗器械（包括植入式除颤器）的专用要求》的主要结构和内容类似于GB 16174.2—2015标准，但针对除颤器的特点增加了对于电容充放电安全性、自身除颤电压对设备的影响等特殊要求和试验方法。

YY/T 0491—2004《心脏起搏器　植入式心脏起搏器用的小截面连接器》及YY/T 0492—2004《植入式心脏起搏器电极导管》更有针对性地规定了作为心脏起搏器重要组成部分的连接器及电极导线的专用安全及性能要求。

综上所述，对于一种特定的心脏节律管理设备，在以GB 16174.1—2015作为通用要求的基础上，还有相应的标准结合此产品的特点作出更有针对性的要求。比如YY 0989.6—2016适用于植入式心律转复除颤器，以及YY/T 0946—2014适用于相应的连接器和电极导线，这种适用的原则主要是依据具体的设备功能所涉及的相关标准范围而定。

四、神经调控设备及辅助位听觉设备适用标准

对于神经调控设备，其适用的国际标准ISO 14708-3：2008《手术植入物　有源植入医疗器械　第3部分：植入式神经刺激器》已经完成了转化标准的制订工作，目前处于标准审批发布的阶段，而YY 0989.7—2017《手术植入物　有源植入式医疗器械　第7部分：人工耳蜗植入系统的专用要求》（对应ISO 14708-7：2013）已经发布实施，与前述系列标准相类似的是，这两份标准同样针对各自适用产品的特点对GB 16174.1—2015作出了修改和补充，例如针对神经刺激器的特点规定了不同于植入式心脏起搏器和除颤器的电特性要求和测量方法，对人工耳蜗制定了详细的声学特性的要求和方法。

第七节　组织工程植入器械标准

> ### ? 问题
>
> 组织工程学的定义是什么？组织工程材料包括哪四大要素？

组织工程学定义：应用工程学和生命科学的原理和方法来了解正常和病理的哺乳类组织的结构与功能的关系，并研制活的生物组织代用品，用以修复、维持、改善人体组织的功能。

组织工程材料有四大要素：种子细胞、支架、生长因子和培养环境。种子细胞指培养、存活、扩增最后形成组织的原始细胞。支架作为细胞以及细胞生长因子的载体，使种子细胞赖以定向分化增殖发育成相应的组织。生长因子是具有定向诱导和激活细胞分化、增殖、维持细胞生物活性等生物效应的蛋白类物质。培养环境指适合由细胞增殖培育成组织的生理环境。

一、概述

现有的组织工程植入物医疗器械标准包括1项国家标准和28项行业标准（表10-6）。行业标准又分为早期的《组织工程医疗产品》和后来的《组织工程医疗器械产品》两大系列标准。两大系列标准命名以全国外科植入物和矫形器械标准化技术委员会/组织工程医疗器械产品分技术委员会的成立为时间节点而区分。

表10-6　现有的组织工程植入物标准

序号	标准名称	标准性质	标准号
1	组织工程医疗产品　第3部分：通用分类	推荐/行标	YY/T 0606.3—2007
2	组织工程医疗产品　第4部分：皮肤替代品（物）的术语和分类	推荐/行标	YY/T 0606.4—2007
3	组织工程医疗产品　第5部分：基质及支架的性能和测试	推荐/行标	YY/T 0606.5—2007
4	组织工程医疗产品　第7部分：壳聚糖	推荐/行标	YY/T 0606.7—2008
5	组织工程医疗产品　第8部分：海藻酸钠	推荐/行标	YY/T 0606.8—2008
6	组织工程医疗器械产品　透明质酸钠	推荐/行标	YY/T 1571—2017
7	组织工程医疗产品　第10部分：修复或再生关节软骨的植入物体内评价指南	推荐/行标	YY/T 0606.10—2008
8	组织工程医疗产品　第12部分：细胞、组织、器官的加工处理指南	推荐/行标	YY/T 0606.12—2007
9	组织工程医疗产品　第13部分：细胞自动计数法	推荐/行标	YY/T 0606.13—2008
10	组织工程医疗产品　第14部分：评价基质及支架免疫反应的试验方法——ELISA法	推荐/行标	YY/T 0606.14—2014
11	组织工程医疗产品　第15部分：评价基质及支架免疫反应的试验方法——淋巴细胞增殖试验	推荐/行标	YY/T 0606.15—2014
12	组织工程医疗产品　第20部分：评价基质及支架免疫反应的试验方法——细胞迁移试验	推荐/行标	YY/T 0606.20—2014
13	组织工程医疗产品　第25部分：动物源性生物材料DNA残留量测定法：荧光染色法	推荐/行标	YY/T 0606.25—2014
14	组织工程医疗器械产品　术语	推荐/行标	YY/T 1445—2016
15	组织工程医疗器械产品　Ⅰ型胶原蛋白表征方法	推荐/行标	YY/T 1453—2016
16	组织工程医疗器械产品　水凝胶评价指南	推荐/行标	YY/T 1435—2016
17	组织工程医疗器械产品　动物源性支架材料残留 α-Gal抗原检测	推荐/行标	YY/T 1561—2017
18	组织工程医疗器械产品　生物支架材料　细胞活性评价指南	推荐/行标	YY/T 1562—2017
19	组织工程医疗器械产品　海藻酸盐凝胶固定或微囊化指南	推荐/行标	YY/T 1574—2017
20	组织工程医疗器械产品　修复和替代骨组织植入物骨形成活性的评价指南	推荐/行标	YY/T 1575—2017
21	组织工程医疗器械产品　可吸收材料植入试验	推荐/行标	YY/T 1576—2017
22	组织工程医疗器械产品　聚合物支架微结构评价指南	推荐/行标	YY/T 1577—2017

二、重要标准简介

此部分简要介绍几项已发布的组织工程植入物医疗器械标准的适用范围及主要技术内容。

YY/T 0606.3—2007《组织工程医疗产品 第3部分：通用分类》，标准规定了组织工程医疗产品分类标准的相关方面，以保证组织工程医疗产品对病人和使用者的安全和有效性。此标准适用于组织工程产品的分类要求，不包括其他标准中包括的特定内容。

YY/T 1570—2017（原YY/T 0606.4—2007的修订版），即"皮肤替代品（物）的术语和分类"标准，本标准给出了在医学治疗中替代机体皮肤结构与功能（或皮肤的真皮、表皮结构）的组织工程产品和材料的术语、分类和命名。根据皮肤替代物的组成成分、制备方法与临床应用等特点，本标准适用于对皮肤替代物做出分类。

Y/T 0606.10—2008，即"修复或再生关节软骨的植入物体内评价指南"标准，规定了修复或再生关节软骨的植入物体内评价的通则。此标准中的植入物可由天然或合成生物材料（具有生物相容性、可生物降解），或其复合物构成，可含有细胞、药物或生长因子、合成多肽、质粒或cDNA等生物活性因子。此标准还描述了兔、犬、猪、山羊、绵羊等不同种属的动物模型和相应的试验程序，以及形态学、组织生物化学和生物力学分析等结果测定和评价的方法。

YY/T 1453—2016，即"Ⅰ型胶原蛋白表征方法"标准，规定了用于制备组织工程医疗器械产品的Ⅰ型胶原蛋白的测试方法。此标准所规定的Ⅰ型胶原蛋白包括由动物的组织（如皮肤、肌腱、骨骼等）中提取、分离及纯化后得到的或其他来源得到的Ⅰ型胶原蛋白。

第八节 其他植入器械标准

? 问题

神经外科植入物主要包括哪些产品？弹簧圈系统主要包括哪几个组件？

一、神经外科植入物标准

神经外科植入物主要包括：弹簧圈、颅内动脉瘤夹、颅内覆膜支架等。弹簧圈、颅内动脉瘤夹、颅内覆膜支架主要是用于治疗脑动脉瘤的医疗器械。

YY/T 0685—2008《神经外科植入物 自闭合颅内动脉瘤夹》，标准规定了用于永久植入颅内的自闭合动脉瘤夹的特性及其标记、包装、灭菌、标签和随附文件的要求。动脉瘤夹的闭合力是一个反应产品性能的重要因素，标准也提供了闭合力的测试方法，并要求制造商用统一的方式确定其动脉瘤夹产品的闭合力，并在标签上标明数值。

二、乳房植入物标准

乳房植入物（也称乳房假体）是由一个弹性体外壳（如硅橡胶）和壳内填充物组成，壳内通常填充硅凝胶或是具有保留形状记忆功能的柔软黏着性硅凝胶，也可由盐水溶液来填充。硅凝胶和盐水溶液是目前研究较多并被较广泛应用的填充物。乳房植入物的研发和生产过程中应关注生物相容性、壳体完整性、杂质元素残留、微粒污染、挥发物质、（可渗出、可浸提）小分子物质、硅凝胶内聚力、抗疲劳、抗冲击性能等，目前相关标准见表10-7。

表10-7　乳房植入物相关标准列表

标准号	标准中文名称
YY 0647—2008	无源外科植入物　乳房植入物的专用要求
YY/T 1457—2016	无源外科植入物　硅凝胶填充乳房植入物中寡聚硅氧烷类物质测定方法
YY/T 1555.1—2017	硅凝胶填充乳房植入物专用要求　第1部分　易挥发性物质限量要求

思考题

1. 植入器械主要包括哪些类别？
2. 植入器械相关基础通用标准包括哪些？
3. 常见植入用材料包括哪几个类别？
4. 以髋关节假体为例，其所适用的标准包括哪些？级别如何划分？
5. 动脉支架标准的主要性能要求包括哪些方面？

第十一章 医用输注器具、导管和卫生用品及敷料相关标准

学习导航

1. 掌握主要输注器具、常见医用导管类和主要卫生用品及敷料类产品特点及主要标准核心内容。

2. 熟悉主要输注器具原材料标准要求。

随着医疗器械的发展,一次性使用无菌医疗器械的种类越来越多。由于此类产品直接应用于人体,产品必须保证无菌、无毒性、无有害物质溶出。为此,国家对无菌医疗器械生产质量管理规范提出了特殊要求,对厂房条件、生产过程控制、人员素质、质量管理、风险分析及灭菌工艺等都作出了严格规定,以保证产品质量,防止污染。

设立本章的目的是使学习者掌握一次性使用无菌医疗器械的标准和管理的相关知识,但由于一次性使用无菌医疗器械产品种类繁多,本章将主要针对临床使用量大面广的医用输液、输血、注射器械、导管、卫生用品及敷料产品标准和试验方法标准,以及相关的原材料标准进行系统地梳理,让大家在了解产品分类、了解标准体系的基础上,对这类产品的质量要求有较清晰的认识,同时,了解未来产品及标准的发展方向,以达到促进监管的目的。

第一节 概述

> **? 问题**
>
> 制定小孔径连接件系列标准的意义是什么?目前小孔径连接件系列标准包含哪些内容?

医用输液、输血、注射器械是临床使用量大面广的产品,关系到广大病人的身体健康和生命安全。一次性医疗输注器械主要包括药液输注、储存器械(如注射器、输液器、输液瓶和输液袋等)、血液输注、储存器械(如输血器、采血袋、血浆袋、红细胞保存袋和血小板保存袋等),主要用于静脉输液、输血及皮下、肌内注射。仅输液器产品在我国每年的用量就多达50亿只以上,而且应用人群涵盖了从新生儿包括早产儿到老年人、孕妇等几乎所有高风险人群,因此大部分输注器械一直被列为国家重点监管品种。未来输注器械主要向保护病人安全、护士安全、其他人和环境的安全的方向发展。

目前临床和市场上卫生敷料产品仍以传统的敷料——脱脂棉、脱脂棉纱布、脱脂棉纱

布绷带、医用非织造布及其制品为主要品种，其优点是原料易得、质地柔软、成本低，有较强的吸收能力，但是常因渗出物污染引起伤口感染，并且揭除时常因粘连而损伤刚生成的创伤肉芽组织形成大的瘢痕等。为此，克服传统敷料缺陷的各种新型敷料应运而生，主要有薄膜类、水凝胶类、藻酸盐类、水胶体类等，属生物敷料类的有：模型胶原生物敷料、海面型胶原生物敷料、复合型胶原生物敷料等。开发治疗临床上难愈合的伤口（例如糖尿病性溃疡、下肢动静脉疾病性溃疡、压疮、烧伤创面等）的新型敷料也是市场的发展方向。

值得一提的是，随着近代医学的进步，医疗器械同时应用于病人的品种越来越多，这些器械需相互连接才能满足临床使用，但这就不可避免地会有发生意外的错误连接。有些错误连接会对病人造成严重伤害或者致命伤害。如静脉注射进了空气、静脉注射了肠道营养液和脊柱内注射长春新碱（抗肿瘤药）等都是严重的或致命的错误。为了防止错误连接，行之有效的办法是使不同应用领域的器械采用不能相互连接的连接件，使不同应用领域的器械不能相互连接。要实现这一理想目标，前提是对不同应用领域的器械制定不能相互连接的连接件标准。

1997年11月，医疗论坛指导小组（CHeF steering group）成立了特别工作组（FIG）专门考虑医用管路错误连接的问题，随后，国际标准化组织（ISO）TC 210、国际电工委员会（IEC）62D 和 欧洲标准化委员会（CEN）CEN/CENELEC TC 3/WG 2三方应势组成联合工作组陆续制定并发布了ISO 80369系列标准（我国标准为YY/T 0916系列标准），其总标题是《医用气体和液体用小孔径连接件》，范围涉及各种不同应用类型的医疗器械上内径小于8.5mm的连接件，向医疗器械引入一个系列的不同应用领域不能相互连接的标准小孔径连接件，以期通过在全球范围内推行该系列标准，从根本上消除管路错误连接事件的发生，从而保障医疗器械的使用安全。

YY/T 0916系列标准对小孔径连接件分为呼吸系统和驱动气体、胃肠道、泌尿道、四肢气囊充压、轴索神经以及血管内和皮下应用等六种临床应用领域。各种应用的小孔径连接件规定的特性分为两大类：即配合的内/外连接件的"功能特性"和不同应用的连接件的"非相互连接特性"。YY/T 0916.1中规定了小孔径连接件的通用要求，YY/T 0916.20中规定了评定小孔径连接件的基本性能要求的试验方法。。

2017年3月在ISO官网上首次公开了关于如何实施小孔径连接件的白皮书《医疗产品使用ISO 80369系列规定的小孔径连接件的实施指南》（Guideline for the implementation of medical products using small bore connectors specified in the ISO 80369 series），给出了一些国家成功推广实施的步骤和指南。鼓励各国在政府的主导下设计各种转换接头以便顺利推行小孔径连接件。目前ISO 80369涉及的小孔径连接件的医疗领域应用见表11-1。

表11-1　小孔径连接件的应用

应用类别	具体的使用	医疗器械举例	小孔径连接件的规范
呼吸系统和驱动气体	在呼吸系统压力下操作的辅助接口的连接	呼吸气体监测用气体采样管路 呼吸系统压力测量的管路 呼吸系统中控制呼气阀的管路 雾化器至呼吸系统的管路	ISO 80369-2

续表

应用 类别	具体的使用	医疗器械举例	小孔径连接件的 规范
	在大于呼吸系统压的压力下可呼吸的驱动气体的连接	雾化器的驱动气体管路	ISO 80369-2
		新生儿血压计的管路连接件	ISO 80369-5
四肢气 囊充气	向四肢血压计气囊充气的连接	儿童/成人血压计的单腔管路连接件	ISO 80369-5
		儿童/成人血压计的双腔管路连接件	ISO 80369-5
	止血带充气连接	止血带装置的管路连接件	ISO 80369-5
胃肠道	进入食管或胃的连接	肠给养器 重力、泵压式肠给养连接器 加药口（Y形件、T形件） 肠营养管（鼻-胃、鼻-十二指肠、鼻-空肠） 经皮营养（PEG, PEJ, buttons） 肠营养袋 肠给养和肠给药用注射器	ISO 80369-3
轴索	进入神经或神经系统的连接	硬脑（脊）膜以及鞘内（脊柱麻醉）用针和导管 尾部用针（成人和儿童） 导引针，衬芯针（drawing up needles）、其他针（如其他神经封堵器） 硬膜外/脊柱麻醉导管 过滤器 注射器（2~100ml） 轴索延长器 轴索泵式输液器 阻力损失注射器 颅内压监示器	ISO 80369-6
泌尿道	进入尿道的连接	导尿管 输尿管导管 集尿系统管路	ISO 80369-4
血管内 或皮下	进入动脉和静脉血管系统的连接 皮下、肌肉内和腹膜内的注射和渗透 预期与注射器连接的医疗器械	静脉接口 中心静脉导管 动脉压管路 诊断导管 体外器械	ISO 80369-7 注：当ISO 80369-7发布时，它将代替ISO 594-1：1986和ISO 594-2：1998

第二节   GB/T 14233医用输液、输血、注射器具检验

方法系列标准

? 问题

GB/T 14233系列标准应用范围是什么？ GB/T 14233系列标准的主要内容有哪些？

一、概述

（一）标准意义及作用

GB/T 14233《医用输液、输血、注射器具检验方法》系列标准由GB/T 14233《医用输液、输血、注射器具检验方法　第1部分　化学分析方法》和GB/T 14233《医用输液、输血、注射器具检验方法　第2部分　生物学试验方法》两部分组成，属于医用输注器具安全性评价试验方法标准。

从接触途径划分，医用输液、输血、注射器具中绝大部分产品为动静脉血液接触，美国FDA在其"人用药物及生物制品容器密闭系统包装指南"中，将临床给药途径按风险分为最高、高和低三个等级，而静脉给药途径被列入最高风险等级。输注器具临床应用量和应用人群最大最广，我国一直将其重点监管。

输注器具的质量标准一般主要包括物理性能、化学性能和生物学性能三大部分，物理性能更多地从功能性和有效性评价产品，而化学性能和生物学性能则侧重于产品的安全性评价。GB/T 14233系列标准实施十年来，在上市前评价、上市后监督、不良反应评价及保障公众用械安全方面发挥了可靠的技术支撑作用。

但需指出的是，生物学评价应采用GB/T 16886系列标准来进行（详见第六章），且评价不等于必需试验。

（二）标准主要内容

GB/T 14233.1—2008标准主要规定了一次性使用输注器具检验液制备、溶出物分析方法、材料重金属分析、材料金属元素分析、炽灼残渣、环氧乙烷残留量测定等。生物学评价标准目前采用GB/T 16886系列标准，当认为有必要进行试验时，对输注器具产品，针对接触和使用特性，可按GB/T 14233.2—2005标准，进行无菌、细菌内毒素、热原试验、急性全身毒性、溶血试验、细胞毒性试验、致敏试验、皮内反应试验和植入试验的具体试验方法。另外，该标准还以资料性附录的形式给出了亚急性（亚慢性）全身毒性试验、与血液（器械）相互作用试验。两项标准主要内容见表11-2。

表11-2　GB/T 14233系列标准主要内容

标准	章节	主要内容	
GB/T 14233.1—2008	4	检验液制备方法	
	5	溶出物分析方法	浊度和色泽
			还原物质（易氧化物）
			氯化物
			酸碱度
			蒸发残渣
			重金属总含量
			紫外吸光度
			铵
			部分重金属元素
	6	材料中重金属总含量分析方法	
	7	材料中部分重金属元素含量分析方法	
	8	炽灼残渣	
	9、10	环氧乙烷残留量测定	
GB/T 14233.2—2005	3	无菌试验	
	4	细菌内毒素试验	
	5	热原试验	
	6	急性全身毒性试验	
	7	溶血试验	
	8	细胞毒性试验	
	9	致敏性试验	
	10	皮内反应试验	
	11	植入试验	
	附录A	亚急性（亚慢性）全身毒性试验	
	附录B	与血液（器械）相互作用试验	

二、标准在监管中的应用

GB/T 14233系列标准属于方法标准，通过在相关的国家标准、行业标准、产品技术要求等产品标准中引用其评价方法而得到应用。常见的国家及行业标准如：GB 8368《一次性使用输液器　重力输液式》、GB 8369《一次性使用输血器》、GB 18671《一次性使用静脉输液针》、YY 0286.3《一次性使用避光输液器》、GB/T 14232.1《人体血液及血液成分袋式塑料容器　第1部分　传统型血袋》、GB 15810《一次性使用注射器》、GB 15811《一次性使用注射针》、YY 0451《一次性使用便携式输注泵》、YY 1282《一次性使用静脉留置针》、YY 0321.1《一次性使用麻醉穿刺包》等，上述产品基本涵盖了临床最为基础和应用面最广的输注器具类医疗器械，而其质量标准中均采用了GB/T 14233系列标准的方法进行评价。

鉴于GB/T 14233系列标准的使用特点，其在相关产品上市前准入研究和评价、原材料控制和产品放行质量评价、上市后监督抽检以及发生临床不良事件时的评价研究方面均发挥了重要作用。

正确理解GB/T 14233系列标准中主要内容设定的实际意义，有利于在日常监管过程中识别和把控风险点并加以确认和关注。

（一）质量体系考核中标准的应用

在生产质量体系管理中，对原材料符合性和产品放行内控标准性能的选择，应考虑如何把握与安全性相关的关键性能和风险点。GB/T 14233.1中所描述的性能，主要采用化学手段表征原料或医疗器械产品中所使用的添加剂、加工助剂、各种加工或贮存过程中产生的降解产物、灭菌剂等的控制，使其在临床使用过程中释放进入人体的量能够在安全范围内。而GB/T 14233.2则从生物学角度，除了评价材料或器械成品的上述安全性以外，还包括了无菌医疗器械无菌和细菌内毒素的评价方法。对于生物学评价来说，正确的评价方式是产品临床上市前，当材料、配方、生产工艺发生变化时，才会进行评价。一般生物学试验，尤其是体内动物实验只在上市前进行一次即可。因此，企业在新产品批准上市以后，其原材料的进货检验或验证、产品的出厂放行安全性试验，一般只进行部分关键性理化和微生物学（无菌、细菌内毒素）试验，从而既能确保产品核心质量符合要求，又能以较快速度完成必要的出厂检验。然而，如何选择关键性能？也就是说，在质量体系考核过程中，如何认定内控性能指标基本能代表与安全性控制相关的关键性能。在产品原料、配方、工艺稳定的前提下，一般主要考虑从与批相关的因素。如溶出物试验中还原物质（易氧化物）性能，主要代表了从器械产品中溶出的添加剂及合成单体（一般主要来自于原料）、加工助剂，如PVC输注器具中常用到环己酮作为黏合剂、还有灭菌剂，如环氧乙烷等。而这些因素中某些因素有可能随着批的不同产生一定的差异，如由于黏结工艺控制不好，尤其是仍采用手工黏接的工艺方式，其环己酮残留量可能会存在批间差异甚至产品个体间差异；环氧乙烷（EO）灭菌解析，尤其是库房内的解析与季节、通风、堆放密度等多种环境因素相关，也会导致批间差异较大。基于上述因素，体系文件中，选择还原物质对原料、组件或成品进行验收或放行控制可能是适宜的，类似的性能还可包括紫外吸光度、环氧乙烷残留量、无菌、细菌内毒素等。

在质量体系考核过程中，若出现企业更换或增加材料或组件供应商，则宜关注是否有针对新供应商产品符合要求并能够满足预期使用目的的证据。这种情况下，尤其是针对医用输注器具，GB/T 14233系列标准及其他相关标准则可能成为重要参考依据。

（二）监督抽查检验中的应用

对GB/T 14233系列标准中主要项目的良好理解，同样有助于在上市后监督环节科学地设计和批准抽检方案。例如，在历年的国家监督抽检和省监督抽检方案中，我们经常会看到备注栏中某些试验项目标示为"不予复检"。如，生物学性能中的无菌、微生物限度、细菌内毒素、热原，由于抽样样本和样品间差异等因素，药典规定一旦出现不合格，经实验室复试后仍为不合格的，不予复检。同样，在化学性能方面，通常不予复检的项目包括环氧乙烷残留量和还原物质。环氧乙烷残留量由于具有较强的穿透性和挥发性，随着时间的延长，样品中的EO残留量会逐渐减少，因而，一旦出现不合格，复检过程中很难重现前期的试验数据。而环氧乙烷还是影响还原物质的一项主要因素之一，同样原理，还原物质项在监督抽检过程中也会设定为"不予复检"项。对于血液净化装置体外循环管路等产品，监督抽检时还原物质不合格频率也较高，导致其还原物质不合格的主要因素除EO残留量外，黏合剂环己酮的溶出量也是一个非常重要的原因。环己酮具有一定的挥发性，随着时间的推移，产品中环己酮的量也在缓慢降低，因而，对于这类产品，其还原物质设为"不予复检"项是科学合理的。

综上所述，在制定监督抽检方案时，宜慎重考虑上述项目出现不合格进行复检的科学性和合理性。

（三）临床不良事件的处理

上市后的不良反应监控已成为产品上市后越来越重要的一个监管环节，尤其是出现重大不良事件时，快速准确地查找原因则成为首要任务，而通常所采用的手段往往是现场检查与实验室检验并行。

GB/T 14233系列标准中的评价方法由于被许多医疗器械产品所采用，尤其是被非降解或非吸收性产品所广泛采用，因此，在不良事件应急检验中通常会作为首选的评价方式。尤其是GB/T 14233.1中的化学溶出物和GB/T 14233.2中无菌、细菌内毒素、细胞毒性等体外试验，更加具有快速筛查的特征，在对化学试验、生物学体内和体外试验结果进行综合分析后，结合临床不良事件情况可得出初步结论，以便对进一步的试验论证或其他评价作出科学决策。

第三节　医用输注器具专用原材料标准

> **? 问题**
>
> 我国医用输注器具用原料标准主要有哪些？原料标准在监管中的意义是什么？

一、概述

目前，我国已有的医用输液、输血、注射器器具用专用料标准包括：GB 15593《输血（液）器具用软聚氯乙烯塑料》；YY/T 0242《医用输液、输血注射器具用聚丙烯专用料》、YY/T 0114《医用输液、输血、注射器具用聚乙烯专用料》、YY/T 0806《医用输液、输血注射及其他医疗器械用聚碳酸酯专用料》、YY/T 1557《医用输液、输血、注射器具用热塑性聚氨酯专用料》。上述几种专用料基本代表了输注器具类产品的主流原料用料情况。

输注器具原料系列标准在标准项目设置上主要包括外观、物理性能、化学性能、生物学性能。标准主要内容见表11-3。

表11-3　输液、输血、注射器具用专用料标准主要内容

标准号或名称	项目	主要内容描述
GB 15593—1995		
YY/T 0242—2007		
YY/T 0114—2008	外观	外观/颗粒杂质要求
YY/T 0806—2010		
YY/T 1557—2017		
GB 15593—1995		热原、溶血、急性全身毒性、细胞毒性、皮内刺激、过敏、血液保存
YY/T 0242—2007		
YY/T 0114—2008	生物性能	
YY/T 0806—2010		按16886.1进行生物学评价
YY/T 1557—2017		
GB 15593—1995		还原物质、酸碱度、不挥发物、色泽、重金属、锌、紫外吸光度、醇溶出物、粒料灰分、氯乙烯单体
YY/T 0242—2007		酸碱度、重金属含量、镉含量、紫外吸收度
YY/T 0114—2008	化学性能	酸碱度、重金属含量、镉含量、紫外吸收度
YY/T 0806—2010		还原物质、酸碱度、蒸发残渣、金属离子、紫外吸光度
YY/T 1557—2017		红外鉴别、还原物质、酸碱度、蒸发残渣、金属离子、紫外吸光度
GB 15593—1995		吸水率、硬度、拉伸强度、断裂伸长率、热稳定时间
YY/T 0242—2007		熔体质量/流动速率、密度、拉伸屈服应力、弯曲模量、悬臂梁缺口冲击强度、雾度
YY/T 0114—2008	物理性能	熔体质量流动速率、密度、拉伸屈服应力、弯曲模量、悬臂梁缺口冲击强度
YY/T 0806—2010		熔体体积流动速率、密度、悬臂梁缺口冲击强度
YY/T 1557—2017		硬度、断裂拉伸应变、拉伸强度、100%应变拉伸应力、撕裂强度

由上述性能列表可见，原材料的物理性能主要从材料的物理特性表征、材料的加工性能、根据不同使用目的的与功能性相关指标，而化学性能和生物学性能则是从材料对人体安全性角度考虑设定的。上述专用料标准在输注器具原材料符合性筛选方面发挥了积极的作用。

二、标准在监管中的应用

医疗器械原材料的筛选和使用是整个器械生产质量管理体系中较为重要的环节，无论从产品的设计开发还是上市后原材料采购与评定，都将成为生产合格医疗器械产品最基本和最关键的因素。

多年来，医疗器械领域较为严重的不良反应事件多与原材料控制相关。如，2011发生的法国PIP人工乳房事件就是由于使用工业级硅胶所引起的。

医疗器械生产企业不仅要对产品主要原材料建立科学的原材料采购标准，并认真进行进货检验或验证，同时辅助性原材料的质量控制同样不可忽视，以下例子说明某些敷料纯度不高也会带来一定程度的使用风险问题，应注意控制。

在进行PVC输液器输注过程中与药物相容性研究时，曾经发现，模拟输注过程，流经有的输液器后，在多种药物中发现了一定量的异辛醇化合物。异辛醇是增塑剂DEHP合成的原料之一，而DEHP是PVC生产过程中用到的主要添加剂，其加入量一般在10%~30%，有的接近40%。后对企业正在使用的DEHP原料进行了进一步确认，发现DEHP原料中异辛醇的含量高达10%，也就是说DEHP的纯度极有可能低于90%，由于DEHP在器械产品处方中占有较高的比例，而异辛醇在水中具有较好的溶解性，那么，在模拟输注过程中，异辛醇杂质迁移进入药液也就不足为奇了。

医疗器械（特别是三类医疗器械）的安全有效很大程度上取决于制造医疗器械的原材料。而医疗器械的原材料十分复杂，品种繁多。如用于生产一次性使用输注器具的聚氯乙烯、聚丙烯、聚氨酯等高分子材料本身就有几百甚至上千种牌号。若原材料制造商随意更改配方而不告知医疗器械制造商，就会使得经过科学审批后的医疗器械上市后原材料供应质量得不到有效保证，从而使成品医疗器械的质量得不到保证，为医疗器械产品的临床应用带来极大安全隐患。

近年来发生的PVC输液器违规加入荧光增白剂事件就是一个典型例子。PVC粒料或产品中加入荧光增白剂，主要目的用于改善产品外观，然而，荧光增白剂的加入，在临床使用过程中会由于迁移至某些药液输注进入人体，从而带来新的毒理学风险。除此以外，也不能排除制造商使用回收料的可能性。由于回收料的使用在我国并没有相关法规支持，尤其是将生产过程中产生的边角料进行回收的管理，若没有经过系统全面的评价，其带来的风险是很难控制的，如果某些产品使用医疗垃圾作为回收料则后果更加不堪设想。

调查发现，无论是医疗器械原材料生产企业、医疗器械制造商还是技术审评机构都呼吁对医疗器械原材料实施更加有效的监管。一种方式可以从立法入手，使主管部门对医疗器械原材料的监管有法可依，把医疗器械原材料纳入我国医疗器械的监管体系，使其成为监管体系的重要组成部分。另一种方式，可以借鉴美国FDA对医疗器械原材料生产企业的管理经验，建立信息平台体系，采用主文件备案管理方式进行管理。

FDA主文件的内容可包括特定制造设备、工艺、方法学详细信息，或制造中所用原料、组件、工艺或器械包装等详细信息。建立器械产品的主文件信息，使得已批准的特定产品与其特定原材料、工艺等详细信息进行绑定和存贮，逐步形成主文件数据库。主文件数据库制度的建立预期在归集信息、延伸监管、提升监管效率、精准落实责任等方面发挥积极作用。

第四节　医用输注器具标准

? 问题

　　医用输注器具主要包括哪些产品？医用输注器具有哪些适用的标准？

　　在临床治疗与诊断时，一次性使用、将容器内的液体通过插入静脉的针头或导管输入病人血管的器械及用于将液体注入人体和抽取人体体液的器具及其组件统称为一次性使用输注器具。主要包括：一次性使用输液器、一次性使用输血器、一次性使用静脉输液针、一次性使用输液连接管路、一次性使用输注泵、一次性使用无菌注射器、一次性使用无菌注射针等产品，也包括基本结构和预期用途与上述产品相似的产品及其组件，如一次性使用无菌注射器用活塞、一次性使用肝素帽、无针输注装置、三通阀、药液过滤器等器具。

一、概述

　　全国医用输液器具标准化技术委员会（SAC/TC106）和全国医用注射器（针）标准化技术委员会（SAC/TC95）负责医用输注器具的标准制修订工作，主要包括通用标准、原材料标准（详见本章第三节）、产品标准和试验方法标准等。

　　由于任何一个标准体系都处于不断制修订的动态过程中，以下列出的标准均未涉及年代号，大家应积极关注标准的更新情况。下面就目前已发布的标准情况作一下简要的介绍。

（一）通用标准

目前我国医用输注器具通用标准如下。

YY/T 1119《医用高分子制品术语》

YY/T 0313《医用高分子产品包装和制造商提供信息的要求》

YY 0033《无菌医疗器具生产管理规范洁净室（区）污染控制要求》

YY/T 0586《医用高分子制品X射线不透性试验方法》

GB 19335《一次性使用血路产品通用技术条件》

GB/T 1962.1《注射器、注射针及其他医疗器械6%（鲁尔）圆锥接头　第1部分　通用要求》

GB/T 1962.2《注射器、注射针及其他医疗器械6%（鲁尔）圆锥接头　第2部分　锁定接头》

GB/T 18457《制造医疗器械用不锈钢针管》

（二）产品标准

1.医用输液器具产品标准

GB 8368《一次性使用输液器　重力输液式》

GB 18671《一次性使用静脉输液针》

YY 0286.1《专用输液器　第1部分：一次性使用精密过滤输液器》

YY 0286.2《专用输液器　第2部分：一次性使用滴定管式输液器》

YY 0286.3《专用输液器　第3部分：一次性使用避光式输液器》

YY 0286.4《专用输液器　第4部分：一次性使用压力输液设备用输液器》

YY 0286.5《专用输液器　第5部分：一次性使用吊瓶式和袋式输液器》

YY 0286.6《专用输液器　第6部分：一次性使用流量设定微调式输液器》

YY/T 1291《一次性使用胰岛素泵用皮下输液器》

YY 0611《一次性使用静脉营养袋》

YY 0451《一次性使用输注泵　非电驱动》

YY 0585.1《压力输液设备用一次性使用液路及附件　第1部分：液路》

YY 0585.2《压力输液设备用一次性使用液路及附件　第2部分：附件》

YY 0585.3《压力输液设备用一次性使用液路及附件　第3部分：过滤器》

YY 0585.4《压力输液设备用一次性使用液路及附件　第4部分：防回流阀》

YY 0804《一次性使用输液转移器要求与试验》

YY 0581.1《输液连接件　第1部分：穿刺式连接件（肝素帽）》

YY 0581.2《输液连接件　第2部分：无针连接件》

YY 1282《一次性使用静脉留置针》

YY/T 0582.1《输液瓶悬挂装置　第1部分：一次性使用悬挂装置》

YY/T 0582.2《输液瓶悬挂装置　第2部分：多用悬挂装置》

YY/T 0582.3《输液瓶悬挂装置　第3部分：输液瓶和注射瓶用自粘式悬挂装置》

YY 0332《植入式给药装置》

YY 0881《一次性使用植入式给药装置专用针》

2.医用输血器具产品标准

GB 8369.1《一次性使用输血器重力输血式》

GB 14232.1《人体血液及血液成分袋式塑料容器　第1部分：传统型血袋及第1号修改单》

GB 14232.2《人体血液及血液成分袋式塑料容器　第2部分：图形符号》

GB 14232.3《人体血液及血液成分袋式塑料容器　第3部分：带特殊组件的血袋系统》

YY 0326《一次性使用离心式血浆分离器》

YY 0327《一次性使用紫外线透疗血液容器》

YY 0328《一次性使用动静脉穿刺器》

YY 0329《一次性使用去白细胞过滤器》

YY 0765.1《一次性使用血液及血液成分病毒灭活器材　第1部分：亚甲蓝病毒灭活器材》

YY 0584《一次性使用离心杯式血液成分分离器材》

YY 0613《一次性使用离心袋式血液成分分离器》

YY 1566.1《一次性使用自体血处理器械　第1部分：离心杯式血细胞回收器》

3.医用注射器（针）产品标准

GB 15810《一次性使用无菌注射器（内含1号修改单）》

GB 15811《一次性使用无菌注射针（内含1号修改单）》

YYT 0282《注射针》

YY /T 0296《一次性使用注射针　识别色标》

YYT 0243《一次性使用无菌注射器用活塞》

YY 0497《一次性使用无菌胰岛素注射器》

YY 0573.3《一次性使用无菌注射器　第3部分 自毁型固定剂量疫苗注射器》

YY 0573.4《一次性使用无菌注射器　第4部分：防止重复使用注射器》

YY 0614《一次性使用高压造影注射器及附件》

YYT 0821《一次性使用配药用注射器》

YY/T 0908《一次性使用注射用过滤器》

YYT 0909《一次性使用低阻力注射器》

YY 1001.1《玻璃注射器　第1部分　全玻璃注射器》

YY 1001.2《玻璃注射器　第2部分　蓝芯全玻璃注射器》

（三）专用试验方法标准

YY/T 0929.1《输液用药液过滤器　第1部分：除菌级过滤器完整性试验方法》

YY/T 0929.2《输液用药液过滤器　第2部分：1.2μm标称孔径过滤器细菌截留试验方法》

YY/T 0918《药液过滤膜、药液过滤器细菌截留试验方法》

YY/T 1551.1《输液、输血器具用空气过滤器　第1部分：气溶胶细菌截留试验方法》

YY/T 1551.2《输液、输血器具用空气过滤器　第2部分：液体细菌截留试验方法》

YY/T 1551.3《输液、输血器具用空气过滤器　第3部分：完整性试验方法》

YY/T 0923《液路、血路无针接口微生物侵入试验方法》

YY/T 1286.1《血小板贮存袋性能　第1部分：膜材透气性能测定压差法》

YY/T 1286.2《血小板贮存袋性能　第2部分：血小板保存评价指南》

YY/T 1288《一次性使用输血器具用尼龙血液过滤网》

二、典型产品介绍及标准要求

　　由于医用输注器具产品繁多，涉及的产品较为复杂，因此下面仅就几类较为典型的产品及其标准发展情况进行介绍。在实际工作中，应结合产品特性、产品组成、产品预期用途以及临床使用情况等制定产品技术要求，并将其应用于日常产品质量控制，确保投放市场产品的有效性和安全性。

（一）一次性使用输液器

　　1.产品介绍　一次性使用输液器是一种常见的医疗器械耗材，经过无菌处理，建立静脉与药液之间通道，用于静脉输液。普通的输液器由瓶塞穿刺器及保护套、进气器件、滴斗、药液过滤器、管路、流量调节器、注射件、外圆锥接头组成，一般与静脉输液针（由带有内圆锥接头的连接座、软管、针柄、针管及保护帽组成）组合在一起进行新产品注册。

随着输液技术的不断发展和临床要求的日益提高，相继出现了一些能适应特殊临床要求的专用输液器，在普通输液器的基础上通过增加附件，改变结构或者改变材质达到某些临床需求的特殊应用目的，如避光式输液器、流量设定微调式输液器等。

此外，围绕输液器产品的安全使用，避免外界微生物侵入输液系统的风险，以及从保护医生和医护人员的角度，生产企业也开发研制了多种产品，作为辅助产品应用于临床，如防回流阀、无针连接件等。

2. 相关标准　在医用输液器具标准中，GB 8368《一次性使用输液器　重力输液式》作为一个重要的产品标准，起到了主导作用，很多标准都是围绕GB 8368展开的，比如专用输液器系列标准YY 0286，标准内容都是在符合GB 8368的基础上，增加专用性能方面的内容。再如YY 0585《压力输液设备用一次性使用液路及附件》系列标准也是在GB 8368的基础上，增加了压力输液设备相关的性能。如图11-1所示，GB 8368是医用输液器具标准体系中的核心标准，是制定其他产品标准的基础性标准。

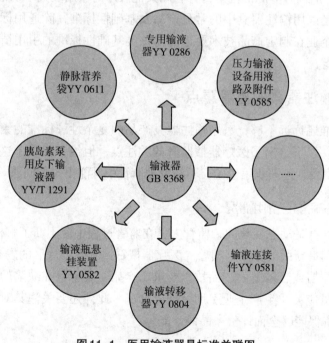

图11-1　医用输液器具标准关联图

2015年全国输液器具标准化技术委员会对GB 8368进行了第四次修订，本标准的历次版本分别为GB 8368—1987、GB 8368—1993、GB 8368—1998、GB 8368—2005、GB 8368—2018。

本次修订，除编辑性修改外主要技术变化如下：①修改了附录A.1微粒污染指标和其试验方法等同采用国际标准；②修改了附录A.2泄漏试验；③删除附录NA.2可以采用金属穿刺针的要求，全面推行塑料瓶塞穿刺器；④明确规定了注射件应位于圆锥接头附近；⑤明确规定了外圆锥接头应采用圆锥锁定接头；⑥删除了对流量调节器颜色的限定；⑦修改了还原物质的要求和试验方法的表示方法；⑧包装材料全面推广透气材料的包装型式，淘汰透析窗式包装材料。通过此次输液器标准的修订，将起到规范输液器生产，提高整个行业质量水平，保证用械安全的目的。

（二）一次性使用无菌注射器（针）

1.产品介绍   一次性使用无菌注射器（带针）主要结构由外套（器身）、芯杆、活塞（胶塞）、针座、针管、护套等组成。一次性使用无菌注射器按结构分为二件式和三件式（二件式为芯杆＋器身，三件式为芯杆＋橡胶活塞＋器身），按型式分为中头式和偏头式，按圆锥接头分为通用接头和锁定接头。

为了避免交叉感染以及被重复使用，目前已逐渐出现了各类特殊功能的注射器。固定剂量自毁型疫苗注射器、无针注射器、配药用注射器等各特定功能类型注射器。

2.相关标准   医用注射器具类标准中，GB 15810、GB 15811和GB/T 18457三个标准起着纲领性文件的作用。新型的或者功能性注射器的标准均是基于GB 15810这一基础性的标准上制定的，同样GB/T 18457作为制造医疗器械用不锈钢针管的标准，适用于所有人体皮内、皮下、肌肉和静脉的注射针针管和其他医疗器械用硬直不锈钢针管的要求。

上面介绍的是医用输注器具中的常见产品及基础性标准，除通用标准外，日常监管中还应关注生产企业在制定产品技术要求时对该类基础性标准的引用情况，确保能够全面评价产品的性能。

三、医用输注器具的监管重点

仅仅了解标准还远远不够，医用输注器具产品的复杂性、标准的繁杂性，均给监管工作提出了挑战。以下给出了医疗器械监管的关注点，但绝不仅限于这些方面，监管人员应从工作实际出发，逐渐积累经验，不断发现监管中可能出现的问题。

（一）应关注标准的引用情况

任何一个标准都是动态变化的，监管人员在监管过程中应不断了解标准的更新情况，督促企业尽快采用最新版的标准。随着《医疗器械召回管理办法》的发布实施，"不符合强制性标准、经注册或者备案的产品技术要求的产品"属于存在缺陷的医疗器械产品之一，因此监管人员应关注生产企业引用标准的情况，此外还要关注其对适用标准引用的完整性的问题，确保能够全面评价产品的性能。

（二）应关注监督抽检和临床不良反应的情况

从近几年的国家医疗器械不良事件监测报告中可以看出，医用输注器具的报告数量较多，这与其使用量大面广的特点有关。以输液器为例，不良事件占比91.3%，主要的不良反应集中在漏液、漏气、导管断裂、针管断裂、针头弯曲、堵塞、破损、滴液异常、有异物、输液流速无法调整等问题上。目前国家已连续进行了多年的输液器监督抽检，不合格项目以滴重、单包装标志、外圆锥接头和管路长度4个检测项目最为集中。可以看出，医用输注器具的问题主要集中物理性能上，因此日常监管时，应重点关注生产企业的设计输入和设计输出，是否有设计变更情况的存在；关注其批次间产品的稳定性问题，如模具的使用、管理、磨损及更换情况等；关注其实际的检验能力情况，是否具备了真正的检验能力；关注其单包装的规范性问题，是否符合相关法律法规或者标准的要求等。监管人员应及时关注出现的不良反应反馈情况，关注每一批次监督检查报告的情况，很多情况下，上述文件中会包含提示性或者警示性的内容，这些内容都是监管的重点问题。

（三）应关注行业内的热点问题

以输液器为例，目前我国一次性使用输液器的主要原材料是邻苯二甲酸二异辛酯（DEHP）增塑的聚氯乙烯（PVC），黏合剂采用的是环己酮，材料对药物的吸附、DEHP的溶出及安全性、环己酮的残留以及荧光增白剂的研究等均是目前行业的热点，监管人员应密切关注该类热点问题的最新发展动向，掌握行业前沿信息，才能更好地做好监管工作。

第五节 医用导管标准

? 问题

YY 0285系列标准包括几方面的内容？ YY 0450.1标准中包含了哪几个产品的要求？

一、血管内导管相关标准

介入治疗是介于外科、内科治疗之间一种新型诊断和治疗心血管疾病的技术。经过近几十年的发展，现在已和外科、内科一道被称为三大支柱性学科。简单地讲，介入治疗就是不开刀暴露病灶的情况下，在血管、皮肤上作直径几毫米的微小通道，在影像设备（血管造影机、透视机、CT、MR、B超）的引导下对病灶进行局部治疗的创伤最小的治疗方法。作为介入手术中的配套手术器械，各种类型的导管、导丝、穿刺针、扩张器、充压装置、连接阀、延长管等器械，在手术过程中起到了至关重要的作用。

随着近年来介入手术的不断发展，该类器械的形式和种类不断增多，以适应不断发展的介入手术的需求。

（1）导管类产品 如造影导管、中心静脉导管、球囊扩张导管、套针外周导管、导引导管、微导管、灌注导管、血栓抽吸导管等。

（2）血管内导管辅件 如穿刺针、导引套管、导管鞘、扩张器、导丝、球囊扩张导管用球囊充压装置、导管延长管、环柄注射器等。

（3）其他特殊应用装置 如腔静脉滤器回收装置、心脏封堵器装载器、心脏封堵器输送线缆、心血管内回收装置、远端保护器等。

（一）导管类产品标准

目前我国无菌血管内导管现行有效的标准如下。

YY 0285.1《一次性使用无菌血管内导管　第1部分：通用要求》

YY 0285.3《一次性使用无菌血管内导管　第3部分：中心静脉导管》

YY 0285.4《一次性使用无菌血管内导管　第4部分：球囊扩张导管》

YY 0285.5《一次性使用无菌血管内导管　第5部分：套针外周导管》

上述标准等同或修改采用ISO 10555系列标准，是针对以无菌状态供应，可部分或全部插入或植入心血管系统，用于诊断和（或）治疗目的的单腔或多腔管状器械。第1部分为通用要求，针对生物相容性、外表面、耐腐蚀性、峰值拉力、无泄漏、座、流量、动力注射、公称尺寸的标识以及制造商提供的信息等内容给出了明确的要求。第2部分至第5部分则是具体导管产品的补充要求，明确指出在满足YY 0285.1要求的基础上，还应满足各相关标准的附加要求。

2014年至2016年间，全国医用输液器具标准化技术委员会（SAC/TC106）对YY 0285系列标准进行了修订，将原来的YY 0285.1—2004和YY 0285.2—1999两部分合并，将造影导管的内容并入到通用要求中，增加了动力注射的导管要求，提供了流量的测试方法和指标要求，全面评价了血管内导管的性能。同时修订的YY 0285.3、YY 0285.4和YY 0285.5等同转化ISO 10555标准，在内容上有所调整，尤其是YY 0285.4球囊扩张导管增加了球囊额定爆破压、球囊回缩时间及充起压下球囊直径的要求及试验方法，需要在后期的标准使用中予以特别的关注。

（二）血管内导管辅件

目前我国无菌血管内导管辅件的标准如下。

YY 0450.1《一次性使用无菌血管内导管辅件　第1部分：导引器械》

YY 0450.2《一次性使用无菌血管内导管辅件　第2部分：套针外周导管管塞》

YY/T 0450.3《一次性使用无菌血管内导管辅件　第3部分：球囊扩张导管用球囊充压装置》

YY 0450.1规定了与符合YY 0285系列标准要求的血管内导管一起使用的、以无菌状态供应的，用于介入手术的辅件要求，包括穿刺针、导管鞘、导丝、导引套管和扩张器。这些器械在介入手术中常常配套使用，因此在关注器械自身性能的基础上，还要确保成套组合器械彼此间的配合性。

YY 0450.3所规定的一次性使用手动式充压装置，适用于对YY 0285.4所规定的血管内球囊扩张导管的球囊打压，使其膨胀从而达到扩张血管或释放支架的目的。产品在正常使用中，如果球囊导管没有发生破裂，此产品则不直接或间接与人体接触。使用中只有在导管球囊意外发生破裂的情况下，产品才通过液体与人体血液发生间接接触，尽管如此，产品应无菌供应。需要重点关注的是，用于非血管内导管充盈的充压装置，其性能并不一定能够完全满足YY 0450.3的要求，应根据临床应用综合判断其适用性。

二、非血管内导管相关标准

非血管内导管涵盖的范围非常广泛，一般经由人体腔道进入体内，完成诸如营养物质输送、冲洗、引流、排气、造影剂输送或者压力测量等用途，管理类别涵盖Ⅰ类、Ⅱ类及Ⅲ类产品，典型产品包括：肠营养导管、导尿管、直肠导管、输尿管支架、引流导管、气管插管、气管切开插管等。该类产品因适应证及临床用途各不相同，应用范围广泛，涉及的标准也各不相同。

（一）标准介绍

目前非血管内导管涉及的标准如下。

GB/T 15812.1《非血管内导管　第1部分：一般性能试验方法》

YY 1536《非血管内导管表面滑动性能评价用标准试验模型》

YY 0483《一次性使用肠营养导管、肠给养器及其连接件设计与试验方法》

YY/T 0817《带定位球囊的肠营养导管物理性能要求及试验方法》

YY 0325《一次性使用无菌导尿管》

YY 0488《一次性使用无菌直肠导管》

YY 0489《一次性使用无菌引流导管及辅助器械》

YY/T 0872《输尿管支架试验方法》

YY/T 1287.3《颅脑外引流系统　第3部分：颅脑外引流导管》

YY 1040.1《麻醉和呼吸设备圆锥接头　第1部分：锥头与锥套》

YY 0337.1《气管插管　第1部分：常用型插管及接头》

YY 0337.2《气管插管　第2部分：柯尔（Cole）型插管》

YY 0338.1《气管切开插管　第1部分：成人用插管及接头》

YY 0338.2《气管切开插管　第2部分：小儿用气管切开插管》

YY 0339《呼吸道用吸引导管》

YY/T 0486《激光手术专用气管插管标志和提供信息的要求》

YY/T 0490《气管支气管插管推荐的规格、标识和标签》

（二）典型产品介绍

1.导尿管　一次性使用无菌导尿管是无菌供应的，通过尿道插入膀胱腔供排尿和冲洗膀胱的管状器械，利用膀胱的压力使尿液通过导尿管排出体外，主要用于尿潴留、晚期膀胱癌、尿失禁、严重烧伤等不能自主排尿病人的临时导尿或留置导尿，以及泌尿外科手术时的压迫止血和膀胱冲洗。导尿管按其结构分为单腔、双腔和三腔，双腔和三腔导尿管的球囊在注入水后可以膨起，留置导尿时用于固定导尿管，三腔导尿管还可用于膀胱的冲洗。按材质可以分为PVC导尿管、乳胶导尿管和硅橡胶导尿管等。

目前一次性使用无菌导尿管现行有效的标准是YY 0325—2016。YY 0325—2016标准在原标准（YY 0325—2002）的基础上，参考采用了EN 13868《导管　单腔导管和医用管路弯曲试验方法》、ASTM F 623-99《Foley型导尿管》、ASTM F 1828-97《输尿管支架》以及ISO 11607-1《最终灭菌医疗器械的包装　第1部分：材料、无菌屏障系统和包装系统要求》，对抗弯曲性能试验、流量、耐腐蚀性试验、符号和标志、模拟尿液配制、包装的要求等方面进行了修订，使标准更加符合导尿管产品发展的要求。

2.气管插管　是指经口/鼻插入气管的插管，主要用于通过病人的口腔或鼻腔插至气管，做麻醉、输氧时的通气管道，能为气道通畅、通气供氧、呼吸道吸引和防止误吸等提供最佳条件。

按照不同的产品结构及用途，气管插管可分为常用型、加强型、柯尔型等。一次性使用气管插管按有无套囊分为有囊型与无囊型两大类。按导管入路分为经口型、经鼻型和口鼻通用型。

现行有效的行业标准有YY 0337.1—2002《气管插管　第1部分：常用型插管及接头》、YY 0337.2—2002《气管插管　第2部分：柯尔型插管》。

呼吸道类产品因种类繁多，在实际监管工作中，应善于区分不同的产品所对应的标准，避免标准的错误引用。如气管切开插管产品，是通过气管切开术插入气管的插管，YY 0338系列标准适用于气管切开插管，若对产品或者标准不甚了解，就会出现错误引用YY 0337系列标准的情况。

第六节　卫生用品和敷料相关标准

> **? 问题**
>
> 什么是敷料？包括哪些类型？适用的标准是什么？
> 什么是手术室感染控制用品？主要包括哪些产品？适用的标准是什么？

一、敷料介绍及标准要求

（一）外科敷料

外科敷料是指手术中与组织或创面接触的敷料，无菌状态下使用。过去，常见的外科敷料（包括纱布球、纱布方、纱布条、拭子、棉球、腹巾等）都以棉花为主要制造材料。近年来，因棉花资源紧缺，在国家可持续性发展战略方针指导下，过去的一些纯棉制品外科敷料已经部分或全部被其他适宜的材料（如粘胶纤维）所代替，高密度的粗纱制成的外科纱布也开始被低密度细纱外科纱布所代替，这相应增加了材料的比表面积，从而提高了敷料的吸收力，间接提高了材料的利用率。

外科敷料在手术中往往要临时填充到体内，白色敷料被血液染红后，与周围组织难以区分，有被遗留到体内的风险。因此，有些外科纱布染成绿色或蓝色以区分周围组织。此外，外科敷料上还有X射线可探测的标志线或片，以便术后能进一步证实是否被遗留到体内。

目前我国外科敷料的标准如下。

YY 0331《脱脂棉纱布、脱脂棉粘胶混纺纱布的性能要求和试验方法》

YY 0854.1《医用全棉非织造敷布性能要求　第1部分：敷布生产用非织造布》

YY 0921《医用吸水性粘胶纤维》

YY/T 0472.1《医用非织造敷布试验方法　第1部分：敷布生产用非织造布》

YY/T 0472.2《医用非织造敷布试验方法　第2部分：成品敷布》

YY 0330《医用脱脂棉》

YY 0594《外科纱布敷料通用要求》

YY 0854.2《全棉非织造布外科敷料性能要求　第2部分：成品敷料》

YY/T 1283《可吸收明胶海绵》

YY/T 1511《胶原蛋白海绵》

（二）接触性创面敷料

接触性创面敷料的主要作用是为病人创面提供良好的愈合环境。最常用的敷料是用于手术缝合后或较轻度的机械创伤等组织完整的创面的护理敷料，这类敷料往往有敷片、粘贴材料和保护材料组成。

不同类型的创面需要有不同特性的新型敷料。有的敷料用于清创保湿，有的要求透气、有的要求阻水、有的要求阻菌、有的要求阻隔气味、有的要求有良好液体吸收性。同一种敷料不可能适合于各种类型的创面。因此，敷料应在其说明书或包装上标示出所具有的特性，以供临床医生选择。

目前接触性创面敷料标准如下。

YY/T 0471.1《接触性创面敷料试验方法　第1部分：液体吸收性》

YY/T 0471.2《接触性创面敷料试验方法　第2部分：透气膜敷料水蒸气透过率》

YY/T 0471.3《接触性创面敷料试验方法　第3部分：阻水性》

YY/T 0471.4《接触性创面敷料试验方法　第4部分：舒适性》

YY/T 0471.5《接触性创面敷料试验方法　第5部分：阻菌性》

YY/T 0471.6《接触性创面敷料试验方法　第6部分：气味控制》

YY/T 1477.1《接触性创面敷料性能评价用标准试验模型　第1部分：评价抗菌性的体外创面模型》

YY/T 1477.2《接触性创面敷料性能评价用标准试验模型　第2部分：评价促创面愈合性能的动物烫伤模型》

YY/T 1477.3《接触性创面敷料性能评价用标准试验模型　第3部分：评价液体控制性能的体外模型》

YY/T 1477.4《接触性创面敷料性能评价用标准试验模型　第4部分：评价创面敷料潜在粘连性的体外模型》

YY/T 1293.1《接触性创面敷料　第1部分：凡士林纱布》

YY/T 1293.2《接触性创面敷料　第2部分：聚氨酯泡沫敷料》

YY 1293.4《接触性创面敷料　第4部分：水胶体敷料》

YY 1293.5《接触性创面敷料　第5部分：藻酸盐敷料》

（三）包扎、固定敷料

包扎、固定敷料共同特征是提供"力学效应"。由于不直接接触创面，其作用是固定接触性敷料，对创面提供二次保护。包扎、固定敷料分为包扎绷带、胶带和医用弹力袜三大类。

1.包扎绷带及相关标准 绷带以弹性绷带为主，有的弹性绷带同时具有自黏性。非弹性绷带如三角绷带（三角巾）、条状纱布绷带，其主要作用是用以固定接触性创面下敷料或止血，有些急救绷带已将敷料贴固定在绷带上，以提高抢救效率。

执行标准包括：YY/T 0507《医用弹性绷带基本性能参数表征及试验方法》、YY/T 1467《医用包扎敷料救护绷带》、YY/T 1117《石膏绷带粉状形》、YY/T 1118《石膏绷带粘胶形》。

2.胶带及相关标准 粘贴胶带用于将敷料和其他医疗器械（如输液胶带）向皮肤上提供固定力，以使这些敷料或器械固定。有些胶带还与敷料贴组合成接触性创面敷料。

胶带的执行标准是：YY/T 0148《医用粘贴胶带通用要求》。该标准规定的试验方法不仅适用于非弹性胶带，还适用于弹性胶带。

3.医用弹力袜及相关标准 医用弹力袜分为静脉曲张压缩袜和防血栓袜，执行标准是：YY/T 0851《医用防血栓袜》、YY/T 0853《医用静脉曲张压缩袜》。

YY/T 0851 和 YY/T 0853 包含的关键指标有公称尺寸、可伸展性、实际伸展率、比占压力及压缩持久性等，医用弹力袜穿到病人腿部，以对腿部施加梯度压力的方式（从脚踝向上递减）施加径向压缩力，促进静脉血液向心脏回流，起到预防腿部静脉血栓形成导致的静脉曲张。如果压力不是递减而是递增，一旦穿上这种弹力袜，会使静脉血流向远端压迫，不仅起不到治疗作用，反而会加重静脉曲张或促进血栓形成。

二、手术室感染控制用品介绍及标准要求

（一）手术室感染控制用品相关标准

手术室感染控制用品主要包括手术单、手术衣、洁净服、手术膜和手套产品。

1.手术单、手术衣、洁净服相关标准

（1）通用标准

YY/T 0506.1《病人、医护人员和器械用手术单、手术衣和洁净服　第1部分：制造厂、处理厂和产品的通用要求》

YY/T 0506.2《病人、医护人员和器械用手术单、手术衣和洁净服　第2部分：性能要求和试验方法》

（2）方法标准

YY/T 0506.4《病人、医护人员和器械用手术单、手术衣和洁净服　第4部分：干态落絮试验方法》

YY/T 0506.5《病人、医护人员和器械用手术单、手术衣和洁净服　第5部分：阻干态微生物穿透试验方法》

　　YY/T 0506.6《病人、医护人员和器械用手术单、手术衣和洁净服　第6部分：阻湿态微生物穿透试验方法》

　　YY/T 0506.7《病人、医护人员和器械用手术单、手术衣和洁净服　第7部分：洁净度－微生物试验方法》

　　YY/T 0855.1《手术单病人防护覆盖物抗激光性试验方法和分类　第1部分：初级点燃和穿透性》

　　YY/T 0855.2《手术单病人防护覆盖物抗激光性试验方法和分类　第2部分：次级点燃》

　　（3）产品标准　为YY/T 0720《一次性使用产包自然分娩用》。

　　2.手术膜相关标准　YY 0852《一次性使用无菌手术膜》。

　　3.手套相关标准

　　（1）方法标准

　　GB/T 21869《医用手套表面残余粉末的测定》

　　GB/T 21870《天然胶乳医用手套水抽提蛋白质的测定改进Lowry法》

　　YY/T 0616.1《一次性使用医用手套　第1部分：生物学评价要求和试验方法》

　　YY/T 0616.2《一次性使用医用手套　第2部分：测定货架寿命的要求和试验方法》

　　YY/T 0616.3《一次性使用医用手套　第3部分：用仓贮中的成品手套确定实时失效日期的方法》

　　（2）产品标准

　　GB 7543《一次性使用灭菌橡胶外科手套》

　　GB 10213《一次性使用橡胶检查手套》

　　GB 24786《一次性使用聚氯乙烯医用检查手套》

　　GB 24787《一次性使用非灭菌橡胶外科手套》

　　GB 24788《医用手套表面残余粉末、水抽提蛋白质限量》

（二）手术单、手术衣

　　1.产品介绍　手术单是手术时覆盖在病人身体上方的纺织品，常见的手术单由非织造布（俗称无纺布）等多种材料组合而成。有些手术单中间开有便于手术的"洞"，也被称为"手术洞巾"。其作用是通过它与手术室的净化系统的"联合"，使手术区域成为无菌操作区（手术单洞口上方），手术单的下方是非无菌区。手术单最基本的性能是"阻隔性能"，但同时又应具备一定的舒适性能，舒适性能与阻隔性能是一对矛盾体，手术单在满足标准所规定的基本性能外，舒适性的高低往往决定了手术单价格的高低。

　　根据病人血液中是否已知携有高危病毒，YY 0506.2对手术单的要求分为"高性能"和"标准性能"两种等级，以适用于不同病人手术的防护要求。根据手术单离开手术部位的远近分为"非关键区域"和"关键区域"，手术单的关键区域根据手术类型应提供比非关键区域更高的液体阻隔性能，对手术中可能携有病毒的血液、冲洗液等体液进行有效控制。与手术单一样，手术衣的舒适性能与阻隔性能仍是一对矛盾体。手术衣在满足标准所规定的基本性能外，舒适性的高低往往决定了手术衣价格的高低。根据病人血液中是否已知携有高危病毒，手术衣分为标准性能手术衣和高性能手术衣，以适用于不同病人手术的防护要求。手术衣根据离开手术部位的远近分为关键区域和非关键区域。

2.YY 0506标准规定的手术单和手术衣性能要求   YY 0506.2中对于"高性能"和"标准性能"的手术单的"非关键区域"和"关键区域"分别给出了要求。两种性能手术单的非关键区域除了"断裂强力–干态"略有不同外,其他性能的要求都一样。关键区域则存在四个性能指标的不同,分别为"阻微生物穿透–湿态""抗渗水性""断裂强力–干态""断裂强力–湿态"。

按YY 0506.1中给出的定义,器械单属于手术单。其作用是铺在或套在器械台上,使上方构成了无菌区域,供摆放无菌器械用。尽管它不直接与病人接触,但它却通过器械间接与病人接触,并且会与带有病人体液的器械相接触,因此视为手术单的关键区域。由于对器械单没有透气性要求,因此,器械单应执行"高性能"手术单的"关键区域"的性能要求。

"高性能"和"标准性能"的手术衣的非关键区域的要求完全相同。因此,无论是高性能手术衣还是标准性能的手术衣,对非关键区域的面料要求是一样的,差别主要体现在关键区域"阻微生物穿透–湿态"和"抗渗水性"控制指标的不同。

手术帽可被视为是手术衣的非关键区域。其性能要求也应与之相同。临床上对手术帽的设计要求是能将不同性别的医生头发全部包住。

3.其他性能要求   有些激光手术,为防止起火,对手术单或手术覆盖物有抗激光性要求。有这样要求的手术单和覆盖物应按YY/T 0855系列标准对其抗激光性进行评价。

思考题

1.除现在已经列入小孔径系列标准的应用外,还有哪个领域需要制定小孔径连接件的标准?

2.如何在医疗器械日常监管中加强原材料的监管?

3.一次性使用输注器具常用方法标准及产品标准有哪些?

4.对于可在内窥镜下扩张胆管系统狭窄及注射造影剂的胆道用球囊扩张导管,是否需要符合YY 0285系列标准的要求?

5.对于尚没有制定国家标准或者行业标准的产品,应该如何确定其性能指标?如何在众多的国家标准和行业标准中选择可参考的适用标准?

6.应如何区分敷料和手术室感染控制用品?

第十二章　口腔医疗器械标准

✏️ 学习导航

1. 掌握口腔材料、口腔器具和口腔设备的基本概念及主要标准核心内容。
2. 熟悉口腔医疗器械标准组成。

我国95%以上的人患有口腔疾病，包括龋齿、牙周病、畸形、组织缺损等，口腔疾病的治疗需要借助口腔医疗器械。口腔医疗器械包括口腔材料、口腔器械（具）和口腔设备。人一生有两副牙——乳牙和恒牙。任何原因造成牙体或牙列缺损缺失，目前都不能自行再生修复，只能通过口腔材料恢复缺损缺失的牙齿外形和功能。在治疗过程中还需要借助口腔设备和口腔器具的辅助和配合。

第一节　概述

> ❓ 问题
>
> 口腔医疗器械标准主要分几大类？

ISO/TC 106是牙科学领域的国际标准化组织。SAC/TC99与其对口，负责包括口腔材料、口腔器具、口腔设备和口腔护理用品以及口腔医疗器械生物学评价的国内标准制修订工作。

我国口腔医疗器械标准目前共151项，其中口腔材料87项、口腔器具及设备64项；涉及基础、方法、产品和管理，其中国标8项、行标143项、基础8项、产品100项、方法39项、管理5项。标准体系分口腔领域通用、口腔材料、口腔器械和口腔设备四大类。

1. 口腔领域通用标准　包括基础和生物试验方法两大部分。

2. 口腔材料标准

（1）通用标准　理化试验方法标准、通用标准和其他标准。

（2）产品标准　按应用分为牙体充填及修复材料、义齿修复材料及制品、正畸材料及制品、牙周及颌面外科材料、口腔预防保健材料及护理制品、口腔植入材料以及其他材料及制品。

3. 口腔器械标准

（1）通用标准　编码系列标准和测试方法标准。

（2）产品标准　分为牙科治疗器械产品、牙科诊察器械产品、技工室器械产品、其他牙科器械产品标准。

4.口腔设备标准

（1）通用标准　分为测试方法标准和设备安全标准。

（2）产品标准　分为牙科治疗设备产品、牙科诊察设备产品、技工室设备产品、其他牙科设备产品标准。

第二节　基础及方法标准

⑦ 问题

检查人员发现企业生产的正畸托槽牙位标示不清楚，应建议厂家采用哪个基础标准进行牙位的标示？

一、基础标准

基础标准主要是名词术语、牙位口腔区域标示法和通用的图形符号（表12-1），以及口腔医疗器械生物学评价试验方法标准（表12-2）。

名词术语标准在名词和术语方面进行统一，以免引起歧义。GB/T 9938是牙齿牙位的表示方法，一些口腔材料产品需要标明牙位以便医生正确选择，如正畸托槽、预成牙冠等。YY/T 1501和YY/T 0628分别是口腔器具和设备图形符号通用标准。

表12-1　口腔材料、器具和设备基础标准

序号	标准编号	标准名称
1	GB/T 9937.1	口腔词汇　第1部分：基本和临床术语
2	GB/T 9937.2	口腔词汇　第2部分：口腔材料
3	GB/T 9937.3	口腔词汇　第3部分：口腔器械
4	GB/T 9937.4	口腔词汇　第4部分：牙科设备
5	GB/T 9937.5	口腔词汇　第5部分：与测试有关的术语
6	GB/T 9938	牙科学　牙位和口腔区域的标示法
7	YY/T 1501	牙科学　牙科器械图形符号
8	YY/T 0628	牙科设备　图形符号

二、方法标准

方法标准有38项，其中口腔材料15项、口腔器具和设备4项、口腔医疗器械生物学19项。

（一）概述

表12-2是口腔材料试验方法标准，如种植体疲劳以及成分含量测定等。YY/T 0519是评价粘接材料与牙齿结合强度的测试方法，对牙齿的选择、贮存、处理、粘接操作等都有详细的规定。YY/T 0528用于评价牙科金属的腐蚀性。表12-2后3项是口腔材料临床试验标准，规定了一些原则和操作步骤。

表12-3是口腔器具和设备试验方法标准，规定了旋转器械和口腔手术器械的测试方法。YY/T 1400规定了测定牙科设备表面用材料耐化学消毒剂特性的三种试验方法。YY/T 1411是在实验室条件下评估改善或维持牙科治疗机及其他牙科设备治疗用水微生物质量的处理措施有效性的试验方法。

表12-2 口腔材料试验方法标准

序号	标准编号	标准名称
1	YY/T 0631	牙科材料 色稳定性的测定
2	YY 0623	牙科材料 可溶出氟的测定方法
3	YY/T 0632	牙齿漂白材料 过氧化物含量的方法测定
4	YY/T 0112	模拟口腔环境冷热疲劳试验方法
5	YY/T 0113	牙科学 复合树脂耐磨耗性能测试方法
6	YY 0621.1	牙科学 匹配性试验 第1部分：金属-陶瓷体系
7	YY/T 0519	牙科材料 与牙齿结构粘接的测试
8	YY/T 0528	牙科学 金属材料 腐蚀试验方法
9	YY/T 0515	牙科学 银汞合金的腐蚀试验
10	YY/T 0521	牙科学 种植体骨内牙种植体动态疲劳试验
11	YY/T 0522	牙科学 牙种植体系统临床前评价 动物试验方法
12	YY/T 1281	牙科学 种植体 手动扭矩器械的临床性能
13	YY/T 0990	聚合物基牙体修复材料临床试验指南
14	YY/T 1305	钛及钛合金牙种植体临床试验指南
15	YY/T 0991	正畸托槽临床试验指南

表12-3 口腔器具和设备试验方法标准

序号	标准编号	标准名称
1	YY/T 0874	牙科学 旋转器械 试验方法
2	YY/T 0281	口腔科手术器械 连接牢固度试验方法
3	YY/T 1400	牙科学 牙科设备表面用材料 耐化学消毒剂的测定
4	YY/T 1411	牙科学 对改善或维持牙科治疗机治疗用水微生物质量的措施进行评估测试的方法

（二）生物学评价及生物试验方法标准

国际和国内最早开展医疗器械生物学评价的领域就是口腔医疗器械领域。1984年ISO/TC 106推出ISO/TR 7405"口腔材料生物试验推荐方法"。我国自1987年始相继制定一系列口腔医疗器械生物学评价标准。YY/T 0268是指南性标准，配套的具体生物试验方法是YY/T 0127系列标准（表12-4）。

YY/T 0268《口腔医疗器械生物学评价》遵循GB/T 16886.1-ISO 10993.1的基本原则。YY/T 0268包含口腔医疗器械的分类和生物学评价与试验应考虑的项目选择，项目的选择依据器械的用途、与组织接触的部位和时间。口腔材料有一些特殊的专用试验方法，例如滤膜扩散细胞毒性试验、牙本质屏障试验、牙髓牙本质应用试验、盖髓试验、根管内应用试验。其他试验方法可采用YY/T 0127系列标准或GB/T 16886-ISO 10993标准及相关医疗器械行业标准。

表12-4　口腔医疗器械生物学试验标准

序号	标准编号	标准名称
1	YY/T 0268	牙科学　口腔医疗器械生物学评价　第1单元：评价与试验
2	YY/T 0127.1	口腔材料生物试验方法　溶血试验
3	YY/T 0127.3	口腔医疗器械生物学评价　第3部分：根管内应用试验
4	YY/T 0127.4	口腔医疗器械生物学评价　第2单元：试验方法　骨埋植试验
5	YY/T 0127.5	口腔医疗器械生物学评价　第5部分：吸入毒性试验
6	YY/T 0127.6	口腔材料生物学评价　第2单元：口腔材料生物试验方法　显性致死试验
7	YY/T 0127.7	口腔材料生物学评价　第7部分：牙髓牙本质应用试验
8	YY/T 0127.8	口腔材料生物学评价　第2单元：口腔材料生物试验方法　皮下植入试验
9	YY/T 0127.9	口腔医疗器械生物学评价　第2单元：试验方法　细胞毒性试验：琼脂扩散法及滤膜扩散法
10	YY/T 0127.10	口腔医疗器械生物学评价　第2单元：试验方法　鼠伤寒沙门氏杆菌回复突变试验（Ames试验）
11	YY/T 0127.11	口腔医疗器械生物学评价　第11部分：盖髓试验
12	YY/T 0127.12	牙科学 口腔医疗器械生物学评价　第2单元：试验方法　微核试验
13	YY/T 0127.13	口腔医疗器械生物学评价　第13部分：口腔黏膜刺激试验
14	YY/T 0127.14	口腔医疗器械生物学评价　第2单元：试验方法　急性经口全身毒性试验
15	YY/T 0127.15	口腔医疗器械生物学评价　第15部分：亚急性和亚慢性全身毒性试验：经口途径
16	YY/T 0127.16	口腔医疗器械生物学评价　第2单元：试验方法　哺乳动物细胞体外染色体畸变试验
17	YY/T 0127.17	口腔医疗器械生物学评价　第17部分：小鼠淋巴瘤细胞（TK）基因突变试验
18	YY/T 0127.18	口腔医疗器械生物学评价　第18部分：牙本质屏障细胞毒性试验

第三节　口腔材料产品标准

? 问题

在义齿加工厂，检查人员怀疑其制作的金属烤瓷牙没有使用已注册材料，那么金属烤瓷牙涉及哪些义齿材料标准？

口腔材料是指专门制备和（或）提供给口腔科专业人员从事口腔临床业务和（或）与其有关的操作过程中所使用的材料。它是由各种原材料制成的医疗器械产品，有些产品不能直接用于病人，需要口腔医生或者技工再次加工后用于病人。比如义齿（假牙）的制作，需要技工在义齿加工厂采用各种工艺和不同的口腔材料制作，再由医生给病人佩戴。口腔材料种类繁多，包括有机高分子、金属和无机非金属材料；按用途大致分为牙体充填修复、根管封闭、正畸、预防保健、植入以及义齿材料和辅助材料等。

口腔材料产品标准主要为义齿修复、牙体牙髓病治疗、牙齿正畸矫治、植入和龋齿预防等方面的标准。

一、义齿修复相关的材料标准

义齿修复相关的材料标准包括制作义齿的材料和制作义齿过程中使用的材料。牙齿或牙列缺损缺失后，可用定制式义齿（假牙）修复。固定义齿主要有金属烤瓷冠桥和全瓷冠，活动义齿有可摘局部义齿和全口义齿。牙齿缺失还可采用种植义齿修复，牙体缺损还可用嵌体和贴面修复。

（一）制作义齿的材料产品标准

表12-5是制作义齿的材料标准。制作义齿的材料主要有金属、陶瓷和高分子类，如可摘局部义齿主要由义齿基托聚合物、铸造金属支架和合成树脂牙组成。这些材料作为义齿的组成部分，代替缺损缺失的牙齿行使功能。

GB 17168规定了制作义齿的金属材料的性能要求。义齿长期处于口腔各种微生物、酸性/碱性食物中，金属既要承担咀嚼力，还要有良好的耐腐蚀性。因此口腔金属成分复杂，多是由十多种元素组成的合金。该标准要求合金中的有害物质镉和铍的含量不能高于0.02%。对说明书中各元素标示值的误差范围有规定，尤其是贵金属元素和镍元素。在口腔不同承力部位的金属，其力学强度、弹性模量要求不同，不同合金熔点范围不同。可摘局部义齿需反复摘戴，其断裂延伸率有规定。

义齿用金属材料主要有钴铬、镍铬、钛及钛合金等贱金属合金，金合金、金钯合金和金钯铂等贵金属合金。多以铸造工艺成形，包括铸造合金和烤瓷合金，也可切削成型。烤瓷合金需与陶瓷的热膨胀系数相匹配，YY 0621.1给出了金属－陶瓷匹配的性能要求和测试方法。目前已出现3D打印口腔金属粉末产品，由于该类产品性能与工艺密切相关，相关标准尚在建立中。

陶瓷成品有粉状和块状，可采用多种加工工艺成形，如铸造、烧结、热压、切削等。依据主晶相的不同，有氧化锆、氧化铝、白榴石、焦硅酸锂基、尖晶石、长石、云母基陶瓷等。陶瓷是脆性材料，原材料多来自天然矿石，GB 30367规定了粉状和块状陶瓷材料的强度、耐腐性能和放射性。常用块状陶瓷做内冠，外表面烧结饰面瓷，以满足美观的要求。因此，YY 0621.2对陶瓷与陶瓷的匹配性能进行了规定。3D打印口腔陶瓷尚处于研发阶段。

人工牙是工厂生产的成品，有塑料牙和陶瓷牙，有各种牙位、形状和色号，可满足不同病人的需求。YY 0300规定了人工牙的尺寸、颜色稳定性、内部孔隙、再抛光性、与义齿基托材料的结合性以及耐义齿基托树脂单体的浸泡性等。

义齿基托树脂将义齿各部件（金属支架、人工牙等）连接在一起，并模拟牙龈的正常色泽，直接与口腔黏膜接触。YY 0270.1规定了该类材料的可塑型性、颜色稳定性、吸水溶解性、挠曲强度、弹性模量、抛光性等。

此外，根管桩、冠桥材料也是一些义齿的组成部分。义齿佩戴不合适时，还可以暂时用义齿软衬材料和义齿黏附材料协助固位。

表12-5　制作义齿的材料产品标准

序号	标准编号	标准名称
1	YY 0270.1	牙科学　基托聚合物　第1部分：义齿基托聚合物
2	YY 0300	牙科学　修复用人工牙
3	GB 30367	牙科学　陶瓷材料
4	GB 17168	牙科学　固定和活动修复用金属材料
5	YY 0710	牙科学　聚合物基冠桥材料
6	YY/T 0826	牙科临时聚合物基冠桥材料
7	YY/T 0517	牙科预成根管桩
8	YY 0714.1	牙科学　活动义齿软衬材料　第1部分：短期使用材料
9	YY 0714.2	牙科学　活动义齿软衬材料　第2部分：长期使用材料
10	YY/T 1280	牙科学　义齿黏附剂

（二）义齿制作过程中所用材料产品标准

表12-6是义齿制作过程中使用的材料产品标准，这些材料只是辅助义齿的制作，义齿制作完成后被废弃，不是义齿的组成部分，但性能的好坏直接影响义齿的制作精度和质量，包括印模、模型、铸造包埋、焊接和抛光材料等。

表12-6 义齿制作过程中用口腔材料产品标准

序号	标准编号	标准名称
1	YY 1027	牙科学 水胶体印模材料
2	YY 0493	牙科学 弹性体印模材料
3	YY/T 0527	牙科学 复制材料
4	YY 0462	牙科学 石膏产品
5	YY/T 0911	牙科学 聚合物基代型材料
6	YY 0496	牙科学 铸造蜡和基托蜡
7	YY/T 0463	牙科学 铸造包埋材料和耐火代型材料
8	YY/T 0912	牙科学 钎焊材料
9	YY/T 0914	牙科学 激光焊接

二、牙体牙髓病治疗相关的材料标准

与牙体牙髓病治疗有关的材料标准见表12-7。牙疼多是由龋齿或牙髓炎、根尖周炎造成。治疗时涉及龋洞的充填或牙根管的充填和封闭。龋洞的充填主要是光固化复合树脂，YY 1042对其强度、固化深度、吸水溶解性、色稳定性进行了规定。

在治疗过程中，还用到酸蚀剂、粘接材料、水门汀类垫底/充填材料、根管充填/封闭材料。水门汀还可以作为固定义齿如冠桥和桩核的黏固材料。儿童龋齿的预防主要用窝沟封闭剂和氟防龋材料。牙齿着色或变色的治疗可使用牙齿外漂白材料。

表12-7 牙体牙髓病治疗用口腔材料产品标准

序号	标准编号	标准名称
1	YY 1042	牙科学 聚合物基修复材料
2	YY/T 0518	牙科修复体用聚合物基粘接剂
3	YY 0769	牙科用磷酸酸蚀剂
4	YY/T 1026	牙科学 银汞含金
5	YY 0715	牙科学 银汞合金胶囊
6	YY 0271.1	牙科学 水基水门汀 第1部分：粉/液酸碱水门汀
7	YY 0271.2	牙科学 水基水门汀 第2部分：树脂改性水门汀
8	YY 0272	氧化锌/丁香酚水门汀和不含丁香酚的氧化锌水门汀
9	YY/T 0824	牙科氢氧化钙盖髓、垫底材料
10	YY/T 0495	牙根管充填尖
11	YY 0717	牙科根管封闭材料

续表

序号	标准编号	标准名称
12	YY 0711	牙科吸潮纸尖
13	YY/T 0516	牙科EDTA根管润滑/清洗剂
14	YY 0622	牙科树脂基窝沟封闭剂
15	YY/T 0823	牙科氟化物防龋材料
16	YY/T 0825	牙科学　牙齿外漂白产品

三、正畸相关的材料标准

与牙齿不齐的正畸矫治有关的产品标准见表12-8，包括正畸托槽、颊面管、正畸丝、弹性体附件和正畸基托树脂。由于牙齿不齐的矫治主要依靠正畸丝对牙齿施力，改变牙齿的位移方向，使牙列排列整齐。因此，标准对正畸丝产品的力学性能、弹性模量、回弹性、奥氏体转变温度等有要求。黏于牙齿上的托槽和颊面管除了提供正畸丝就位的通道外，还对正畸丝施力的角度和方向起重要作用。因此这些产品的尺寸、角度、沟槽宽度等有规定。目前无托槽隐形正畸矫治器也已用于临床。

表12-8　正畸产品标准

序号	标准编号	标准名称
1	YY/T 0624	牙科学　正畸弹性体附件
2	YY/T 0625	牙科学　正畸丝
3	YY/T 0915	牙科学　正畸用托槽和颊面管
4	YY/T 0270.2	牙科学　基托聚合物　第2部分：正畸基托聚合物
5	YY/T 0269	牙科正畸托槽粘接材料

四、口腔植入器械标准

与口腔植入有关的材料标准见表12-9。有3项产品和4项管理标准。

牙齿缺失后，除了义齿修复外，也可以用种植牙修复。种植牙由植入牙槽骨的种植体（牙根部）、基台、牙冠组成。钛和钛合金种植体最多。种植过程还用到许多其他部件，如愈合帽、转移杆等，连同基台一起统称为种植体附件。这些产品标准对种植材料的成分、金相结构、种植体的尺寸、种植体与基台的配合性、疲劳特性、抗扭转性能及相应测试方法进行了规定。

有关植入材料制造商生产过程的文件记录管理标准有四个，分别规定了制造商对牙种植体开发、种植体、骨填充材料和组织再生引导膜的生产和质量控制文件应该记录的内容。这些标准目的是保证制作过程质量控制和产品的可追溯性。

表12-9 植入用口腔材料产品和管理标准

序号	标准编号	标准名称
1	YY 0304	等离子喷涂羟基磷灰石涂层 钛基牙种植体
2	YY 0315	钛及钛合金人工牙种植体
3	YY/T 0520	钛及钛合金材质牙种植体附件
4	YY/T 0523	牙科学 牙种植体开发指南
5	YY/T 0524	牙科学 牙种植体系统技术文件内容
6	YY/T 0525	牙科学 口腔颌面外科用骨填充及骨增加植入性材料 技术文件内容
7	YY/T 0526	牙科学 口腔颌面外科用组织再生引导膜材料 技术文件内容

第四节 口腔器具标准

? 问题

口腔器具有哪些？都是手持器具吗？有哪些旋转器具？相关标准有哪些？

一、概述

口腔器具是指专门用于牙科的手持工具。这些器具用于探查、治疗及辅助治疗，包括口腔手术刀、凿、钳、剪、镊、夹、牙挺、针、牙科锉、车针、钻等，以及用于洁治、隔离、打磨抛光、种植体安装、材料输送、正畸材料处理、口腔清洗、口腔分离牵开、口腔注射、治疗辅助、手动测量、口腔成像辅助的器具以及去冠器、口腔用镜、口腔综合治疗设备配件等。

牙齿疾病的治疗通常需要借助高速旋转器械对牙体硬组织进行切、磨以去除龋坏的组织，对修复体也需要进行切磨和抛光操作，这些均涉及旋转器械。旋转器械主要是钻针、磨头等，与牙科手机等有源设备配套使用。同时，医生还需要借助大量手持器械对牙齿根管预备、牙周组织刮治以及对物品的夹持和修复材料的传递，因此口腔器具产品标准主要包括旋转器械、手持器械、根管器械、牙科注射系统、种植用器械等，见表12-10至表12-12。

表12-10 旋转器械标准

序号	标准编号	标准名称
1	YY/T 0873.1	牙科 旋转器械的数字编码系统 第1部分：一般特征
2	YY/T 0873.2	牙科 旋转器械的数字编码系统 第2部分：形状
3	YY/T 0873.3	牙科 旋转器械的数字编码系统 第3部分：车针和刃具的特征

续表

序号	标准编号	标准名称
4	YY/T 0873.4	牙科　旋转器械的数字编码系统　第4部分：金刚石器械的特征
5	YY/T 0873.5	牙科　旋转器械的数字编码系统　第5部分：牙根管器械的特征
6	YY/T 0873.6	牙科学　旋转器械的数字编码系统　第6部分：研磨器械的特征
7	YY/T 0873.7	牙科　旋转器械的数字编码系统　第7部分：心轴和专用器械的特征
8	YY/T 1011	牙科旋转器械　公称直径和标号
9	YY/T 0913	牙科　旋转器械用心轴
10	YY/T 0967.1	牙科旋转器械　杆　第1部分：金属杆
11	YY/T 0967.2	牙科旋转器械　杆　第2部分：塑料杆
12	YY/T 0967.3	牙科旋转器械　杆　第3部分：陶瓷杆
13	YY 0302.1	牙科旋转器械　车针　第1部分：钢质和硬质合金车针
14	YY 0302.2	牙科学　旋转器械车针　第2部分：修整用车针
15	YY 0761.1	牙科学　金刚石旋转器械　第1部分：尺寸、要求、标记和包装
16	YY/T 0805.2	牙科学　金刚石旋转器械　第2部分：切盘
17	YY/T 0805.3	牙科学　金刚石旋转器械　第3部分：颗粒尺寸、命名和颜色代码
18	YY 91010	牙科旋转器械　配合尺寸
19	YY 91011	牙科旋转器械　公称直径和标号
20	YY/T 91064	牙科旋转器械　钢和硬质合金牙钻技术条件

表12-11　牙科手持器械标准

序号	标准编号	标准名称
1	YY/T 0170	牙挺
2	YY/T 0274	刮牙器
3	YY/T 0275	牙用充填器
4	YY/T 1014	牙探针
5	YY/T 1284.1	牙科镊　第1部分：通用要求
6	YY/T 1284.2	牙科镊　第2部分：双弯型
7	YY/T 1284.3	牙科镊　第3部分：单弯型
8	YY/T 1487.1	牙科学　牙科橡皮障技术　第1部分：打孔器
9	YY/T 0587	一次性使用无菌牙科注射针
10	YY/T 0820	牙科筒式注射器

表12-12　根管器械及种植用器械标准

序号	标准编号	标准名称
1	YY 0803.1	牙科学　根管器械　第1部分：通用要求和试验方法
2	YY/T 0803.2	牙科学　根管器械　第2部分：扩大器
3	YY 0803.3	牙科学　根管器械　第3部分：加压器
4	YY/T 0803.4	牙科学　根管器械　第4部分：辅助器械
5	YY/T 0803.5	牙科学　根管器械　第5部分：成形和清洁器械
6	YY/T 1486	牙科学　牙科种植用器械及相关辅助器械的通用要求
7	YY-	牙科旋转器械　牙科种植手术用钻头（正在研制中）

二、重点口腔器具标准

（一）根管器械标准

根管器械是用来对根管进行探查、成型、清洁、充填的牙科器械。YY 0803系列标准第1部分规定了根管器械的通用要求和试验方法。第2部分扩大器，规定了不同类型根管扩大器的具体要求，以及机械性能的测试方法。第3部分加压器，规定了用于压实根管充填材料的垂直加压器和侧方加压器的要求和试验方法。第4部分辅助器械，规定了在前3部分或第5部分没有提到的关于倒钩拔髓针、粗锉、糊剂输送器、根管探针与棉花针等手持或机用根管器械的要求以及测试方法。第5部分成形和清洁器械，规定了在YY 0803.1至YY 0803.4中未提及的、用于根管操作的手持或电动的根管成形和清洁器械的要求和检测方法。

（二）牙科车针标准

牙科车针是一种夹持在牙科手机上通过旋转对牙齿或牙科材料进行钻削打磨的刃具，由工作部分和杆部组成，是口腔科常用的耗材类器械。

YY 0302.1规定了球形、倒截锥形等10种常用形状的钢质及硬质合金车针的尺寸、材料、径向跳动、耐腐蚀性、颈部强度及质量控制要求。YY 0302.2规定了球形、圆柱形等17种常用形状的钢质和硬质合金修整用车针的上述性能和要求。YY/T 0874规定了牙科旋转器械（例如车针、切盘、抛光器械、金刚石器械和研磨器械）的尺寸特征、颈部强度以及表面粗糙度的测量方法。

第五节　口腔设备标准

? 问题

医生发现最近光固化复合树脂总是固化不好，怀疑所用设备有问题，请问应采用哪个标准对该设备进行检验？

一、概述

口腔设备是指专门制备和（或）提供给口腔专业人员从事口腔临床业务和（或）与其有关的操作过程中所使用的设施、机器、仪器及附属设备。包括牙科治疗机、牙科用椅、牙科手机、银汞合金调合器，还有口腔洁治清洗、口腔正负压、固化、种植、牙齿漂白、根管治疗、牙科打磨抛光、口腔麻醉推注、口腔用骨粉制备、牙周袋探测、牙髓活力测试、牙本质测量、龋齿探测、口腔成像、口腔照明和牙科技工室设备等。

口腔设备不仅要满足口腔内使用的要求，还要符合医用电气安全要求。相关产品标准见表12-13~表12-15。

牙科治疗需要配备一些基本治疗设备，有一定的场地、抽吸、照明以及安放病人的椅子要求，医生采用牙科治疗机如牙钻机设备及牙科手机对患牙进行去腐或牙体组织预备，同时抽吸系统及时吸走病人口腔中的唾液和冷却水。还要配备调和材料或使材料固化的设备，如光固化机使复合树脂固化。因此牙科设备产品标准主要有口腔灯、牙科病人椅和牙科综合治疗机、牙科手机、吸引设备、银汞合金调合器、光固化机、种植设备、牙科影像设备等。

表12-13　牙科治疗机及基本设备

序号	标准编号	标准名称
1	YY/T 1043.1	牙科学　牙科治疗机　第1部分：通用要求与测试方法
2	YY/T 1043.2	牙科学　牙科治疗机　第2部分：气、水、吸引和废水系统
3	YY/T 1044	可移动式牙科治疗机
4	YY 1120	牙科学　口腔灯
5	YY/T 0058	牙科学　病人椅
6	YY/T 0629	牙科设备　高容量和中容量吸引系统
7	YY/T 0725	牙科设备　给排管路的连接
8	YY/T 0905.1	牙科学　场地设备　第1部分：吸引系统
9	YY/T 0905.2	牙科学　场地设备　第2部分：压缩机系统

表12-14　牙科手机

序号	标准编号	标准名称
1	YY 1012	牙科手机　联轴节尺寸
2	YY/T 0514	牙科学　气动牙科手机用软管连接件
3	YY 1045.1	牙科手机　第1部分：高速气涡轮手机
4	YY 1045.2	牙科手机　第2部分：直手机和弯手机
5	YY 0836	牙科手机　牙科低压电动马达
6	YY 0837	牙科手机　牙科气动马达
7	YY 0059.1	牙科手机　4号牙科直手机
8	YY 0059.2	牙科手机　7号牙科直手机
9	YY 0059.3	牙科手机　4、7号牙科弯手机
10	YY/T 1147	电动牙钻通用技术条件

表 12-15　与牙体及根管治疗有关的设备

序号	标准编号	标准名称
1	YY/T 0273	齿科银汞调合器
2	YY 0835	牙科学　银汞合金分离器
3	YY 0055	牙科学　光固化机
4	YY/T 1401	牙齿美白冷光仪

二、常用口腔设备标准

（一）牙科治疗机标准

牙科治疗机是由成套相互关联的牙科设备和器械部件组成的牙科设备。牙科治疗机外部结构主要由地箱、附体箱、器械盘、冷光手术灯以及脚踏开关等部件组成。其内部结构主要由气路、水路和电路三个系统组成，其中气路系统主要以压缩空气为动力，通过各种控制阀体，供牙科手机、三用喷枪等用气，压缩空气要求无水、无油。水路系统以净化的自来水为宜或蒸馏水。水路系统要求水压为 200~400kPa。电路系统要求工作电压为 AC 220V、50Hz，控制电路电压一般为低压，且有良好的接地。

YY/T 1043.1《牙科学　牙科治疗机　第 1 部分：通用要求与测试方法》规定了牙科治疗机的通用要求和试验方法等。包括概述（手机软管、运动部件、操作控制装置、清洁和消毒、超温、生物相容性、给排管路的链接）、机械要求（固定收集器、汞合金分离装置、爆裂压力）、电气要求、抽样和制造商提供的使用说明和信息等要求。YY/T 1043.2《牙科学　牙科治疗机　第 2 部分：气、水、吸引和废水系统》对处理水系统的材料、自来水供水系统的防回流装置、痰盂、水流式文氏管、微粒过滤器、储供水系统、回吸、水消毒系统作了具体要求。牙科治疗机中的供气主要用于驱动手机工作、控制、三用喷枪吹屑、吸唾等。供气的要求包括连接、微粒过滤器和抗菌过滤器。对制造商提供的使用说明和信息有规定，并要求包含对供气和供水部分的特殊说明。

（二）牙科手机标准

牙科手机是牙科治疗中常用的医疗器械，一般与牙科治疗机配套使用，由牙科治疗机提供水源、气源和电源等基本的工作条件。牙科手机主要用于对牙体进行钻、切、削及修复体的修整或临床打磨、模型修磨等。牙科手机主要有高速气涡轮手机、气动马达手机（气动马达、直/弯手机）和低压电动马达手机（电动马达、直/弯手机）。高速气动涡轮手机具有高速、轻便、切割力强等优点，但存在扭矩不足、速度和力量不能控制、噪声大、振动大等问题。气动马达手机也称为低速手机，转速较低。随着技术的发展，低压电动马达手机以扭矩大、速度和力量可有效控制、低噪声、低振动、可变低速、高性能等优势，有可能取代一部分气动马达手机和高速气动涡轮手机。未来牙科无碳刷低压电动手机将是牙科手机行业发展的趋势。

高速气涡轮手机、直手机和弯手机、气动马达和低压电动马达均有相应的标准，即

YY 1045.1、YY 1045.2 、YY 0837 和 YY 0836。高速气涡轮手机和软管（连通管）的连接、气动马达和软管（连通管）的连接均应遵循 YY/T 0514《牙科学　气动牙科手机软管连接件》，直手机、弯手机与气动马达和（或）电动马达的连接应遵循 YY 1012《牙科手机　联轴节尺寸》。

思考题

1. 制作义齿的材料标准有哪些？义齿制作过程中使用的材料标准有哪些？
2. 有关补牙、牙齿畸形的矫治和种植牙的标准有哪些？
3. 常见口腔器具有哪些？方法标准有哪些？
4. 常见手持口腔器具产品标准有哪些？
5. 常见口腔设备主要有哪些类别？牙科手机产品标准有哪些？

第十三章 体外诊断医疗器械标准

✏ **学习导航**

1. 掌握体外诊断医疗器械的定义及主要标准核心内容。
2. 熟悉体外诊断医疗器械标准组成。

体外诊断医疗器械是指单独或组合使用，被制造商预期用于人体标本体外检验的器械，检验单纯或主要以提供诊断、监测或相容性信息为目的，器械包括试剂、校准物、控制物质、样品容器、软件和相关的仪器、装置或其他物品。体外诊断分析测定过程通常需要相应的仪器、试剂、校准物等配合使用，这些组分共同发挥作用构成了检测系统。

原国家食品药品监督管理总局于2014年发布的《体外诊断试剂注册管理办法》中对按医疗器械管理的体外诊断试剂定义如下：在疾病的预测、预防、诊断、治疗监测、预后观察和健康状态评价的过程中，用于人体样本体外检测的试剂、试剂盒、校准品、质控品等产品。可以单独使用，也可以与仪器、器具、设备或者系统组合使用。

体外诊断医疗器械的品种非常多，分为体外诊断仪器和体外诊断试剂两大部分。按照检测原理或检测方法的差异，又分为生化产品、免疫产品、分子诊断产品、微生物产品、血液和体液学产品、组织细胞学产品等类别。每个类别下又有较多细分品种。

第一节 概述

> ⑦ **问题**
>
> 体外诊断医疗器械标准分为几个层次？

我国初步建立了医学检验和体外诊断系统通用标准、3个领域（医学实验室、参考系统、体外诊断产品）通用标准、5个专业（临检、生化、免疫、微生物、分子）门类标准、专用标准产品标准的4级标准结构，形成了通用基础标准以国标为主，产品标准以行业标准为依托的较为科学、完善、合理的标准体系。我国体外诊断标准体系大致分为以下几个层次。

1.医用临床检验实验室的质量和能力相关标准 包括医学实验室的质量和能力通用标准和相关标准、医学实验室设备标准、门类通用标准等。

2.参考系统有关标准 包括参考系统通用标准，涵盖参考物质、参考测量程序、参考测量实验室有关的通用和专用标准。

3.体外诊断产品有关标准 包括体外诊断产品通用标准和相关标准，相应产品门类的通用标准、产品标准和方法标准。依据专业不同，体外诊断产品的门类可以主要划分为临床生物化学、血液和体液学、免疫学、微生物学、分子生物学几大类，相应的产品标准和方法标准也是依据这几大门类分别制定的。

第二节　体外诊断医疗器械通用基础、管理标准介绍

> **? 问题**
>
> GB/T 29791 系列标准都有哪些，大致内容是什么？
> GB/T 22576.1 都有哪些管理要求和技术要求？
> 溯源和参考测量系统都包括哪些标准？

一、体外诊断医疗器械通用基础标准

体外诊断医疗器械通用标准是指体外诊断医疗器械普遍遵从的标准，包括对制造商提供的信息的要求、试剂盒命名要求、稳定性评价等相关标准。

（一）GB/T 29791—2013《临床实验室检验和体外诊断医疗器械　制造商提供的信息（标示）》

GB/T 29791 是系列标准，由 GB/T 29791.1、GB/T 29791.2、GB/T 29791.3、GB/T 29791.4、GB/T 29791.5 等 5 部分组成，等同转化 ISO 18113 系列标准。该系列标准规定了对体外诊断医疗器械制造商提供的信息的要求。世界范围一致的标示要求可给制造商、使用者、病人和管理当局带来显著益处，消除在辖区法规间的差异可减少获得法规认同所需时间，而可使得病人更易于获得新技术和治疗，该系列标准提供了协调体外诊断医疗器械标示要求的基础。标准以五部分出版，使得它能以最适当的方式专注于专业使用者和非专业使用者的特定需求，并且，由于制造商为体外诊断试剂和仪器提供不同类型的信息，对它们的要求在此系列标准的单独部分中说明。其中，要重点关注 GB/T 29791.1，包含了制定体外诊断医疗器械标示所需的定义和术语。正文中共有 74 个术语及其定义。附录中还给出了 IVD 性能评价相关的 57 个术语及相应定义，包括测量正确度、测量精密度、测量准确度、测量不确定度、分析特异性、分析灵敏度、检出限和定量限、测量系统的线性、诊断性能特征、区间和范围，文中对这些概念的正确释义和错误用法都进行了清晰而明确的阐述，值得重视。该标准还阐述了当今国际上计量学趋势，即对待测量的演变，由传统上临床化学使用的误差方法（也称真值方法）到当前基于测量结果不确定度的方法。测量概念和术语的改变会对体外诊断医疗器械生产厂家带来两难选择。传统的术语和定义还在世界的很多地方被临床实验室使用，甚至有些已被法律和法规规定。此外对自测体外诊断医疗器械，技术概念需要以适合非专业使用者熟悉的术语来解释。因此对于制造商而言，需要一个显著的转变期来过渡到使用新术语。

（二）YY/T 1579—2018《体外诊断医疗器械 体外诊断试剂稳定性评价》

体外诊断试剂的稳定性会影响器械的性能，从而对病人的诊断结果产生影响。为了将稳定性的重要信息提供给用户，制造商识别可能会影响体外诊断试剂稳定性的关键因素，并仔细评价这些特征。因此体外诊断试剂研发和制造中一个重要的方面就是要初始设计产品的稳定性，然后确定并验证投放市场的产品的失效期。

该标准适用于体外诊断医疗器械（包括试剂、校准物、质控物、稀释液、缓冲液和试剂盒）的稳定性评价，也适用于含有保存样品用物质或启动反应以进一步处理样品用的样品收集装置。规定了当从下述过程产生数据时，对稳定性评价的通用要求，以及对实时稳定性和加速稳定性的具体要求：①建立体外诊断试剂保存期，包括保证产品性能的运输条件的确定；②建立首次打开初始包装后的体外诊断试剂的使用稳定性，例如在机稳定性、复溶稳定性、开瓶稳定性；③监测已投放市场的体外诊断试剂的稳定性；④试剂改进后稳定性的验证。试剂改进后，可能会影响稳定性，需要对稳定性进行验证。该标准不适用于仪器、装置、设备、系统、标本容器、检验样品。该标准为通用标准，给出了体外诊断试剂稳定性评价的一般过程和应考虑因素，用于指导体外诊断试剂制造商对体外诊断进行稳定性评价。

二、医学实验室通用基础、管理标准

与医学实验室质量和体系相关的标准包括：GB/T 22576.1《医学实验室 质量和能力的要求》、GB/T 29790—2013《即时检测 质量和能力的要求》、GB/Z 30154—2013《医学实验室》、GB/T 22576.1-2008《实验室实施指南》和YY/T 1172—2010《医学实验室质量管理术语》等。

（一）GB/T 22576.1《医学实验室 质量和能力的要求》

GB/T 22576.1《医学实验室 质量和能力的要求》等同转化了国际标准ISO 15189。ISO 15189是ISO/TC 212第一工作组制订的，目前是第3版，即2012版。第1版是2003年发布的，自第1版发布以来，在认可机构的推动下，该标准逐渐在全球范围内得到广泛应用。ISO 15189对实验室管理、检验医学学科建设、医学实验室管理水平的提升等发挥了积极的作用。该标准以ISO/IEC 17025和ISO 9001为基础，提出了针对医学实验室能力与质量的专用要求。标准适用于医学实验室服务领域内现有的所有学科，在其他服务领域和学科内，如临床生理学、医学影像学和医学物理学的同类工作也可适用。该标准可被医学实验室用于建立其质量管理体系和评估自己的能力，还可被实验室客户、监管机构及认可机构用于确认或承认医学实验室的能力。管理要求由组织和管理责任、质量管理体系、文件控制、服务协议、受委托实验室的检验、外部服务和供应、咨询服务、投诉的解决、不符合的识别和控制、纠正措施、预防措施、持续改进、记录控制、评估和审核、管理评审共15个要素组成。技术要求由人员、设施和环境条件、设备、试剂与耗材、检验前过程、检验过程、检验结果质量的保证、检验后过程、结果报告、结果发布、实验室信息管理共10个要素组成。

（二）GB/T 29790—2013《即时检测　质量和能力的要求》

GB/T 29790—2013《即时检测　质量和能力的要求》转化自ISO 22870：2006。近年来，即时检测（POCT）的仪器以其携带方便、检测快速、操作简便等优点得以迅速发展，该类仪器在疾病治疗的长期监测、应急医疗等方面也发挥了良好的作用。但随着POCT仪器的推广使用，其检验质量的规范成为广泛关注的问题。随着ISO 15189认可在我国医学临床实验室的推行，在医疗机构POCT的运行亦应逐步加以规范。ISO 22870是在ISO 15189基础上对POCT的质量和能力的专用要求。标准规定了适用于即时检测（POCT）的专用要求，应与GB/T 22576结合使用。标准适用于在医院、诊所或提供流动性医疗服务的医疗机构所进行的POCT。

三、溯源及参考测量系统通用基础、管理标准

检验医学中量的测量，最基本的要求是量应该充分明确、向医师或其他医务工作者及病人所报告的结果足够准确（正确和精密），以便能得到正确的医学解释并具有时间和空间上的可比性。计量学溯源链的理想终点是国际单位系统（SI）的相关单位的定义，但所选择的步骤和某一给定量的计量学溯源链停止的水平取决于更高一级的测量程序和校准品是否存在。某个被选定的计量学可溯源的校准的目的是将一个参考物质和（或）参考测量程序的正确度水平转移至一个具有较低计量学水平的程序，例如常规程序。通常检验医学可提供400~700类量的结果。检验医学中的计量学目标是在国际认同的基础上，通过提供缺少的参考测量程序和参考物质将不同情况下量的结果的计量学溯源性改进到最高水平。参考测量程序、参考物质和参考测量实验室构成了参考测量系统。ISO 17511、ISO 15193等是关于溯源和参考测量系统的指南性文件，自发布以来，对推动国际和我们国家的检验医学和体外诊断产品发展产生了重要影响和深远意义。

（一）GB/T 19702—2005《体外诊断医疗器械　生物源性样品中量的测量　参考测量程序的说明》

GB/T 19702—2005规定了对参考测量程序内容的要求，通过标准达到这样的目的：一个有经验的实验室工作者，按照符合该标准的一个书面的测量程序操作，可获得测量不确定度不超出规定范围的结果。对一个参考测量程序的说明包括必需要素和可选要素，其中标题页、警告和安全注意事项、参考测量程序的题目、范围、测量原理和测量方法、试剂和耗材、仪器、采样和样品、测量系统和分析组分的制备、测量系统的操作、数据处理、分析可靠性参考测量程序的确认、报告、质量保证、发布和修订日期是描述一个参考测量程序的必需要素。标准对每一个要素进行了说明和要求。

（二）GB/T 21415—2008《体外诊断医疗器械　生物源性样品中量的测量　校准品和质控物质赋值的计量学溯源性》

GB/T 21415是检验医学和体外诊断系统领域关于溯源的指南性文件，规定了校准物和质控物赋值的计量学溯源性的方法，是临床实验室实现检验结果可靠性的重要依据。

标准自发布以来，推动了国内参考测量系统的建立和发展。标准规定了实现正确的医学应用涉及溯源链的计量（分析）内容，校准物或正确度质控物赋值的测量正确度，依赖于该值的计量学溯源性，溯源性由不间断的交替出现的测量程序和测量标准（校准物）建立。标准还指出参考系统包括量的定义、参考测量程序、参考物质。标准列出了临床检验五种典型的计量学溯源模型，包括：①有一级参考测量程序和一级校准物，在计量学上溯源到SI的情况；②有国际约定参考测量程序和国际约定校准物，未在计量学上溯源到SI的情况；③有国际约定参考测量过程（非一级），无国际约定校准物，不能在计量学上溯源到SI的情况；④有国际约定校准物（非一级），无国际约定参考测量过程，不能溯源到SI单位的情况；⑤有厂家选定测量程序，但既无国际约定参考测量程序，也无国际约定校准物，不能在计量学上溯源到SI的情况。

（三）YY/T 0638—2008《体外诊断医疗器械 生物源性样品中量的测量 校准品和质控物质中酶催化浓度赋值的计量学溯源性》

YY/T 0638—2008对酶催化活性浓度的测量中校准品和测量程序的等级进行了描述，为制造商校准品和控制物质中酶催化浓度赋值的计量溯源提供了充分而详细的指导，对国内酶类体外诊断产品的生产企业建立计量溯源性具有重要的引导作用。对血液或其他生物液体中的酶进行测量得到的催化浓度可用于疾病的诊断，分析原理是对底物转化的催化速率进行测量，具有速度快、检测限低、分析特异性高和成本低等优点。但只有在同一条件下测量得到的催化浓度值才具有可比性。常规酶学测量的标准化对检验医学非常重要，可以消除生物参考区间之间的差异，提高测量结果临床利用价值以及结果间的可比性。对于每个临床上重要的酶，通过选择一个参考测量程序并把相关的程序归为一类，可以使常规酶测量结果达到统一。

第三节 体外诊断用检测仪器和设备标准介绍

? 问题

体外诊断用检测仪器和器具的电气安全专用要求标准是什么？

一、仪器和器具通用标准

体外诊断用检测仪器除基本性能应符合相应的标准要求外，其安全性也应满足相关安全标准要求，通用标准包括：GB/T 18268.26《测量、控制和实验室用的电设备 电磁兼容性要求 第26部分：特殊要求 体外诊断（IVD）医疗设备》、YY 0648《测量、控制和实验室用电气设备的安全要求 第2-101部分：体外诊断（IVD）医用设备的专用要求》。

（一）GB/T 18268.26《测量、控制和实验室用的电设备　电磁兼容性要求　第26部分：特殊要求　体外诊断（IVD）医疗设备》

该标准根据体外诊断设备（IVD）的特性及其电磁环境，规定了其电磁兼容性的抗扰度和发射的基本要求。同常规医用电气设备一样，IVD设备也被广泛地应用于各种电磁环境中，除了在典型的医用环境（医院、诊所等）中正常工作外，也应在家庭环境中正常、安全的工作，也就是说IVD设备应与这些环境相适应的基本抗扰度等级。

（二）YY 0648《测量、控制和实验室用电气设备的安全要求　第2-101部分：体外诊断（IVD）医用设备的专用要求》

该标准是强制性国家标准GB 4793.1系列的专用标准之一，是适用于预期用作体外诊断（IVD）医用目的的医用实验室仪器要求执行的安全标准。基于体外诊断（IVD）设备预期用途特殊性，操作人员可能容易接触到各类具有生化危险的人体样本、化学试剂等，为保护操作人员安全，等同转化了IEC 61010-2-101，该标准为安全性标准，提示操作人员由于操作设备可能产生的生化危险、电气危险等，保护操作人员防电击、防生化危险等。其全部内容都与强制性国家标准GB 4793.1相关。

二、血液学和流式细胞学检测仪器标准

血细胞分析是临床三大常规检验之一。血细胞分析仪集成了生物、化学、光学、流体力学、电子电路、计算机软件等多学科技术，自20世纪50年代以来，经过多年发展和技术革新，不仅能对血液中的红细胞、白细胞、血小板等有形成分进行计数和定量分析，还能够对细胞群进行识别、区分和分析，同时利用计算机强大的信号采集、分析和运算能力，更多具有临床意义的参数也被发掘出来。随着高性能计算机、高精密度和快速图像获取设备及大数据库的诞生，自动化细胞图像分析设备也正在以准确度高、速度快、网络化和人性化走进临床实验室。

流式细胞术是利用流式细胞仪对人体样本中的有形成分，包括细胞、血小板、细胞器、精子、微生物以及人工合成微球等的多种生物和物理、生化特性进行计数和定量分析，并能对特定细胞群体加以分选的细胞参量分析技术。流式细胞仪是集激光、紫外光等多光源、单克隆抗体、荧光染料、标记技术、计算机及其软件为一体的高通量、多参数、细胞或颗粒分析与分选仪器。具有速度快、精度高、准确性好等特点，成为当代最先进的细胞定量分析技术。

此外，血栓止血类仪器设备，如血液流变仪、血小板聚集仪、凝血因子分析仪、血沉仪等；血型鉴定仪器设备，如血型鉴定仪等各门类亦有相关标准。

（一）YY/T 0588—2017《流式细胞仪》

该标准适用于临床使用的对单细胞或其他非生物颗粒膜表面以及内部的生物化学及生物物理学特征成分进行定量分析和分选（只限于有分选功能的流式细胞仪）的流式细

胞仪。对荧光检出限、荧光线性、前向角散射光检出限、仪器分辨率、前向角散射光和侧向角散射光分辨率、倍体分析线性、表面标志物检测准确性、表面标志物检测的重复性、携带污染率、仪器稳定性等性能指标作出了相关要求。

（二）YY/T 0653—2017《血液分析仪》

该标准适用于对人类血液中有形成分进行分析，并提供相关信息的血液分析仪，不适用于网织红细胞项目检测。对空白计数、线性、准确度、精密度、携带污染率、直方图等性能指标作出了相关要求。

三、生化检测仪器标准

在疾病的诊断、病情监测、疗效观察、预后判断和预防中，生化分析检测设备是最基本的不可或缺的医疗设备之一。急诊病人中急性胰腺炎、糖尿病酸中毒、心肌梗死、尿毒症、脱水或水肿所致的酸碱平衡及电解质紊乱的诊断离不开生化分析检测设备。肝功能，肾功能，蛋白质平衡，脂代谢，糖代谢，钾、钠、氯、钙、磷、镁及微量元素等定量检测均由生化分析检测设备来进行。尿液分析、糖化血红蛋白分析、电解质分析等亦有相关标准。

（一）YY/T 0654—2017《全自动生化分析仪》

该标准适用于以紫外-可见分光光度法对各种样品进行定量分析的全自动生化分析仪。对分析仪的杂散光、吸光度线性范围、吸光度准确度、稳定性、重复性、温度准确度与波动度、样品携带污染率、加样准确度与重复性、临床项目的批内精密度等性能指标作出了相关要求。

（二）YY/T 0475—2011《尿液化学分析仪通用技术条件》

该标准适用于基于化学原理对尿液分析试条进行分析的尿液分析仪。对重复性、与适配尿液分析试条的准确度、稳定性、携带污染等性能指标作出了相关要求。

四、分子生物学检测仪器标准

聚合酶链式反应（PCR）是一种能够进行快速DNA复制的分子生物学技术，能够使微量的遗传物质在数小时内得到几百万倍的扩增。基因测序技术的不断突破和成本不断降低，使测序技术逐步进入了临床领域，通过检测基因预知个体的未来健康状况，有针对性地进行个性化保健和治疗，帮助人们从被动预防、治疗走向主动预知健康，这是一次医学史上的全新改变。其相关标准包括：YY/T 1154—2009《激光共聚焦扫描仪》、YY/T 1173—2010《聚合酶链反应分析仪》。

五、微生物学检测设备标准

对可疑病原菌落进行鉴定和药敏实验的仪器设备是临床微生物检测的主要和重要的设备组成。其相关标准包括：YY/T 0656—2008《自动化血培养系统》、YY/T 1531—2017《细菌生化鉴定系统》。

六、免疫学检测设备标准

以免疫学理论和原理为基础的免疫学检验在许多临床疾病的诊断、治疗及发病机制研究中发挥重要作用。随着生物高新技术与检验医学的发展和交叉融合，许多高端的、自动化的新型免疫检验设备被引进临床检验领域，极大地推进了免疫学检验的发展。酶联免疫分析仪、全自动发光免疫分析仪等均有相关标准。

（一）YY/T 1529—2017《酶联免疫分析仪》

该标准适用于酶联免疫分析仪、全自动酶联免疫分析仪的读数模块。对波长准确度、吸光度准确度、线性、吸光度重复性、吸光度稳定性、灵敏度、通道差异等性能指标作出了相关要求。

（二）YY/T 1533—2017《全自动时间分辨荧光免疫分析仪》

该标准适用于全自动时间分辨荧光免疫分析仪。对检测项、线性区间、重复性、准确度、稳定性、加样准确度、加样精密度、加样针携带污染、洗液残留量、温度准确性与波动、临床项目检测重复性等性能指标作出了相关要求。

七、其他检测设备标准

除以上几大门类外，还有其他检测设备标准如 YY/T 0087—2004《电泳装置》、YY/T 0657—2017《医用离心机》、YY/T 0996—2015《尿液有形成分分析仪（数字成像自动识别）》等，不一一详述。

第四节   体外诊断试剂标准

(?) 问题

体外诊断校准物和质控物标准都有哪些？

一、体外诊断试剂基础通用和术语标准

体外诊断试剂基础通用标准覆盖专业领域较多，如临床化学体外诊断试剂盒、肿瘤标志物定量测定试剂盒、免疫比浊法检测试剂盒等。

（一）GB/T 26124—2011《临床化学体外诊断试剂（盒）》

该标准适用于医学实验室进行临床化学项目定量检验所使用的基于分光光度法原理的体外诊断试剂（盒）。不适用于性能评价试剂（如仅供研究用试剂）、POCT（即时检测）临床化学体外诊断试剂。对试剂空白、分析灵敏度、线性范围、测量精密度、准确度、稳定性等性能指标作出了相关要求。

（二）YY/T 1255—2015《免疫比浊法检测试剂（盒）（透射法）》

适用于基于透射免疫比浊原理，在半自动、全自动生化分析仪或其他类型的分析仪上进行定量检测的试剂盒。对空白限、线性、重复性、批间差、溯源性、准确度、稳定性等性能指标作出了相关要求。

二、校准物和质控物标准

体外诊断试剂校准物和质控物是实现体外诊断试剂临床检测及监督检验结果准确一致的主要工具，也是保证量值有效传递的计量标准。包括尿液分析质控物、血细胞分析仪用质控物、生化分析用校准物等标准。如YY/T 0501—2014《尿液分析质控物》、YY/T 0701—2008《血细胞分析仪用校准物（品）》、YY/T 0702—2008《血细胞分析仪用质控物（品）》、YY/T 1530—2017《尿液有形成分分析仪用控制物质》、YY/T 1549—2017《生化分析用校准物》。

三、血液学试剂标准

血细胞分析、流式细胞检测、血栓止血、血型分析等相关检测技术离不开相应的体外诊断试剂。包括血液分析仪用试剂系列标准、凝血酶时间相关系类标准等。

（一）YY/T 0456.4—2014《血液分析仪用试剂　第4部分　有核红细胞检测试剂》

该标准适用于血液分析仪用有核红细胞检测试剂。对酸碱度、渗透浓度、吸收峰波长、吸光度值、空白计数、重复性、直方图或散点图、批间差等性能指标作出了相关要求。

（二）YY/T 1156—2009《凝血酶时间检测试剂（盒）》

该标准适用于临床实验室常规检验用的凝血酶时间检测试剂（盒）产品，包括冷冻干燥品和液体试剂产品。对正常血浆测量值、重复性、批间差、稳定性等性能指标作出了相关要求。

四、生化试剂标准

使用化学方法对蛋白质、酶类、糖类、脂类等代谢物进行测定的试剂标准，目前约有40余项生化试剂类的标准。

（一）YY/T 1524—2017《α-L-岩藻糖苷酶（AFU）测定试剂盒（CNPF底物法）》

该标准适用于CNPF（2-氯-4-硝基苯基-α-L-盐藻吡喃糖苷）底物法对人血清或血浆中的α-L-岩藻糖苷酶进行定量检测的试剂盒，包括手工和半自动、全自动生化分析仪上使用的试剂。对试剂空白、分析灵敏度、线性、精密度、准确度、稳定性等性能指标作出了相关要求。

（二）YY/T 1578—2018《糖化白蛋白测定试剂盒（酶法）》

该标准适用于酶法对人血清或血浆中的糖化白蛋白进行定量检测的试剂盒，包括手工和半自动、全自动生化分析仪上使用的试剂。对试剂空白吸光度、分析灵敏度、线性、精密度、准确度、稳定性等性能指标作出了相关要求。糖化白蛋白测定试剂盒如包含白蛋白测试组分，白蛋白测定试剂的技术要求参考相应标准。

五、免疫试剂标准

运用免疫分析方法对肿瘤标记物、代谢相关、自身抗体、病原微生物相关抗体等进行检测的试剂标准，目前约有60余项免疫试剂类标准。

（一）YY/T 1514—2017《人类免疫缺陷病毒（1+2型）抗体检测试剂盒（免疫印迹法）》

该标准适用于采用SDS-PAGA法或直接点样的方法，将HIV病毒裂解纯化的多组分抗原或重组表达的多组分抗原固定于硝酸纤维膜的不同位置，应用免疫印迹法（包括重组免疫印迹法），对人类免疫缺陷病毒（1+2型）抗体进行定性检测的试剂，即人类免疫缺陷病毒（1+2型）抗体检测试剂（免疫印迹法）。对抗体阳性参考品符合率、抗体阴性参考品符合率、抗体不确定参考品符合率、稳定性等性能指标作出了相关要求。

（二）YY/T 1589—2018《雌二醇测定试剂盒（化学发光免疫分析法）》

该标准适用于以化学发光免疫分析为原理测定雌二醇的试剂盒，包括以微孔板、管、磁微粒、微珠和塑料珠等为载体的化学发光免疫分析测定试剂盒。对线性、检出限、准确度、重复性、批间差、稳定性、溯源性等性能指标作出了相关要求。

六、核酸试剂标准

基因扩增、基因测序、分子杂交类试剂类相关标准目前有近20项。

（一）YY/T 1182—2010《核酸扩增检测用试剂（盒）》

该标准适用于核酸扩增检测试剂盒的质量控制、核酸扩增检测试剂盒应包括核酸提取、核酸扩增及产物分析试剂组分，如核酸扩增检测试剂盒内不含有核酸提取组分，应由生产企业说明或指定提取试剂盒。该标准不适用于基因分型、基因芯片和病毒基因分型/突变检测用试剂盒及血源筛查的试剂盒。对溯源性、测量系统的线性、准确度、分析特异性、亚型检测能力、精密度、检测限/定量限、干扰物质、稳定性等性能指标作出了相关要求。

（二）YY/T 1515—2017《人类免疫缺陷病毒（I型）核酸定量检测试剂盒》

该标准适用于应用核酸扩增法（包括实时荧光PCR法，基于核苷酸的扩增即NASBA法以及分枝DNA即bDNA法）为基本原理的、用于定量检测人血清和（或）血浆中人类免疫缺陷病毒（Ⅰ型）（HIV-1）RNA的试剂，简称为人类免疫缺陷病毒（Ⅰ型）核酸定量检测试剂盒。对阳性参考品符合率、阴性参考品符合率、定量参考品、灵敏度参考品、线性参考品、稳定性等性能指标作出了相关要求。

七、微生物培养标准

微生物培养标准包括药敏纸片、培养基等标准，相关标准目前约有20余项。对各种培养基的酸碱度、水分、微生物生长实验等作出了相关要求。

第五节 重点标准介绍

> **? 问题**
>
> GB/T 29790—2013需要和哪个标准结合使用？

一、血糖相关标准

（一）GB/T 19634—2005《体外诊断检验系统 自测用血糖监测系统通用技术条件》

自测用血糖监测系统主要是为非专业人员使用的体外诊断医疗器械，在使用正确的情况下方便糖尿病病人监测并采取措施来控制血液中的葡萄糖浓度。该标准的主要目的是在使用者接受了适当的培训、仪器得到了正确的维护，并按照制造商使用说明的校准和质控程序而进行操作的前提下，确立设计由非专业人员使用的血糖监测系统能够得到可接受结果的要求，同时规定了对血糖监测系统性能标准符合性进行验证的程序。该标准对自测用血糖监测系统的通用技术条件进行了说明，其中包括了制造商提供的信息，包括自测用血糖监测系统的标签和使用说明。由于自测系统是供非专业人员使用，制造商提供的信息应该明确、易懂，以便使用人员理解并正确地按照操作程序进行自我测试，同时应该给出适当的警告或提示信息，以指导出现异常结果时所需采取的适当措施。该标准对制造商提供的信息进行了详细的规定。

（二）YY/T 1200—2013《葡萄糖测定试剂盒（酶法）》

该标准适用于己糖激酶和氧化酶法葡萄糖测定试剂盒。在制造商给定的波长、光径（1.0cm）条件下，己糖激酶法葡萄糖测定试剂盒空白吸光度应不大于0.5，氧化酶法葡萄糖测定试剂盒空白吸光度应不大于0.2；在试剂盒线性区间2.2~25mmol/L，理论浓度与实测浓度的线性相关系数（r）应不小于0.9900；使用参考物质或者参考方法定值血清进行测定，当浓度≤4.16mmol/L时，实测值与标示值偏差应不超过±0.833mmol/L，当浓度>4.16mmol/L时，实测值与标示值的偏差应在20%范围内。以标准溶液测定时，试剂盒的回收率应为90%~110%。

（三）YY/T 1246—2014《糖化血红蛋白分析仪》

该标准适用于对人类血液中糖化血红蛋白浓度进行检测的仪器，以及检测项目中包含糖化血红蛋白项目的仪器，对该仪器糖化血红蛋白检测模块进行评价。不适用于非专业人员使用、非实验室使用的对人类血液汇总糖化血红蛋白浓度进行检测的仪器。当使用参考物质作为样本进行检测时，分析仪测定结果的相对偏差应在±8%区间内。检测样本浓度为（4.0%~6.5%）[（20.2~47.5）mmol/mol]样本，分析仪重复测量变异系数应不大于3.0%。在制造商生成的分析仪检测区间内，检测结果的线性相关系数（r）应不小于0.9900。分析仪的携带污染率应不大于3.0%。开机稳定后8小时内，检测同一正常样本结果的相对偏差应不超过±3.0%。

（四）YY/T 1605—2018《糖化血红蛋白测定试剂盒（胶乳免疫比浊法）》

该标准适用于采用胶乳免疫比浊法对人全血中的糖化血红蛋白进行定量检测的试剂盒。试剂线性在[3.8%，14.0%]（NGSP单位）区间内，线性相关系数（r）应不小于0.990；[3.8%，7.0%]（NGSP单位）区间内线性绝对偏差应不超过±0.5%，[7.0%，14.0.0%]（NGSP单位）区间内，试剂相对偏差应不超过±7%。分别检测高低两个不同浓度水平的样本，所得结果的变异系数应不大于3%。试剂盒的批间相对极差应不大于10%。用参考物质作为样本进行检测，测定结果相对偏差应不超过±7%。

二、POCT相关标准

（一）GB/T 29790—2013《即时检测　质量和能力的要求》

技术进步已经使得各种设计紧凑且使用方便的体外诊断（IVD）医疗器械相继面世，从而使在病人所在地或其附近进行检验成为可能。即时检测（POCT）有益于病人和医疗机构，为病人和医疗机构带来的风险可以被设计良好、全面实施的质量管理体系所控制，该体系可促进：全新的或备选的POCT设备和系统的评价；对终端用户提议及方案的评价和批准；设备的购买和安装；耗材及试剂的维护；POCT系统操作人员的培训、发证及换证；质量控制和质量保证。对POCT实验室能力进行认可的机构可将该标准作为其工作的基础。为其部分或全部活动寻求认可的医疗机构应选择依据POCT专用要求运行的认可机构。

该标准规定了适用于即时检测（POCT）的专用要求，并应与GB/T 22576.1—2008结合使用。该标准的要求适用于在医院，诊所或提供流动性医疗服务的医疗机构所进行的POCT。该标准可适用于经皮测量、呼气分析及病人生理学参数的体内监测。该标准不包括居家或在社区中进行的病人自测，但该标准的要素可以适用。

（二）GB/T 18990—2008《促黄体生成素检测试纸（胶体金免疫层析法）》

该标准适用于通过胶体金免疫层析法原理测定妇女尿液中LH水平，以预测排卵时间，用于指导育龄妇女选择最佳受孕时机或指导安全期避孕的促黄体生成素检测试纸。该标准规定的主要技术要求如下所述：膜条宽度应不小于2.5mm，液体移行速度应不低于10mm/min，试纸条的临界值为25mIU/ml，与促甲状腺激素和促卵泡激素的交叉反应结果均应为阴性，重复性与批间差要求反应结果一致，显色均一。

（三）YY/T 1164—2009《人绒毛膜促性腺激素检测试剂（胶体金免疫层析法）的技术要求》

该标准的主要技术要求如下所述：膜条宽度应不小于2.5mm；液体移行速度应不低于10mm/min；试纸条的临界值为25mIU/ml；分别用含500mIU/ml人促黄体生成素、1000mIU/ml人卵泡刺激素和1000μIU/ml人促甲状腺激素的0mIU/ml人绒毛膜促性腺激素进行检测，结果均应为阴性；分别用含500mIU/ml人促黄体生成素、1000mIU/ml人卵泡刺激素和1000μIU/ml人促甲状腺激素的25 mIU/ml人绒毛膜促性腺激素进行检测，结果均应为阳性。重复性与批间差要求反应结果一致，显色均一。

思考题

1. 我国体外诊断医疗器械的标准体系分为几个层次？
2. 目前发布的血糖相关标准有哪些？

第十四章　医用诊察和监护设备标准

✐ 学习导航

1. 掌握医用诊察和监护设备的定义、分类及主要标准核心内容。
2. 熟悉医用诊察和监护设备标准组成。

医用诊察和监护设备是临床用于诊察和监护病人的设备及在此过程中配套使用的附件。通常不包括眼科器械、口腔科器械等临床专科使用的诊察设备。医用诊察和监护设备门类众多，应用广泛，在临床诊疗中起着重要的支撑作用。本章通过电生理诊断设备、病人监护设备、光学诊察设备这三个常见大类介绍医用诊察和监护设备的主要分类、用途、标准及标准要求。

第一节　电生理诊断设备标准

> ⑦ 问题
>
> 　　电生理诊断设备主要有哪些种类？各自的安全专用标准是什么？这些安全专用标准有哪些主要条款？

一、电生理诊断设备的主要分类及用途

医用诊察设备依据原理不同可分为十多个大类，生理参数诊断设备是其中重要部分。广义上的生理参数可包括体外诊断，如血糖、血脂等。而本节讨论的是直接从人体采集的电生理参数，经过分析加工后用于诊察或辅助诊断的设备。目前主要的电生理诊断设备有心电测量、分析设备、心脏电生理标测设备、生理参数诱发诊断设备（脑电图机、肌电图机等）、电导分析仪、泌尿及消化动力学测量/分析设备、眼震电图设备和人体阻抗测量/分析设备等。

二、电生理诊断设备的主要适用标准

电生理诊断设备种类繁多，随临床理论的发展和经验数据的累积，仍不断推出新的应用原理和结构。这些新类型的设备较难在短时间内达成共识形成标准。但经典的电生理诊断设备，如心电图机、脑电图机等，有成熟的系列专用标准保证其安全性和有效性。常见的电生理诊断设备的主要适用标准见表14-1。

表14-1 电生理诊断设备标准表

标准号	标准名称
GB 10793—2000	医用电气设备 第2部分：心电图机安全专用要求
GB 9706.26—2005	医用电气设备 第2-26部分：脑电图机安全专用要求
YY 0896—2013	医用电气设备 第2部分：肌电及诱发反应设备安全专用要求
YY 0885—2013	医用电气设备 第2部分：动态心电图系统安全和基本性能专用要求
YY 0782—2010	医用电气设备 第2-51部分：记录和分析型单道和多道心电图机安全和基本性能专用要求
YY/T 1078—2008	直接式阻抗血流图仪
YY/T 1143—2008	电桥式阻抗血流图仪
YY 1139—2013	心电诊断设备

三、电生理诊断设备标准的主要内容

电生理诊断设备标准一般除了基于GB 9706.1—2007《医用电气设备 第1部分：安全通用要求》在安全方面作一些补充要求以外，通常基于电生理诊断设备的预期用途作出对基本性能的特殊要求。

首先是文件和标识规范要求。标识对信号采集准确性有重要意义，也是制造商应在其随机文件中公开以保证临床准确使用的重要信息，以YY 0782—2010《医用电气设备 第2-51部分：记录和分析型单道和多道心电图机安全和基本性能专用要求》为例，该标准规范了以下信息和标识的给出要求，其中电极和中性电极的位置，标志和色码见表14-2。

——P-、QRS-、ST- 和T波的幅值方法；

——在QRS波群内部等电位段的处理方法；

——设备可识别的最小波形和存在噪声条件下测量的稳定性；

——分析型心电图机的预期用途；

——不包括在测试诊断数据库中的低发病率的心脏疾病异常；

——心电图的疾病诊断类别和每种类别的心电图测试数；

——疾病诊断的准确性和用来验证心脏病诊断有效性的非心电图手段，以及分组的病人人口统计（如年龄、性别、种族等）数据；

——不包括在心电图节律测试数据库中的低发病率的心脏节律；

——心电图的疾病诊断类别和每种类别的心电图测试数；

——节律诊断的准确性和分组病人的人口统计数据（如年龄、性别、种族等）；

——当校准设备没有检查总体灵敏度时，必须提供灵敏度定期测试说明；

——如果心电图机有滤波设置，必须有通过失真测试的安排和这些滤波设置对心电图的信号失真的影响；

——心电图的最短时间长度。

表14-2　电极和中性电极的位置、标志和色码

| 系统 | 代码1（通常为欧洲采用） | | 代码2（通常为美国采用） | | 人体表面的位置 |
	电极标识符	颜色代码	电极标识符	颜色代码	
肢体电极	R	红色	RA	白色	右臂
	L	黄色	LA	黑色	左臂
	F	绿色	LL	红色	左腿
威尔逊导联胸电极	C	白色	V	棕色	单个可移动的胸部电极
	C1	白/红	V1	棕/红	胸骨右端第四肋间
	C2	白色/黄色	V2	棕/黄	胸骨左端第四肋间
	C3	白色/绿色	V3	棕/绿	C2和C4中间第五肋间上
	C4	白色/布朗	V4	棕/蓝	左锁骨中线第五肋间
	C5	白色/黑色	V5	棕/橙	左腋前线上与C4同一水平上
	C6	白/紫	V6	棕/紫	左腋中线上与C4同一水平上
Frank 导联	I	淡蓝色/红色	I	橙/红	右腋中线 [a]
	E	淡蓝色/黄色	E	橙/黄	前中线 [a]
	C	淡蓝色/绿色	C	橙/绿	左腋中线和前中线之间45°处 [a]
	A	浅蓝色/棕	A	橙/棕	左腋中线 [a]
	M	浅蓝色/黑色	M	橙/黑	背部中线 [a]
	H	浅蓝色/紫	H	橙/紫	后颈或前额
	F	绿色	F	红色	左腿
	N	黑色	RL	绿色	右腿（中性）

注：在附录BB和附录EE中给出了补充建议。

a表示位于心室横向水平位置的，如果知道这个水平位置的话，否则在第五肋的中间。

对于电生理诊断设备的基本性能要求，一般会对其电信号特性提出要求。例如YY 0782—2010《医用电气设备　第2-51部分：记录和分析型单道和多道心电图机安全和基本性能专用要求》中的主要电性能指标。

1.输入阻抗和导联网络阻抗　对于目前具有场效应晶体管放大器的设备输入阻抗可能轻易超过10MΩ，但对于传统信号输入放大器较低的输入阻抗，例如5MΩ左右仍然是可接受的。

2.校准电压　是用于幅度校准的阶跃电压，一般设计一个上升时间应不大于5ms幅度为（1±0.01）mV的电压来实现。重现的校准电压误差应在5%范围内。

3.灵敏度　即记录幅度与产生这一记录的信号幅度之比。对于心电图记录上的灵敏度误差应该不超过5%。当加入300mV差模或共模直流偏置电压时，此要求仍应被满足。

4.对不需要的外部电压信号的抑制　常用共模抑制表征此项性能。51kΩ电阻与47nF电容并联，模仿在电极–皮肤阻抗测试模式下的显著不平衡情况，并且测试电路不同类型的补偿电路是否能够有效工作。

5.过载容限　此要求避免设备被突然加入的一个大输入信号永久破坏。

6.滤波器　使用滤波器，会使心电信号发生变形。因此，重要的诊断特征点（如ST波段）已不能足够准确的重现。在这种情况下，不能得到一个正确的心电图诊断。因此，

滤波器的影响应控制在一定水平，使得重现波形信号的保真度不会显著地降低。使用工频滤波器可能会存在性能限制。滤波器产生的振铃电压应低于具有诊断意义的电压水平。对于所有其他滤波器，没有强加实际限制。不过，使用者应该知道滤波器使用的一些可能有害影响，提供给用户的滤波器使用的清晰标识，另外可以通过在打开以及关闭滤波器的情况下分别打印指定的测试心电图的方法，告知用户滤波器的影响。

一些新型的心电图机有固定打开的滤波器，即它们不能切换（例如工频滤波器可能一直打开）。尽管如此，测试必须在所有工频滤波器不存在的情况下进行。但是，对于那些标准声明的必须在滤波器关闭的情况下进行的测试心电图的打印输出，即使需要特殊的软件，也应该在所有滤波器关闭的情况下进行。

为了检查设备电路的共模抑制能力，需要全部禁用工频滤波器。否则，这项测试即测试这个工频滤波器的（差模）抑制能力。获得良好的共模抑制测试的可取做法是，测试电路的电源频率不是正常工作时的主电源频率。

7. 基线漂移/噪声电平 通常30μV的噪声水平是一个推荐值，因为这是一个在标准灵敏度下，相当于心电图记录的0.3mm，这个值接近心电图刻度线的厚度。

8. 失真（频率响应） 电生理信号的准确重现，需要足够的带宽。传统上讲，良好的高频率响应测试确认通过输入特定的中等至偏高频率的正弦信号来测量输出响应，而良好的低频响应是指特定的一个低截止频率，如0.05Hz的"诊断的带宽"。在近年来，特定的冲击响应已成为确保良好的低频响应的首选方法，三角波形已经被添加到正弦信号中，以更好、更完全地描述高频率响应。

以上各参数要求在各产品性能标准要求中均有类似要求和表述。

其次是依据其临床使用环境提出的性能/功能要求。仍以YY 0782—2010《医用电气设备 第2-51部分：记录和分析型单道和多道心电图机安全和基本性能专用要求》为例，振幅测量的要求、间期测量的要求、绝对间期和波形时限测量的要求、实际人体心电图时限测量的要求、抗噪声测量稳定性的公布要求、在有心脏起搏器的情况下使用的要求、电池等。

除此之外，虽临床需求的发展，越来越多的电生理诊断设备具备了自动分析功能，由于很多使用者会依赖机器进行诊断，机器诊断的精确度必须等于或者超过最小极限值，以确保病人状态诊断结果与多个心脏病学家提供的意见相近。对于此类设备，标准中提出了对应的准确性评价要求。例如YY 0885—2013《医用电气设备 第2部分：动态心电图系统安全和基本性能专用要求》即有此类要求。其中50.101自动分析要求，通过规定了用于评估自动分析的标准数据库、用于性能测试的标准数据库、记录比对结果、统计等要求，规范了动态心电图系统自动分析功能的检测和评价方法。这些方法是以数据库为基础进行的，如果测试中的心电图机能够直接接受数字化的心电图数据，那么与测量、诊断及节律解析精确度测量有关的测试也可以通过直接往心电图机中输入数字数据进行处理的方式来进行。如果心电图机无法输入直接的数字化信号进行处理，那么下面的方法可以用来作为指导，这个指导可以指引将数字化的心电图输入心电图机中，并要求使用指定的心电图数据输入来进行测试性能和功能。举例来说，这类数字化的心电图有：CTS校准与可分析心电图、生物学心电图、心电图数据库中的心电图以及节律心电图数据库中的心电图。数字化的波形数据可以从数字转化为模拟（D/A）信号，并可被心电图机前端模块获取加以应用。D/A转化的标准步骤，超过了本标准的范围，符合这个标准的个别测试心电图机可以设计出符合以下特征的合适方法。

（1）在一个循环缓冲器里存储10秒的心电图，将其通过D/A转化器作为连续的信号。

（2）如果P-QRS-T波的一部分出现在记录的开头或（和）结尾，在通过循环缓冲器将其输入心电图机的时候，就必须把它排除掉。

（3）如果第一个和最后一个样本在电压水平方面有显著差异，就要应用线性内插法使他们处在同一水平。这可以消除循环缓冲器里的导致分析可能出现的错误的不连续性问题。

（4）为了用存储的心电图波形计算身体表面的电势，必须将右臂和右脚的电极接地。输入导联I到左臂的电极（$I=L-R$；$R=0$，$L=1$），输入导联II到左脚的电极，在C_i电极中输入$C_i=V_i+(I+II)/3$，$[V_i=C_i-(L+R+F)/3$，$C_i=V_i+(L+R+F)/3$，$L=I$，$F=II$，$R=0$，$C_i=V_i+(I+II)/3]$。这可以方便地减少模拟信号，调整D/A转换器，使其输出比原始值高100到1000倍的电压（比如可以使用1V替代1mV）。这个电压可以更清晰准确地输入到心电图机中。

第二节 病人监护设备标准

⑦ 问题

病人监护设备主要有哪些种类？各自的安全专用标准是什么？这些安全专用标准有哪些主要条款？

一、病人监护设备的主要分类及用途

目前，比较常见的病人监护设备一般指多参数监护设备，通常包含了呼吸功能及气体分析测定监护、心电测量监护分析、血压测量监护分析、体温测量监护分析以及血氧测量监护分析，从总体上来说，这些设备的主要临床目的都是用于对病人的生命体征参数进行无创和（或）有创的测量和监控。

呼吸功能及气体分析测定监护通常用于对病人的一个或多个生理参数进行测量和监护。其中包括对二氧化碳浓度、氧化亚氮浓度以及安氟醚、异氟醚、七氟醚、地氟醚等挥发性麻醉气体的浓度监测。

心电测量监护分析通常包括信号输入部分、放大回路、控制电路、显示部分、记录部分、分析处理部分和电源部分。通过电极将体表不同部位的心电信号检测出来，经过滤波、放大、模数转化形成心电波形。用于提取病人的心电波群进行形态和节律分析，供临床诊断和研究，有时也用于实时检测病人运动状态下的心电图变化，供临床诊断。或关键生理参数包括但不限于ST、心律失常、QT分析。

其他的测量监护通常包括脉搏率、阻抗呼吸、无创脉搏血氧饱和度、无创脉搏碳氧血红蛋白、无创脉搏高铁血红蛋白、无创脉搏全血红蛋白、脉搏率、无创血压、体温、预测体温、呼吸（气体）、麻醉气体、心输出量（无创心输出量）、经皮氧分压经皮二氧化碳分压、脑电、肌电、无创颅内压、灌注指数、脉搏压力变异指数、血流动力学分析、呼吸功能和力学和综合肺指数、双频指数、熵指数、肌肉松弛和肌肉肌电传导等。

二、病人监护设备的主要适用标准

针对不同类型医用诊察和监护设备的工作机制和用途特点，有着不同的安全专用标准来规范相应的设备，常见的相关标准见表14-3。

表14-3　病人监护设备的主要适用标准表

序号	标准号	标准名称
1.	GB 9706.1—2007	医用电气设备　第1部分：安全通用要求
2.	YY 0505—2012	医用电气设备　第1-2部分：安全通用要求　并列标准：电磁兼容要求和试验
3.	YY 0709—2009	医用电气设备　第1-8部分：安全通用要求　并列标准：通用要求，医用电气设备和医用电气系统中报警系统的测试和指南
4.	GB 9706.25—2005	电气设备　第2-27部分：心电监护设备安全专用要求
5.	YY 0667—2008	医用电气设备　第2-30部分：自动循环无创血压监护设备的安全和基本性能专用要求
6.	YY 0668—2008	医用电气设备　第2-49部分：多参数病人监护设备安全专用要求
7.	YY 0783—2010	医用电气设备　第2-34部分：有创血压监护设备的安全和主要性能专用要求
8.	YY 0784—2010	医用电气设备　医用脉搏血氧仪设备的基本安全和性能专用要求
9.	YY 0785—2010	临床体温计　连续测量的电子体温计性能要求
10.	YY 0670—2008	无创自动测量血压计
11.	YY 0781—2010	血压传感器
12.	YY 1079—2008	心电监护仪

三、病人监护设备标准的主要内容

对于病人监护设备而言，标准要求除了基本的电气安全外，还包括多参数模块带来的协调要求，如YY 0709—2009和YY 0668—2008所涉及的内容，以及各专用模块的特殊要求。由于各专用模块工作原理和结构特点各不相同，由此带来的风险和标准控制方法也不尽相同，限于篇幅所限，本章仅对部分常用模块的专用标准简要介绍。

（一）有创血压

有创血压用于血液循环系统压力的内部测量。

1.除颤恢复　由于有创血压的工作场景和结构特点，使其对除颤器放电的防护有特殊的要求。除传统的绝缘要求外，除颤器放电后的恢复时间也应被满足。设备应在心脏除颤仪放电后的10秒内恢复功能。

2.灵敏度、可重复性、非线性、漂移和迟滞的综合结果　应不超过读数的 ±4% 或 ±0.5kPa（ ±4mmHg）。

3.收缩压和舒张压的准确性　在1Hz的频率时，收缩压和舒张压的准确性应不超过 0.5kPa（ ±4mmHg）。

4.频率响应范围　设备和传感器的频率响应范围至少应是从直流到10Hz。

（二）连续测量的电子体温计

连续测量的电子体温计是指用于连续测量并显示人体温度的设备。

1.测量范围　测量范围至少应为25~45℃并且是连续的。

2.最大允许误差　在25~45℃的测量范围内，一个完整体温计的最大允许误差应是 ±0.2℃。当分开考核时，指示单元：±0.1℃，温度探头：±0.1℃。

3.时间响应　当经历快速的温度改变150秒之后，完整体温计的显示温度与参考温度的差异应不超过最大允许误差范围。

4.工作环境　完整体温计的最小工作环境的温度范围应为 +10~+40℃，最小相对湿度范围应为30%~75%

5.最大能量耗散　指示单元提供给温度探头的激励电压应足够低，以使探头内的能量耗散符合的要求。对于电阻型探头，制造商应规定能由指示单元提供给探头的、产生最小自热的最大功率。对于可重用或者一次性的温度探头，当浸入温度为（37±0.1）℃的水槽中时，所提供的最大功率应不导致使温度上升超过0.02℃的能量耗散（I^2R）将温度探头置于温度为（37±1）℃的参考水槽中。在3个或更多指定的电流上进行测量，最大功率应为2mW。计算等价的电阻值，然后用制造商提供的针对该类探头的电阻-温度转换表将电阻值转换成温度值。应绘制一个温度作为供电功率的函数的线性曲线（最小二乘拟合）。通过该曲线，使显示温度发生0.02℃改变的最大耗散能量对应的供电功率值应能被确定。这个值就是指示单元对于此类温度探头能够提供的最大供电功率，制造商规定的值应等于或者小于这个值。

6.供电电压变化　对网电源供电的体温计，当电压在标称值的 ±10% 范围内波动、频率在标称值的 ±2% 范围内波动，体温计不应出现示值变化；而对于电池或者辅助电源供电的体温计，当电压处于或者低于制造商规定的数值时，体温计应有一个能够提供可识别的提示或警告信号的装置，如果电压在制造商规定的范围内变动时，体温计的示值变化应不大于一个单位的最小示值。

7.长期稳定性　温度探头暴露在温度为（55±2）℃的环境中最少288小时，或者暴露在温度为（80±2）℃的环境中最少96小时后，探头暴露前后的最大允许误差值应满足标准中6.3最大允许误差的规定。

8.体液防护　没有护套的温度探头的绝缘性应足够强，使之在浸泡于电导液中时足以防止指示温度的变化超过 ±0.02℃。

（三）自动循环无创血压监护设备

自动循环无创血压监护设备是指通过外部施加方法间歇性测评、监护病人血压的设备。对于自动循环无创血压监护设备，需要满足手动模式和长期模式下收缩压、平均压、舒张压的准确性。最大平均误差 ±0.67kPa，最大标准偏差1.067kPa。

（四）医用脉搏血氧仪设备

医用脉搏血氧仪设备是指在医疗保健机构和家庭中估计病人的动脉血氧饱和度和脉率的设备。

1.运输中的冲击和振动测试预期　适用于院外转运的病人脉搏血氧仪设备和部件，应具有足够的机械强度以承受正常使用下所引起的机械应力，诸如推动、碰撞、跌落和粗鲁的操作等。

2.光辐射　GB 7247.1—2001《激光产品的安全　第1部分：设备分类、要求》的相关要求适用。如果在脉搏血氧仪设备中使用了激光光栅或类似的产品，它们应符合GB 7247.1—2001的要求，如果使用了光纤光学，IEC 60825-2《Safety of laser products-Part 2：Safety of potical fibre communication systems》的要求应适用。

3.超温　在正常状况和单一故障状态下，当皮肤的初始温度是35℃时，对于传输到血氧探头上的缺省最大能量限制应不足于在血氧探头与组织接触面之间产生超过41℃的温度。在皮肤的初始温度是35℃时，如脉搏血氧监护仪提供一种模式（或手段）向能量化的血氧探头提供了足够的能量，并在血氧探头与组织接触面之间产生了超过41℃的温度，则要满足以下要求。

（1）针对允许的这个模式该脉搏血氧仪设备应具有一种操作者可调节的控制，应具有需要激活这种模式的预置顺序的操作步骤。

（2）当脉搏血氧仪设备处于这种模式时，应有一个指示。

（3）在正常状况和单一故障状态下，在皮肤的初始温度处在35℃时，在本模式下传输到能量化的血氧探头的最大能量应不足以在血氧探头与组织接触面之间产生超过43℃的温度。

（4）脉搏血氧仪设备应提供一种方法限制其在41℃以上连续运行的间期。在升高的温度上的应用时间应是：在43℃下不超过连续的4小时，在42℃下不超过连续的8小时。

（5）随机文件应明示在血氧探头与组织接触面之间可能的最高温度，且技术说明书中应明示用于测量血氧探头与组织接触面之间的最高温度的测试方法。

4.网电源短时中断或自动切换后的设置和数据存储　当脉搏血氧仪设备的供电电源中断小于30秒或自动切换到内部电源发生时，所有的设置和存储的病人数据不应发生变化。

5.脉搏血氧仪设备的血氧饱和度准确度　应是一个差值的均方根，并在70%到100%的范围内小于或等于4.0% SpO_2值。SpO_2的声称范围和在这个范围内的血氧饱和度准确度应在使用说明书中公布，应声明在70%到100%范围内的SpO_2准确度，血氧饱和度的准确度信息应提示使用者，因为脉搏血氧仪设备的测量值是以统计概率分布的，只有大约2/3

的脉搏血氧仪设备的测量值落在由一氧化碳－血气分析仪所测量值的均方根之内。当脉搏血氧监护仪能适用多种血氧探头时，应提供每种探头相应的血氧饱和度准确度的信息。还可以提供其他范围内的附加血氧饱和度准确度的说明。如果给出了低于65%以下的血氧饱和度准确度声明，则在这个附加范围中以不超过20%SpO₂值的跨度声称血氧饱和度的准确度。

血氧饱和度准确度的声称应以覆盖整个范围的临床研究测量为支持，并且SaO₂的范围与所声称的范围之差不超过±3%饱和度，而上述临床研究应符合ISO 14155-1《Clinical investigation of medical devices for human subjects – good clinical practice–Part 1：General requirements》和ISO 14155-2《Clinical investigation of medical devices for human subjects – good clinical practice–Part 2：Clinical investigation plans》标准的要求。数据点应在声称的整个范围内以具有可比较的密度记录下来。

对于声称的每个范围，脉搏血氧仪设备的血氧饱和度准确度应表示成脉搏血氧测量值（SpO_{2i}）与参考值（S_{Ri}）之差的均方根的形式，公式表示如下：

$$A_{rms} = \sqrt{\frac{\sum_{i=1}^{n} \left(SpO_{2i} - S_{Ri}\right)^2}{n}}$$

脉搏血氧仪设备脉搏血氧饱和度读数的准确度的标准参考值应能被追溯到由一氧化碳－血气分析仪在同一时刻对动脉血样分析得到的氧饱和度（SaO_2）值，此一氧化碳－血气分析仪在所需验证的范围内应具有1%标准偏差或更高的准确度。

第三节　光学诊察设备标准

> **? 问题**
>
> 　　光学诊断设备主要有哪些种类？各自的安全专用标准是什么？这些安全专用标准有哪些主要条款？

一、光学诊察设备的主要分类及用途

光学诊察设备目前主要分成光学成像诊断设备、医用内窥镜和检查灯三个大类。光学成像诊断设备包括用于测量人体表面温度的分布并提供红外热像图的红外热像仪，用于乳腺增生、乳腺炎症及良恶性肿瘤等乳房疾病检查的红外线乳腺诊断仪，配合光学干涉断层成像系统使用，用于血管等组织成像的光相干断层成像系统，用于在手术过程中放大手术区域细节的手术显微镜和用于人体微循环的检查的微循环显微镜。医用内窥镜则包括传统的光学内窥镜、电子内窥镜和由口腔食管进入人体消化系统，并随消化系统蠕动或主动运行，用于对消化系统中指定部分进行成像诊断的胶囊式内窥镜系统。检查灯包括用于耳道、鼻腔、咽喉部检查的五官科检查镜和临床检查时提供照明，有时也提供部分放大功能的表面检查镜。

二、光学诊察设备的主要适用标准

目前医用内窥镜和显微镜作为成熟的产品有着相对完整的标准体系，而表面检查镜等结构相对简单的设备主要由各通用标准规范其安全性。光学诊察设备的主要适用标准见表14-4。

表14-4　光学诊察设备的主要适用标准

序号	标准号	标准名称
1	GB 9706.1—2007	医用电气设备　第1部分：安全通用要求
2	YY 0505—2012	医用电气设备　第1-2部分：安全通用要求 并列标准：电磁兼容要求和试验
3	GB 4793.1—2007	测量、控制和实验室用电气设备的安全要求　第1部分：通用要求
4	YY/T 0283—2007	纤维大肠内窥镜
5	YY 1298—2016	医用内窥镜　胶囊式内窥镜
6	YY 1082—2007	硬性关节内窥镜
7	YY 1081—2011	医用内窥镜　内窥镜功能供给装置　冷光源
8	YY 1075—2007	硬性宫腔内窥镜
9	YY 1028—2008	纤维上消化道内窥镜
10	YY 0843—2011	医用内窥镜　内窥镜功能供给装置　气腹机
11	YY/T 0863—2011	医用内窥镜　内窥镜功能供给装置　滚压式冲洗吸引器
12	YY 0069—2009	硬性气管内窥镜专用要求
13	YY 0068.1—2008	医用内窥镜　硬性内窥镜　第1部分：光学性能及测试方法
14	YY 0068.2—2008	医用内窥镜　硬性内窥镜　第2部分：机械性能及测试方法
15	YY 0068.3—2008	医用内窥镜　硬性内窥镜　第3部分：标签和随附资料
16	YY 0068.4—2009	医用内窥镜　硬性内窥镜　第4部分：基本要求
17	GB 9706.19—2000	医用电气设备　第2部分：内窥镜设备安全专用要求
18	GB 11244—2005	医用内窥镜及附件通用要求
19	YY 0067—2007	微循环显微镜
20	GB/T 2985—2008	生物显微镜
21	YY 1296—2016	光学和光子学　手术显微镜眼科用手术显微镜的光危害

三、内窥镜类设备标准的主要内容

1. 光学性能

（1）视场角　鼻窦镜、膀胱镜、子宫镜、直肠镜、羊水镜的视场角不能过小，否则影响观察范围。

（2）视向角　一般分为前视、斜视、侧视。

（3）分辨率　是内窥镜重要的光学指标，普通内窥镜一般应大于9.92lp/mm（外经一般10mm）。

（4）照度　主要是照度的均匀性，如照度不能充满视场，则周边模糊，进而影响视野。

2. 机械性能

（1）密封性　内窥镜的密封性关系到成像质量，如密封不好就容易渗水，破坏光学系统，影响观察。通水阀镜鞘与膀胱镜的锥体配合处应密合。

（2）表面粗糙度。

（3）连接部位牢固性。

3. 目镜罩外径尺寸　目镜罩外径尺寸关系到与CCD摄像系统的配合，国际通用尺寸直径32mm。

4. 绝缘性能　主要是电子内窥镜及相关电气隔离部位的绝缘结构，如与CCD摄像头相配接的目镜罩、冷光源接口、导光索等相关附件的绝缘性能。

5. 绝热性能　在医用内窥镜中，由于内窥镜是侵入性检查工具，为了避免内窥镜工作的时候对人体的伤害，现在一般都采用冷光源，在光输出口设置红外滤光片，最大限度地限制红外光的输出造成的温升伤害。

？ 思考题

1. 列举上述医用诊察和监护设备标准中哪些与IEC医用电气系列标准有对应关系？

2. 简述医用监护设备标准的使用范围及主要内容。

3. 简述YY 0782—2010《医用电气设备　第2-51部分：记录和分析型单道和多道心电图机安全和基本性能专用要求》中的主要性能。

4. 简述纤维内窥镜适用的主要标准。

第十五章　医用成像设备标准

✎ 学习导航

1. 掌握医用诊断X射线设备的分类及主要标准核心内容。
2. 熟悉医用诊断X射线设备的标准组成。

现代医学最重要的两个环节是诊断与治疗。诊断是治疗的前提，治疗以诊断的结果为根本依据，诊断结果的准确程度左右治疗的成功与否。医学成像设备作为当今最普遍的诊断设备被临床广泛应用。医学成像设备是指利用各种不同媒介作为信息载体，将人体内部的结构重现为影像的各种仪器，其影像信息与人体实际结构有着空间和时间分布上的对应关系。按其产品成像原理分，可分为射线成像设备、磁共振成像设备、核医学成像设备、超声成像设备、光学成像设备、热成像设备等。且各种医学成像设备的成像原理不同，其临床适用特点也不完全相同，彼此只能互补而不能取代。

第一节　医用诊断X射线设备标准

> ⑦ 问题
>
> 　　医用诊断X射线设备基本安全标准主要有哪些？高压发生器的安全标准主要有哪些内容？

一、医用诊断X射线设备的组成与分类

在医院各类高精度医疗设备中，医用诊断X射线设备是应用最早、临床普及面最广的医学影像检查手段。这种设备信息量大、空间分辨能力高，在动态和细微病变的检查方面有着明显的优势。X射线设备在某些疾病的临床诊断方面具有其他影像设备不可替代的作用，目前医院影像诊断设备中60%是X射线设备。随着技术发展和其他影像技术的出现，临床对X射线设备提出更高的要求，如安全的辐射剂量与防护、多元化的高清图像质量、数字化图像处理系统等。医用X射线诊断技术的发展始终围绕着降低辐照剂量和提高图像质量这个根本目标进行，X射线设备与其他影像技术相融合，向数字化、高频化、智能化方向发展是临床发展的必然要求。

医用诊断X射线设备主要由X射线发生装置、X射线影像接收处理装置和X射线附属及辅助装置组成。其中X射线发生装置包括X射线高压发生器、X射线管组件、限束装置。X射线影像接收处理装置包括X射线影像增强器、X射线影像增强器电视系统、X射线探

测器、X射线探测器及其影像系统、X射线摄影用影像板成像装置（CR）、X射线感光胶片、医用增感屏、透视荧光屏、影像板。X射线附属及辅助装置包括透视摄影床、导管床、X射线摄影病人支撑装置、悬吊支撑装置、造影剂注射装置、防散射滤线、X射线摄影暗盒、X射线胶片显影剂、定影剂、胶片观察装置、X射线胶片自动洗片机、病人体位固定装置、穿刺定位引导装置。

医用诊断X射线设备按照临床应用的不同，主要分为血管造影X射线机、泌尿X射线机、乳腺X射线机、口腔全景X射线机、口腔颌面锥形束计算机体层摄影设备、牙科X射线机、胃肠X射线机、C形臂X射线机、摄影X射线机、X射线骨密度仪、X射线计算机体层摄影设备（CT）等。

另外，按结构不同，医用诊断X射线设备可分为便携式、移动式、车载式和固定式X射线设备。

二、医用诊断X射线设备标准介绍

（一）概述

目前，我国医用诊断X射线设备标准111份，其中国家标准31份，行业标准80份，强制性标准14份，推荐性标准97份。等同转化IEC标准36份，自主制定标准75份。常见的医用诊断X射线设备主要适用的专用标准见表15-1。

表15-1　医用诊断X射线设备标准表

序号	标准号	标准名称
1	GB 9706.3—2000	医用电气设备　第2部分：诊断X射线发生装置的高压发生器安全专用要求
2	GB 9706.11—1997	医用电气设备　第2-28部分：医用诊断X射线管组件的基本安全和基本性能专用要求
3	GB 9706.12—1997	医用电气设备　第一部分：安全通用要求三、并列标准诊断X射线设备辐射防护通用要求
4	GB 9706.14—1997	医用电气设备　第2部分：X射线设备附属设备安全专用要求
5	GB 9706.18—2006	医用电气设备　第2部分：X射线计算机体层摄影设备安全专用要求
6	GB 9706.23—2005	医用电气设备　第2-43部分：介入操作X射线设备安全专用要求
7	GB 9706.24—2005	医用电气设备　第2-45部分：乳腺X射线摄影设备及乳腺摄影立体定位装置安全专用要求
8	GB 10149—1988	医用X射线设备　术语和符号
9	YY/T 1099—2007	医用X射线设备　包装、运输和贮存
10	GB/T 13797—2009	医用X射线管通用技术条件
11	YY/T 1307—2016	医用乳腺数字化X射线摄影用探测器

序号	标准号	标准名称
12	YY/T 0128—2004	医用诊断X射线辐射防护器具　装置及用具
13	YY 0292.2—1997	医用诊断X射线辐射防护器具　第2部分：防护玻璃板
14	YY 0318—2000	医用诊断X射线辐射防护器具　第3部分：防护服和性腺防护器具
15	YY/T 0010—2008	口腔X射线机专用技术条件
16	YY/T 0093—2013	医用诊断X射线影像增强器
17	YY/T 0106—2008	医用诊断X射线机通用技术条件
18	YY/T 0129—2007	医用诊断X射线可变限束器通用技术条件
19	YY/T 0202—2009	医用诊断X射线体层摄影装置技术条件
20	YY/T 0310—2015	X射线计算机体层摄影设备通用技术条件
21	YY/T 0347—2009	微型医用诊断X射线机专用技术条件
22	YY/T 1417—2016	64层螺旋X射线计算机体层摄影设备技术条件
23	YY/T 0608—2013	医用X射线影像增强器电视系统通用技术条件
24	YY/T 0609—2007	医用诊断X射线管组件通用技术条件
25	YY/T 0610—2007	医学影像照片观察装置通用技术条件
26	YY/T 0706—2017	乳腺X射线机专用技术条件
27	YY/T 0707—2008	移动式摄影X射线机专用技术条件
28	YY/T 0724—2009	双能X射线骨密度仪专用技术条件
29	YY/T 0740—2009	医用血管造影X射线机专用技术条件
30	YY/T 0741—2018	数字化医用X射线摄影系统专用技术条件
31	YY/T 0742—2009	胃肠X射线机专用技术条件
32	YY/T 0744—2018	移动式C形臂X射线机专用技术条件
33	YY/T 0745—2009	遥控透视X射线机专用技术条件
34	YY/T 0746—2009	车载X射线机专用技术条件
35	YY/T 0794—2010	X射线摄影用影像板成像装置专用技术条件
36	YY/T 0795—2010	口腔X射线数字化体层摄影设备专用技术条件
37	YY/T 0891—2013	血管造影高压注射装置专用技术条件
38	YY/T 0933—2014	医用普通摄影数字化X射线影像探测器
39	YY/T 0934—2014	医用动态数字化X射线影像探测器

续表

序号	标准号	标准名称
40	YY/T 0935—2014	CT造影注射装置专用技术条件
41	YY/T 0936—2014	泌尿X射线机专用技术条件
42	YY/T 1466—2016	口腔X射线数字化体层摄影设备骨密度测定评价方法
43	YY/T 0480—2004	诊断X射线成像设备通用及乳腺摄影防散射滤线栅的特性
44	YY 0292.1—1997	医用诊断X射线辐射防护器具　第1部分：材料衰减性能的测定
45	YY/T 0062—2004	X射线管组件固有滤过的测定
46	YY/T 0063—2007	医用电气设备医用诊断X射线管组件焦点特性
47	YY/T 0064—2016	医用诊断旋转阳极X射线管电、热及负载特性
48	YY/T 0457.1—2003	医用电气设备光电X射线影像增强器特性　第1部分：入射野尺寸的测定
49	YY/T 0457.2—2003	医用电气设备光电X射线影像增强器特性　第2部分：转换系数的测定
50	YY/T 0457.3—2003	医用电气设备光电X射线影像增强器特性　第3部分：亮度分布和非均匀性测定
51	YY/T 0457.4—2003	医用电气设备光电X射线影像增强器特性　第4部分：图像失真的测定
52	YY/T 0457.5—2003	医用电气设备光电X射线影像增强器特性　第5部分：探测量子效率的测定
53	YY/T 0457.6—2003	医用电气设备光电X射线影像增强器特性　第6部分：对比度及炫光系数的测定
54	YY/T 0457.7—2003	医用电气设备光电X射线影像增强器特性　第7部分：调制传递函数的测定
55	YY/T 0479—2004	医用诊断旋转阳极X射线管最大对称辐射野的测定
56	YY/T 0590.1—2018	医用电气设备数字X射线成像装置特性　第1-1部分：量子探测效率的测定普通摄影用探测器
57	YY/T 0590.2—2010	医用电气设备数字X射线成像装置特性　第1-2部分：量子探测效率的测定乳腺X射线摄影用探测器
58	YY/T 0590.3—2011	医用电气设备数字X射线成像装置特性　第1-3部分：量子探测效率的测定动态成像用探测器
59	YY/T 0892—2013	医用诊断X射线管组件泄漏辐射测试方法
60	YY/T 0910.1—2013	医用电气设备医用影像显示系统　第1部分：评价方法
61	GB/T 17006.1—2000	医用成像部门的评价及例行试验　第1部分：总则
62	GB/T 17006.2—2000	医用成像部门的评价及例行试验　第2-1部分：洗片机稳定性试验

续表

序号	标准号	标准名称
63	GB/T 17006.11—2015	医用成像部门的评价及例行试验　第2-6部分：X射线计算机体层摄影设备稳定性试验
64	GB/T 19042.2—2005	医用成像部门的评价及例行试验　第3-2部分：乳腺摄影X射线设备成像性能验收试验
65	GB/T 19042.4—2005	医用成像部门的评价及例行试验　第3-4部分：牙科X射线设备成像性能验收试验
66	GB/T 19042.5—2006	医用成像部门的评价及例行试验　第3-5部分：X射线计算机体层摄影设备成像性能验收试验
67	YY/T 1542—2017	数字化医用X射线设备自动曝光控制评价方法
68	YY/T 0796.1—2010	医用电气设备数字X射线成像系统的曝光指数　第1部分：普通X射线摄影的定义和要求
69	YY/T 0291—2016	医用X射线设备环境要求及试验方法

（二）重要标准简介

对于医用诊断X射线设备特点而言，X射线的质量和辐射安全性是尤其重要的，下面详细介绍几个重要的安全标准。

1.GB 9706.3—2000《医用电气设备　第2部分：诊断X射线发生装置的高压发生器安全专用要求》 本标准适用于医用诊断X射线发生装置的高压发生器及其附件，包括同X射线管组件成一体的高压发生器、放疗模拟机的高压发生器。有关X射线发生装置的某些要求，如果适用，仅在涉及相关的高压发生器的功能时才给出。本标准不包括电容放电式高压发生器、乳腺高压发生器、图像重建体层摄影高压发生器。

由于医用诊断X射线设备产生X射线的重复性、线性、稳定性和准确性关系到产生电离辐射的质和量，因此本标准给出了它们的要求以满足安全所需要求。自动曝光控制未被启动时的间歇方式下，对加载因素的任何组合，空气比释动能测量值的变异系数应不大于0.05。对于以间歇方式采用直接X射线摄影技术控制辐射的自动曝光控制运行的高压发生器，在得到的X射线照片上，光密度的偏差应不超过标准中给出的值。标准中对X射线管电压、X射线管电流、加载时间和电流时间积作出具体精度要求。X射线发生装置的组件和部件具有任意规定组合运行的高压发生器，其加载因素的任意组合，X射线管电压值的偏差应不大于10%。对X射线发生装置的组件和部件具有任意规定组合运行的高压发生器，其加载因素的任意组合，X射线管电流值的偏差应不大于20%。对X射线发生装置的组件和部件具有任意规定组合运行的高压发生器，其加载因素的任意组合，X射线加载时间值的偏差应不大于 $\pm(10\%+1ms)$。对X射线发生装置的组件和部件具有任意规定组合运行的高压发生器，其加载因素的任意组合，X射线管电流时间积值的偏差应不大于 $\pm(10\%+0.2mA \cdot s)$。

标准中还规定了加载因素组的足够范围以及增量要求用于避免病人接收不必要的过

高的吸收剂量。另外规定了最大限制：为X射线透视而设计的高压发生器，应配置只限于表示连续方式下可得到的加载因素组合的装置，通过该专用装置，对从X射线设备中可以得到的适用的最大空气比释动能加以限制，以符合国家法规的要求。当配置一个高水平控制时，应有连续的可见信号，指示该控制已被执行。对于电离辐射输出指示，在对X射线管加载之前、加载的过程中以及加载之后，应能向操作者提供有关固定的、永久性地或半永久性地预选的、或其他预定的加载因素或运行方式的适当信息，以便使操作者都能够预选适当的辐射条件，并获得能够对病人接收的吸收剂量作出评价所必需的数据。当指示的加载因素的分立值与产生的辐射量成正比例关系时，特别是X射线管电流，加载时间和电流时间积的值，应在R′10数系中或R′20数系中选取，同时还对于使用单位给出统一规定。

对于GB 9706.3—2000《医用电气设备　第2部分：诊断X射线发生装置的高压发生器安全专用要求》的适用范围中不包括"图像重建体层摄影高压发生器"，因此在GB 9706.18—2006《医用电气设备　第2部分：X射线计算机体层摄影设备安全专用要求》中增加了对高压发生器的安全要求。

2.GB 9706.18—2006《医用电气设备　第2部分：X射线计算机体层摄影设备安全专用要求》　对于电击危险的防护，考虑了电压和能量的限制、外壳和防护罩、连续漏电流和病人辅助电流、电介质强度四个因素。对不需要的或过量的辐射危险的防护标准中要求设备应在病人支架或扫描架上配备容易识别和可以触及的装置，以便能紧急终止加载。控制台上应指示设备的预备状态和加载状态并用绿色和黄色指示灯来指示。对于辐射输出的限制要求提供适当的方式来控制电能的释放，任何初始X射线管加载的控制都应有防止无意激发的安全装置。CT应提供可安装远离CT的外部连锁装置的连接，以便外部连锁装置可以终止X射线发生装置释放X射线辐射和防止X射线发生装置开始释放X射线辐射。

由于CT的剂量是较大的，标准要求设备应给出剂量的说明，标准统一了CT剂量指数（CTDI）的定义、计算方法和所使用的剂量体模。对每一个可选择的标称体层切片厚度，应在随机文件中给出头部和体部剂量体模中心位置处测得的Z向且垂直于体层平面的剂量分布图。对每一个标称体层切片厚度，应在随机文件中给出剂量体模中心位置处的与剂量分布要求相对应的剂量分布的灵敏度分布图。体积CTDI应在能反映所选择的头部或体部的检查方式以及CT运行条件的控制台上显示出来。CT扫描装置在设计结构上应保证焦皮距不小于15cm。

防过量X射线辐射的安全措施标准要求应配置在计时器一旦发生故障或影响数据采集时能自动切断辐射源的装置。标准要求通过对X射线源组件的滤过以及CT扫描装置第一半价层的测量来确定适当的X射线束的辐射质量，以实现在对病人没有施加不必要高的吸收剂量的情况下，还要产生一个所期望的诊断图像。对于X射线束范围的限定和指示要求有：体层切片的指示（误差不得超过2mm）、光野的中心和体层切片的中心一致性（误差在2mm以内）、病人支架扫描增量（不超过1mm）。对于杂散辐射的防护，应在单位电流时间积下能导致最大局部剂量的加载因素情况下给出杂散辐射的测量。随机文件要给出在CT扫描装置旋转中心高度处的水平面上测得的杂散辐射测量结果，并且详细说明体模的资料。

工作数据的准确性要求包括辐射输出的准确性，即X射线管电压、X射线管电流的准确度和辐射输出的线性度信息、体层切片的位置指示（应精确到2mm以内）。

最后，标准增补了永久性安装的CT扫描装置在不同基准电压下的爬电距离和电气间隙要求。

第二节 医用超声诊断设备标准

? 问题

如何区分标称频率、算术平均声工作频率、中心频率等？如何确定声输出参数是否应公布？

一、超声影像设备的分类及其适用标准

（一）超声影像设备的分类

超声影像设备在《医疗器械分类目录》中对应的名称为"超声脉冲回波成像设备""超声回波多普勒诊断设备"，主要包括B型超声诊断设备、彩色多普勒超声诊断设备、眼科超声脉冲回波设备等。

随着超声影像设备的飞速发展，单一的B型超声诊断设备（俗称"黑白超"）已经渐渐退出人们的视线，现在市面上的大多都是彩色多普勒超声诊断设备（俗称"彩超"），其功能已涵盖了黑白超。彩超的B模式就是黑白超的灰阶成像。除此之外，彩超还有可能包括三维、4D、弹性成像、剪切波等功能。

医用超声诊断设备还包括眼科A型超声诊断仪、超声骨密度仪、超声经颅多普勒血流分析仪等，但其功能为形成分析图，而不是影像，所以不划分到超声影像设备中。

（二）超声影像设备适用标准

医用超声影像设备的标准由"全国医用电器标准化技术委员会医用超声设备分技术委员会"（SAC/TC10/SC2）制修订，现已发布39项。医用超声影像设备的国家标准为5项，主要是基础类、安全类和最主要的产品标准；行业标准34项。强制性标准6项，占15.4%，主要是安全标准和产品标准；推荐性标准33项，占84.6%，主要是一些方法标准。

医用超声设备领域标准大致分为医用超声设备基础标准、影像超声诊断设备基础标准、影像超声诊断设备方法标准、影像超声诊断设备产品标准。其中，医用超声设备基础标准9项，影像超声诊断设备基础标准7项，影像超声诊断设备方法标准18项，设备产品标准5项，详见表15-2。

表15-2　医用超声设备标准体系

医用超声设备标准体系表

医用超声设备基础标准

GB/T 15261—2008 超声仿组织材料声学特性的测量方法

YY/T 0865.1—2011 超声水听器　第1部分：40MHz以下医用超声场的测量和特征描绘

YY/T 0865.2—2018 超声水听器　第2部分：40MHz以下超声场用水听器的校准

YY/T 0865.3—2013 超声水听器　第3部分：40MHz以下医用超声场水听器的性能

YY/T 0110—2009 医用超声压电陶瓷材料

YY/T 0163—2005 医用超声测量水听器特性和校准

YY 0299—2016 医用超声耦合剂

YY/T 1085—2007 毫瓦级超声源

YY/T 1088—2007 在0.5MHz至15MHz频率范围内采用水听器测量与表征医用超声影像设备声场特性的导则

影像超声诊断设备基础标准和安全标准

GB 9706.9—2008 医用电气设备　第2-37部分：超声诊断和监护设备安全专用要求

GB/T 15214—2008 超声诊断设备可靠性试验要求和方法

GB/T 16846—2008 医用超声诊断设备声输出公布要求

YY/T 0458—2003 超声多普勒仿血流体模的技术要求

YY/T 0937—2014 超声仿组织体模的技术要求

YY/T 0938—2014 B型超声诊断设备核查指南

YY/T 0850—2011 超声诊断和监护设备声输出参数测量不确定度评定指南

影像超声诊断设备方法标准

YY/T 0108—2008 超声诊断设备M模式试验方法

YY/T 0111—2005 超声多普勒换能器技术要求和试验方法

YY/T 0162.1—2009 医用超声设备档次系列　第一部分：B型超声诊断设备

YY/T 0642—2014 超声声场特性确定医用诊断超声场热和机械指数的试验方法

YY/T 0643—2008 超声脉冲回波诊断设备性能测试方法

YY/T 0703—2008 超声实时脉冲回波系统性能试验方法

YY/T 0704—2008 超声脉冲多普勒诊断系统性能试验方法

YY/T 0705—2008 超声连续波多普勒系统试验方法

YY/T 0748.1—2009 超声脉冲回波扫描仪　第1部分：校准空间测量系统和系统点扩展函数响应测量的技术方法

YY/T 0906—2013 B型超声诊断设备性能试验方法配接腔内探头

YY/T 1084—2015 医用超声诊断设备声输出功率的测量方法

YY/T 1089—2007 单元式脉冲回波超声换能器的基本电声特性和测量方法

YY/T 1142—2013 医用超声设备与探头频率特性的测试方法

YY/T 1278—2015 医用超声设备换能器声束面积测量方法

YY/T 1279—2015 三维超声成像性能试验方法

YY/T 1419—2016 超声准静态应变弹性性能试验方法

YY/T 1420—2016 医用超声设备环境要求及试验方法

YY/T 1480—2016 基于声辐射力的超声弹性成像设备性能试验方法

续表

影像超声诊断设备产品标准
GB 10152—2009 B 型超声诊断设备
YY 0767—2009 超声彩色血流成像系统
YY 0773—2010 眼科 B 型超声诊断仪通用技术条件
YY 0849—2011 眼科高频超声诊断仪
YY/T 1476—2016 超声膀胱扫描仪通用技术条件

二、超声影像设备主要标准简介

（一）注册检验引用的标准概述

超声影像设备注册检验时引用的标准约14项，其中安全标准1项、产品标准6项、方法标准7项。超声影像设备注册应用标准详见表15-3。

表15-3　超声影像设备注册需采用用标准

序号	标准号	名称	标准分类	备注
1	GB 9706.9—2008	医用电气设备　第2-37部分：超声诊断和监护设备安全专用要求	安全标准	注册时应检验
2	GB 10152—2009	B 型超声诊断设备	产品标准	注册时应检验
3	YY 0767—2009	超声彩色血流成像系统	产品标准	注册时应检验
4	YY 0773—2010	眼科 B 型超声诊断仪通用技术条件	产品标准	注册时应检验
5	YY 0849—2011	眼科高频超声诊断仪	产品标准	注册时应检验
6	YY/T 1476—2016	超声膀胱扫描仪通用技术条件	产品标准	注册时应检验
7	YY 0299—2016	医用超声耦合剂	产品标准	注册时应检验
8	YY/T 0906—2013	B 型超声诊断设备性能试验方法配接腔内探头	方法标准	针对部件，注册时应检验
9	YY/T 0162.1—2009	医用超声设备档次系列　第一部分：B 型超声诊断设备	方法标准	针对性能，注册时应检验
10	YY/T 0108—2008	超声诊断设备 M 模式试验方法	方法标准	针对性能，注册时应检验
11	YY/T 1279—2015	三维超声成像性能试验方法	方法标准	针对性能，注册时应检验
12	YY/T 1419—2016	超声准静态应变弹性性能试验方法	方法标准	针对性能，注册时应检验
13	YY/T 1480—2016	基于声辐射力的超声弹性成像设备性能试验方法	方法标准	针对性能，注册时应检验
14	YY/T 1420—2016	医用超声设备环境要求及试验方法	方法标准	针对性能，注册时应检验

（二）重要标准简介

以下主要介绍涉及注册检验所引用安全标准和产品标准的目的、意义及范围、主要技术内容。

超声影像设备注册时需采用的标准主要涉及1个安全标准、6个产品标准和7个方法标准，通过对市场占有率、注册证数量较多产品采标情况进行选取，由于方法标准已被产品标准引用，因此重点对以下5个标准的目的、意义及范围、主要技术内容等进行介绍。

1.GB 9706.9—2008《医用电气设备　第2-37部分：超声诊断和监护设备安全专用要求》 该标准等同采用IEC 60601-2-37：2001，是医用超声诊断领域最重要的安全专用标准。

该标准规定了超声诊断设备的基础安全和基本性能的专用要求，在医疗器械系统中，使用超声对人体结构成像或诊断的设备也应符合本标准的要求。本专用安全标准与通用安全标准配套使用，是对通用标准的完善和补充，本标准规定了医用超声诊断仪器和监护仪器的安全和与安全直接相关各方面的专用要求。

主要技术内容包括：声学安全参数"机械指数"，"热指数"的实时显示要求；超声换能器的温升要求和试验方法；电磁兼容的试验要求。

2.GB 10152—2009《B型超声诊断设备》 按照目前"B超"向大型化和便携式、专业性和综合机等不同的发展方向，用强制性标准来规范不同机型的技术指标是很困难的。在本标准修订过程中，广泛征求各方意见，按照探头预期用途和按照探头标称频率，分别给出了对设备技术性能的最低要求，鼓励制造商在随机文件中公布优于上述指标的要求。

该标准是规定B型超声诊断设备主要技术指标的产品标准，是确保B型超声诊断设备安全、有效的基础。作为产品标准，明确规定了下列B型超声诊断设备的重要技术指标：声工作频率、探测深度、侧向分辨力、轴向分辨力、盲区、切片厚度、横向几何位置精度、纵向几何位置精度、周长和面积测量偏差、M模式性能指标、三维重建容积计算偏差、电源电压适应范围、连续工作时间、外观和结构要求、使用功能要求、环境试验要求等。

3.YY 0767—2009《超声彩色血流成像系统》 彩色超声诊断设备是一种能同时显示B型图像及多普勒血流信息的复合超声扫描系统，既具有二维超声图像的优点，同时又提供了血流动力学的丰富信息，为医学临床的疾病诊断特别是心血管疾病的诊断提供了强有力的手段。该标准是用于工作频率在2MHz到15MHz范围内，基于多普勒效应的超声彩色血流成像系统。主要技术内容是彩色血流成像模式性能要求、频谱多普勒模式性能要求。

4.YY 0773—2010《眼科B型超声诊断仪通用技术条件》、YY 0849—2011《眼科高频超声诊断仪》 眼科B超的预期用途是检查眼内组织结构并以眼球为声窗检查视神经等眼眶组织，所需要的分辨力较GB 10152规范的B超要高一个数量级。该标准规范了适用的体模、试件和方法，反映眼科B超的有效性。

5.YY/T 1476—2016《超声膀胱扫描仪通用技术条件》 超声膀胱扫描仪通常用于临床对充盈尿液的膀胱容积进行测量，为临床导尿术的实施提供依据，也可用于排尿后尿液残留量的测量。

该标准规定了超声膀胱扫描仪的术语和定义、技术要求、试验方法。主要技术要求为容积测量及其准确度。考虑到人体膀胱的实际，容积范围定为：应不小于30~999ml。容积测量准确度：允差±20%（在被测容积≥100ml的条件下）。小于100ml时，由于膀胱形态的不规则性，很难准确测量精确值，且该设备的目的是在膀胱中集留了几百毫升尿量以后确定是否导尿，故小容积的数值无实际意义。

（三）应用实例

1.声工作频率偏差

（1）相关概念

1）标称频率（nominal frequency） 设计者或制造商公布的系统超声工作频率。（GB 10152/YY/T 1142）

2）声工作频率（acoustic-working frequency） 水听器置于声场中适当位置上，对其输出的信号采用过零频率法或频谱分析法进行分析所得出的实际超声工作频率。（YY/T 1142）

3）算术平均声工作频率（arithmetic-mean acoustic-working frequency） 声压频谱图（图15-1）上f_1与f_2的算术平均值，f_1和f_2为声压频谱中幅度从最高点（f_m）下降3dB所对应的频率。（YY/T 1142）

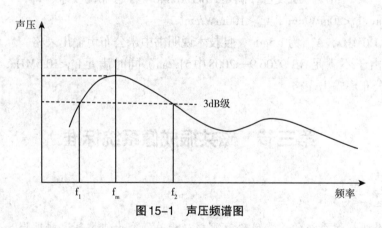

图15-1 声压频谱图

4）中心频率（center frequency） 定义为$f_c=(f_1+f_2)/2$。f_1和f_2为声压频谱中最大值71%（-3dB）所对应的频率。（NEMA UD 2-2004）

综上所述：声工作频率的偏差即为算术平均声工作频率与标称频率之间的偏差。

（2）案例分析

［实例1］某变频探头在主机上可进行5.0MHz、6.5MHz、7.5MHz频点设置。企业公布探头标称频率为5.0MHz/6.5MHz/7.5MHz。

要求：企业应标识或在随机文件中公布探头标称频率为5.0MHz/6.5MHz/7.5MHz。

试验方法：将频点分别调至5.0MHz、6.5MHz、7.5MHz进行声工作频率的测量。

［实例2］某变频探头在主机上可进行5.0MHz、6.5MHz、7.5MHz频点设置。企业公布探头标称频率为6.5MHz，且要求在5.0MHz和7.5MHz下进行性能指标试验（除声工作频

率偏差）。

要求：企业应标识或在随机文件中公布探头标称频率为6.5MHz，且应在随机文件中公布5.0MHz和7.5MHz下探头的性能指标。

试验方法：将频点调至6.5MHz进行声工作频率的测量。

要求：企业应在随机文件中说明其公布的标称频率的主机设置要求。

试验方法：按照企业在随机文件中的设置要求进行声工作频率的测量。

2. 技术说明书中声输出公布的判定

（1）相关依据　依据GB 9706.9—2008中6.8.3aa）、GB 9706.9—2008中51.2aa）和GB 9706.9—2008中51.2dd）所述，关于技术说明书中声输出公布的判定原则如下：①若不满足GB/T 16846中第6章免予公布的要求，均需要公布声输出表格；②若不满足GB 9706.9—2008中51.2aa）和dd）所列情况，均需要公布声输出表格。

（2）案例分析

［实例1］某一超声诊断设备，满足GB/T 16846免予公布的要求，即

$P_-<1MPa$，$I_{ob}<20mW/cm^2$，$I_{spta}<100mW/cm^2$，

但f_{awf}为0.9MHz，且技术说明书中未公布声输出表格。

判定：由于不满足GB 9706.9—2008中51.2dd）$f_{awf}>1.0MHz$的要求，应公布声输出表格。

［实例2］某一超声诊断设备，满足GB/T 16846免予公布的要求，即

$P_-<1MPa$，$I_{ob}<20mW/cm^2$，$I_{spta}<100mW/cm^2$，

但f_{awf}为1.0MHz，A_{aprt}为1.5cm^2，且技术说明书中未公布声输出表格。

判定：由于不满足GB 9706.9—2008中51.2aa）同时满足$f_{awf}<10.5MHz$，$A_{aprt}<1.25cm^2$的要求，应公布声输出表格。

第三节　磁共振成像系统标准

⑦ 问题

磁共振成像系统的主要风险有哪些？相关标准如何控制这些风险？

磁共振成像系统的图像质量常用评价指标有哪些？

一、磁共振成像系统的用途、分类及其适用标准

（一）用途和分类

磁共振成像系统通过对处于一定强度均匀静磁场中的人体施加某种特定频率的射频脉冲，使人体中的氢质子受到激励而发生磁共振现象，并通过对弛豫过程中信号的接收、编码以及图像重建等后处理，生成磁共振扫描图像。目前，磁共振成像系统已广泛应用于人体各部分的医学影像诊断。因其特殊的成像原理，磁共振成像系统对颅脑，脊髓，

心脏血管、关节、骨骼以及软组织等部分的成像能力最为突出。

磁共振成像系统最基本的分类方式基于其磁体产生静磁场的方式，目前最常见的磁体可以分为永磁型、超导型及常导型磁体。同时因为不同的磁体类型所产生的磁场强度也有区别，磁共振成像系统也可以按照场强进行一定的区别，比如利用永磁体作为静磁场来源的系统常见场强为0.3T、0.5T，而常见的临床超导型磁共振成像系统场强为1.5T、3.0T。

（二）适用标准

由于磁共振成像系统特殊的工作机制和成像原理，除了医用电气设备安全通用要求及其并列标准外，需要相关的专用标准来保证其安全性及有效性。目前，在我国现行有效的医疗器械标准中，YY 0319—2008《医用电气设备 第2-33部分：医疗诊断用磁共振设备安全专用要求》是磁共振成像系统的安全专用要求，用来对由磁共振成像系统特殊的工作机制所引入的安全风险进行规定；而YY/T 0482—2010《医疗成像磁共振设备 主要图像质量参数的测定》则侧重于为磁共振成像系统的图像性能测试提供统一的测试方法以保证图像质量。

除了专用以磁共振系统的专用安全要求标准及图像质量标准以外，根据不同磁共振系统的辅助设备和功能，还有GB 9706.15—2008《医用电气设备 第1-1部分：安全通用要求并列标准：医用电气系统安全要求》、YY 1057—2016《医用脚踏开关通用技术要求》以及GB 7247.1—2012《激光产品的安全 第1部分：设备分类，要求和用户指南》等标准适用。

二、磁共振成像系统专用安全标准的重点内容

磁共振成系统因其特殊的工作机制而引入了各种安全方面的风险点，YY 0319—2008《医用电气设备 第2-33部分：医疗诊断用磁共振设备安全专用要求》标准中的各项重点内容即是针对各风险点所设置的安全要求及测试方法，从而在各个方面全方位地保证磁共振成像系统的安全性。以下将着重介绍磁共振成像系统专用安全标准中的各项重点内容，并按磁共振成像系统不同组成部分和工作机制所引入的不同风险点分别展开。

（一）磁体及静磁场的风险及对应标准条款

磁共振成像系统的磁体是提供静磁场的部件，常见的磁体根据原理不同分为永磁型和超导型。无论何种磁体都会因其提供的强磁场而引入一些风险，比如对于铁磁性物质的吸引能力所带来的潜在危害。由于在正常工作中静磁场持续存在，所以YY 0319—2008标准对这部分的风险控制主要利用针对使用过程中的各种标识、说明和警示信息的规范来实现。

另外，超导型磁共振成像系统作为目前最为常用的系统，其超导磁体在故障和紧急状况下可能会进入失超状态。

失超的定义主要是指超导磁体在励磁或故障情况或在紧急情况下按下失超按钮后，超导体失去超导特性而进入正常态，此时超导线圈温度急剧升高，液氦大量挥发，磁场

强度迅速下降。其主要风险由大量挥发的低温氦气造成，对于在失超情况下处于磁体周围的人员，低温氦气不但可能造成冻伤危害，还可能造成缺氧环境。标准中对于这部分风险的控制要求主要体现在：首先明确了说明书中必须要提供的制冷剂安全信息，例如：要求给出使用液态制冷剂存在的潜在危险以及正确使用这些液体的明确资料；同时要求使用说明书应包括如何确定失超以及失超情况下如何处理的指导。

（二）梯度系统及梯度场的风险及对应标准条款

磁共振成像作为一种断层成像技术，需要一个快速变化的梯度磁场来进行选层等各项功能的实现，这种快速变化的梯度磁场本身可能会对人体心脏及周围神经系统造成一定的刺激，同时其物理原理导致工作时会发出较强的噪声，也成为一种潜在的危害患者的风险来源。在磁共振成像系统的专用安全要求中，明确了对于磁场变化能力的限制和测试方法，其要求磁共振设备应防止在任何运行模式下对病人造成心脏刺激。同时磁共振设备应使在任何运行模式下对病人造成不可忍受的周围神经刺激（PNS）的事件减到最少。相应的测试可以经由志愿者试验或者基于标准给定的理论模型、通过对磁场切换率（dB/dt）的测试进行验证。

对于磁共振系统的扫描噪声，标准第26章规定了磁共振设备在任何可接近区域不应产生高于140dB的未加权峰值声压级的噪声以保护病人和操作者的听力安全，同时规定了对于能产生过量噪声［A加权有效值声压级超过99 dB（A）］的磁共振设备成像系统，其使用说明书应要求使用听力保护，听力保护应足以将A加权有效声压级降低到低于99dB（A）。并应说明操作者要有合理放置听力保护装置的特别注意和特殊培训，尤其是在对新生儿和早产婴儿不能使用标准护耳或完全不能使用任何保护措施时；同时关注孕妇和胎儿、新生儿、婴儿和幼儿、老年人的以及麻醉病人等群体的听力安全。

（三）射频系统及射频场的风险及对应标准条款

对射频能力的吸收是导致病人组织温升的主要原因，标准51.103条中的规定通过对特定吸收率（SAR）的控制来限制病人的温升，要求磁共振成像系统应限制孔腔内人体温升，并通过限制脉冲序列参数和射频功率将病人身体局部空间的温度限制在一定程度之下。

三、磁共振成像系统图像性能标准的主要内容

YY/T 0482—2010《医疗成像磁共振设备　主要图像质量参数的测定》的主要内容按照磁共振成像系统在图像质量评价方面各常用的指标进行编排，与YY 0319—2008不同的是其并未对磁共振成像系统的图像质量各项目作出指标要求，而是针对每一项目规定了细致且详尽的测试方法和参数，这主要是由于磁共振成像设备根据其不同的类型、场强以及其他属性有着不同的性能定位和应用方式，所以对磁共振系统的图像质量作出统一的指标要求并没有多少实际意义，而规定统一的测试方法则对于控制不同设备的性能有效性有着更现实的作用。

YY/T 0482—2010标准中对于信噪比、均匀性、层厚、空间分辨率、几何畸变以及鬼影这几项基本的磁共振图像质量指标的测试方法作出了规定。这些指标的综合测试结果，可以从一定程度上反映磁共振成像系统的成像能力和图像质量，这为市场和使用方区分

不同的磁共振成像系统的性能优劣提供了一个基于通用基准的判别条件。

四、磁共振成像系统通用技术要求及其他适用标准

由于磁共振成像系统的结构复杂，常常由多个医用电气设备及非医用电气设备共同组成，故GB 9706.15—2008《医用电气设备　第1-1部分：安全通用要求并列标准　医用电气系统安全要求》适用于绝大多数的磁共振成像系统。同时，对于含有激光定位装置的磁共振成像系统，需要进行GB 7247.1—2012《激光产品的安全　第1部分：设备分类，要求和用户指南》中的相关测试。而对于具有脚踏开关的磁共振成像系统，YY 1057—2016《医用脚踏开关通用技术要求》的要求适用。随着相关技术和应用的不断发展，由于与其他设备和功能的不断融合，也会有更多的标准因为辅助功能的增加而适用于磁共振成像系统，这就需要监管人员针对具体情况，结合产品的实际功能、技术要求和说明书进行具体分析判断。

第四节　放射性核素成像设备标准

? 问题

放射性核素成像设备的有哪些类型？放射性核素成像设备有哪些适用标准？放射性核素成像设备相关标准规定了哪些主要试验项目？

一、放射性核素成像设备用途和分类

放射性核素成像设备主要是指利用放射性核素衰变发射的放射线（通常为 γ 射线），对病人体内放射性核素分布进行显像的设备，通常也称核医学设备。放射性核素通常标记在特定的药物上，通过人体器官或病变组织对该药物的选择性吸收，在病人体内形成不同的放射性分布，放射性成像设备探测这些放射性分布，并以放射性浓度的形式显像。临床使用的放射性核素成像设备主要包括三类：伽玛照相机、单光子发射计算机断层成像设备（SPECT）、正电子发射断层成像设备（PET）。除了这三类单独使用的设备外，SPECT和PET还可与CT设备结合在一起，形成SPECT/CT和PET/CT成像设备，一方面利用CT设备为SPECT和PET设备提供衰减校正，另一方面通过SPECT或PET图像与CT图像的融合，提供更加精确的空间位置信息。目前，SPECT/CT和PET/CT成为临床应用的主流，还可将PET与MR结合形成PET/MR，提供PET/MR融合图像。

二、放射性核素成像设备的主要适用标准

放射性核素成像设备主要适用的专用标准如下。

GB/T 18988.1—2013（IDT IEC 61675-1：1998）《放射性核素成像设备　性能和试验规则　第1部分：正电子发射断层成像装置》

　　GB/T 18988.2—2013（MOD IEC 61675-2：1998）《放射性核素成像设备　性能和试验规则　第2部分：单光子发射计算机断层成像装置》

　　GB/T 18988.3—2013（MOD IEC 61675-3：1998）《放射性核素成像设备　性能和试验规则—第3部分：伽玛照相机全身成像系统》

　　GB/T 18989—2013（MOD IEC 60789：1998）《放射性核素成像设备　性能和试验规则　伽玛照相机》

　　GB/T 20013.2—2005（IDT IEC 61948-2：2001）《核医学仪器　例行试验　第2部分：闪烁照相机和单光子发射计算机断层成像装置》

　　GB/T 20013.3—2015（IDT IEC 61948-3：2005）《核医学仪器　例行试验　第3部分：正电子发射计算机断层成像装置》

　　YY/T 0829—2011《正电子发射及X射线计算机成像系统性能和试验方法》

　　YY/T 1408—2016《单光子发射及X射线计算机成像系统性能和试验方法》

三、放射性核素成像设备标准的主要内容

（一）伽玛照相机

1.GB/T 18989—2013《放射性核素成像设备　性能和试验规则　伽玛照相机》 GB/T 18989—2013规定了伽玛照相机性能指标的公布规则、试验方法和随机文件要求，试验项目包括：系统平面灵敏度、空间分辨率、非均匀性、固有能量分辨率、固有多窗空间配位、固有空间非线性、系统计数率特性、探头屏蔽泄漏（系统的）。附录E为NEMA标准NU1-2007第2和3章（伽玛照相机部分），供标准使用者参考。主要试验项目说明如下。

　　（1）系统平面灵敏度是指在规定条件下，探头的计数率与对应的平面源活度之比，系统平面灵敏度又分为有散射和无散射两种情况，它与所用的放射性核素的能量和准直器类型相关。

　　（2）空间分辨率是反映点源图像的计数分布集中程度的物理量，用半高宽（FWHM）或十分之一高宽（FWTM）来描述，空间分辨率试验又包括固有空间分辨率和系统空间分辨率，视野包括有用视野（UFOV）和中心视野（CFOV）。

　　（3）系统计数率特性反映的是伽玛照相机观测到的计数率与真实计数率之间的函数关系，用计数率特性曲线描述。

　　2.GB/T 18988.3—2013《放射性核素成像设备　性能和试验规则　第3部分：伽玛照相机全身成像系统》 GB/T 18988.3—2013规定了伽玛照相机全身成像性能指标的公布规则、试验方法和随机文件要求，试验项目包括：扫描稳定性、全身成像系统空间分辨率。附录C为NEMA标准NU1-2007第5章（全身成像系统部分），供标准使用者参考。试验项目说明如下。

　　（1）扫描稳定性是指扫描过程中扫描速度的一致性，反映的是沿着整个扫描长度，单位长度计数的偏差。

　　（2）全身成像系统空间分辨率反映的是探头位于床上和床下位置，以及放射性线源垂直和平行床面方向四种情况下，半高宽（FWHM）的真实情况。

　　3.GB/T 20013.2—2005《核医学仪器　例行试验　第2部分：闪烁照相机和单光子

发射计算机断层成像装置》GB/T 20013.2—2005中的4.1和4.3规定了闪烁伽玛照相机的例行试验，用于设备的日常质控。试验项目包括：平面成像（能量窗设置、本底、灵敏度检查、非均匀性、像素尺寸、分辨率和线性度）、全身成像（空间分辨率和扫描速度稳定性）。标准中还规定了例行试验的频次。

（二）单光子发射计算机断层成像设备（SPECT）

1.GB/T 18988.2—2013《放射性核素成像设备　性能和试验规则　第2部分：单光子发射计算机断层成像装置》GB/T 18988.2—2013规定了SPECT性能指标的公布规则、试验方法和随机文件要求，试验项目包括：旋转中心偏移、探头倾斜、准直器孔的不平行度、SPECT系统的灵敏度、散射分数、SPECT系统空间分辨率、对符合模式工作的SPECT的试验方法。附录E为NEMA标准NU1-2007第4章（SPECT部分），供标准使用者参考。主要试验项目说明如下。

（1）旋转中心偏移　是指断层体积中某一切片在某一投影角处，其旋转中心的投影位置与偏离投影坐标系统Xp轴的距离。

（2）探头倾斜　是指准直器轴与系统轴之间垂直正交的角度偏差。

（3）散射分数　是指散射光子数与散射和非散射光子总数之比。

2.GB/T 20013.2—2005《核医学仪器　例行试验　第2部分：闪烁照相机和单光子发射计算机断层成像装置》GB/T 20013.2—2005中的4.2规定了SPECT例行试验，用于设备的日常质控。试验项目包括：探头倾斜、旋转中心、断层成像的非均匀性。标准中还规定了例行试验的频次。

由于SPECT通常具有伽玛照相机的全部功能，因此GB/T 18989—2013、GB/T 18988.3—2013和GB/T 20013.2—2005通常适用于SPECT。

（三）正电子发射断层成像设备（PET）

1.GB/T 18988.1—2013《放射性核素成像设备　性能和试验规则　第1部分：正电子发射断层成像装置》GB/T 18988.1—2013规定了PET性能指标的公布规则、试验方法和随机文件要求，试验项目包括：空间分辨率、复原系数、断层成像灵敏度、计数率特性、散射分数、衰减校正。附录NB为NEMA标准NU2-2007，供标准使用者参考。主要试验项目说明如下。

（1）空间分辨率　包括横向分辨率和轴向分辨率，横向分辨率又包括径向分辨率和切向分辨率，空间分辨率用半高宽（FWHM）来描述。

（2）复原系数　是指活性体积内测得的放射性浓度与真实放射性浓度的比值，反映PET对放射性浓度真实复原的能力。

（3）断层成像灵敏度　包括切片灵敏度和体积灵敏度，切片灵敏度指的是在正弦图上测得的计数率与在模体中的放射性活度浓度之比。归一切片灵敏度为切片灵敏度与轴向切片等效宽度的比值。体积灵敏度为所有单个切片灵敏度之和。

2.GB/T 20013.3—2005《核医学仪器　例行试验　第3部分：正电子发射计算机断层成像装置》GB/T 20013.3—2005规定了PET例行试验，用于设备的日常质控。试验项目包括：定标因子和交叉定标、每响应线相对灵敏度和归一化程度、横向分辨率、像素大小、机械部件稳定性和安全性、显示和归档系统的检查。标准中还规定了例行试验的频次。

（四）正电子发射及X射线计算机成像系统（PET/CT）

YY/T 0829—2011《正电子发射及X射线计算机成像系统性能和试验方法》规定了PET和CT集成一体的系统的性能和试验方法，该标准不适用于独立使用的PET和独立使用的CT。该标准PET部分的试验项目包括：空间分辨率、复原系数、断层成像灵敏度、计数率特性、散射分数、衰减校正，试验方法与GB/T 18988.1—2013相同。CT部分的试验项目包括：图像噪声、CT值的均匀性、CT值的准确性、空间分辨率（高对比度分辨率）、低对比度分辨率、伪影、切片厚度、CT扫描架、X射线发生装置、高压电缆插头、插座、指示仪表，性能指标和试验方法除CT扫描架外（删除了YY 0310—2005《X射线计算机体层摄影设备通用技术条件》中的5.3a）和对应的试验方法），与YY 0310—2005相同。PET/CT部分性能包括：PET/CT图像配准精度、PET/CT病人支架、PET/CT系统噪声。

（五）单光子发射及X射线计算机成像系统（SPECT/CT）

YY/T 1408—2016《单光子发射及X射线计算机成像系统性能和试验方法》规定了SPECT和CT集成一体的系统的性能和试验方法，该标准不适用于独立使用的SPECT和独立使用的CT。该标准SPECT部分的试验项目包括：系统平面灵敏度、空间分辨率、非均匀性、固有能量分辨率、固有多窗空间配位、固有空间非线性、系统计数率特性、探头屏蔽泄漏（系统的），试验方法与GB/T 18989—2013相同，旋转中心偏移、探头倾斜、准直器孔的不平行度、SPECT系统的灵敏度、散射分数、SPECT系统空间分辨率、对符合模式工作的SPECT的试验方法与GB/T 18988.2—2013相同，扫描稳定性、全身成像系统空间分辨率与GB/T 18988.3—2013相同。CT部分的试验项目包括：图像噪声、CT值的均匀性、CT值的准确性、空间分辨率（高对比度分辨率）、低对比度分辨率、伪影、切片厚度、CT扫描架、X射线发生装置、高压电缆插头、插座、指示仪表，性能指标和试验方法除CT扫描架外（删除了YY 0310—2005中的5.3a）和对应的试验方法），与YY 0310—2005相同。SPECT/CT部分性能包括：SPECT/CT图像配准精度、SPECT/CT检查床、SPECT/CT系统运行噪声。

第五节　医用光学成像设备标准

> ### ？ 问题
>
> 　　医用光学成像设备有哪些类型？医用光学成像设备有哪些适用标准？医用光学成像设备相关标准规定了哪些主要试验项目？

一、医用光学成像设备的主要分类及用途

光学作为一门古老的学科，很早就被应用到了医用成像领域。随着现代医学的进步，光、机、电一体化的深度发展和融合，医用光学成像技术在医疗领域应用越来越广

泛。从直接进行成像的眼科光学仪器、观察人体内部组织病变的内窥镜和对人体组织进行显微观察的显微镜，到利用不同波长的光对不同生物组织的透射性差异来进行成像的红外乳腺诊断仪、红外热像仪，以及近年来日渐成熟的光学相干层析成像技术（optical coherence tomography，简称OCT）、荧光成像技术、突破了传统显微光学限制的新显微成像技术等，光学成像技术以其无创、直观、低成本、高分辨率、无放射性伤害等特点在新的时期日渐焕发新的活力。

医用光学成像设备主要对应《医疗器械分类目录》中的06-13光学成像诊断设备、06-14医用内窥镜、16-04眼科测量诊断设备和器具以及22-07扫描图像分析系统。由于部分医用光学成像设备是由光学诊察设备与摄像系统（如CCD）组合而成，因此本部分内容与光学诊察设备（详见第十四章第三节）存在部分交叉，本部分仅对前述章节未着重涉及的部分进行介绍。

二、医用光学成像设备的主要适用标准

医用光学成像设备除了适用的通用电气安全标准外，还包括下列可能适用的产品标准和安全标准：YY 0634—2008《眼科仪器　眼底照相机》；YY 0787—2010《眼科仪器　角膜地形图仪》；YY/T 0324—2019《红外乳腺检查仪》；ISO 16971：2015《眼科仪器　眼后节光学相干断层扫描仪》。

三、医用光学成像设备标准的主要内容

（一）眼底照相机

1.定义　眼底照相机是用来观察和记录眼底状况的医用眼科仪器，它能够将眼底图像以照片或影像的形式记录和保存下来。

由于眼底本身不发光，自然界中各种光线进入眼球后，虽然能照亮眼底，但光线很弱，不足以用来观察眼底。同时由于人眼角膜的反射光相对眼底的亮度来说过强，因此眼底照相机必须包括一个能用较强的光照亮眼底的照明系统和一个能避开人眼角膜上的反射光对底片影响的成像系统。图15-2就是一个采用眼底照相机拍摄的典型眼底图片。

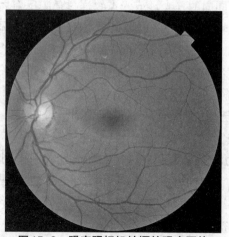

图15-2　眼底照相机拍摄的眼底图片

2.眼底照相机应符合的专用标准 YY 0634—2008《眼科仪器 眼底照相机》。

（1）范围 标准规定了眼底照相机的试验方法。眼底照相机用于眼底摄影成像。本标准不适用于下列的眼底照相机：①同步体视摄影成像的眼底照相机；②观察系统的照明光源采用红外辐射的眼底照相机。

（2）主要技术指标 见表15-4。

表15-4 YY 0634—2008主要技术指标

标准项目			要求
分辨率	视场角≤30°	视场中心处	≥80lp/mm
		视场中部处（r/2）	≥60lp/mm
		视场边缘处（r）	≥40lp/mm
	视场角>30°	视场中心处	≥60lp/mm
		视场中部处（r/2）	≥40lp/mm
		视场边缘处（r）	≥25lp/mm
视场允差			±7%
摄影放大率允差[a]			±7%
光学瞄准器的屈光度调节范围[b]			不小于：-5D~+5D
			不小于：-4D~+2D（对于高眼点目镜）
病人屈光不正补偿的调焦范围			不小于：-15D~+15D
观察照明光的显色指数			Ra≥85%
摄影闪光的相关色温			4500K≤Tc≤6700K

[a] 不适用与屏显全视场类仪器。
[b] 不适用与无光学目镜系统类仪器。

（二）角膜地形图仪

1.定义 角膜地形图仪是一种可以测量角膜中央及周边区域的角膜曲率的设备。其测量原理是采用与角膜弯度同向的外光环或光点物通过角膜反射后的成像测量。该原理是以角膜局部曲面的法线过眼轴为基础的，因此不能测量偏轴的情况。角膜地形图仪结合现代计算机技术，可生产多种二维和三维图形，以表征角膜局部形状和理想角膜高度差形状等。

2.角膜地形图仪应符合的专用标准 YY 0787—2010《眼科仪器 角膜地形图仪》。

（1）范围 本标准规定了角膜地形图测量仪器或系统的术语和定义、最低要求以及试验方法和程序。本标准适用于测量人眼角膜表面形状的仪器或系统。本标准不适用于眼科仪器中的检眼镜器械。

（2）主要技术指标为测量准确度 以环曲面的轴向曲率测量准确度为例，通常需要先得到轴向曲率（也称为法向曲率）分布图（图15-3），然后根据数据分析方法得到准确度测试结果，见表15-5。可以看到，在环曲面的外部区域，所采用角膜地形图设备被归位B类，其他测量区域则被归为A类。

表 15-5　准确度测试结果

测试区域	环曲面中央区域： 1mm ≤ 直径 ≤ 3mm	环曲面中部区域： 3mm < 直径 ≤ 6mm	环曲面外部区域： 直径 > 6mm
平均差值	0.189D	0.148D	0.115D
2倍标准差	0.269D（A类）	0.137D（A类）	0.324D（B类）

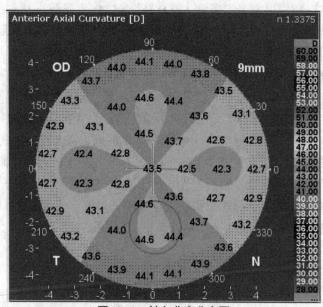

图 15-3　轴向曲率分布图

（三）红外乳腺诊断仪

1. 定义　红外乳腺诊断仪是根据不同的组织对红外光吸收程度不同的原理，采用红外光透照扫描乳腺组织，通过专用红外CCD摄像机摄取图像，经计算机处理，将乳腺组织的各种病变显示在屏幕上。

2. 红外乳腺诊断仪的专用标准　YY/T 0324—2019《红外乳腺检查仪》。

（1）范围　本标准规定了红外乳腺检查仪的分类、要求和试验方法。本标准适用于通过红外光探头对乳腺组织进行照射透视，经摄像系统把摄取的图像显示在屏幕上，对乳腺疾病进行检查的仪照。

（2）主要技术指标　见表15-6。

表 15-6　YY 0324—2008 主要技术指标

条款号	标准条款
5.2.1	探头光功率输出可调 最大输出不小于0.2W，但不得超过1W
5.2.2	探头有效光谱波长范围为780~1500nm
5.3.1	检查仪系统图像分辨率应不低于400TVL

（四）光相干断层成像系统（OCT）

1.定义　OCT是一种非接触、高分辨率层析和生物显微镜成像技术。利用弱相干光干涉仪的基本原理，检测生物组织不同深度层面对入射弱相干光的背向反射或多次散射信号，通过扫描，可得到生物组织二维或三维结构图像。在眼科、皮肤科、心血管系统领域应用广泛。

OCT设备通常以超辐射发光二极管（SLD）发光体作为光源。光源发出的光线经光导纤维进入光纤耦合器被分为两束，一束经过被测组织，另一束进入参照系统。两个光路中反射或反向散射的光线在光纤耦合器被重新整合为一束并为探测器所探测。

OCT按原理可分为时域OCT（TD-OCT）和频域OCT（FD-OCT）两类。时域OCT是把在同一时间从组织中反射回来的光信号与参照反光镜反射回来的光信号叠加、干涉，然后成像。频域OCT的特点是参照反光镜固定不动，通过改变光源光波的频率来实现信号的干涉。由于频域OCT省去了时域OCT当中深度扫描的时间，极大提高了成像采集速度。

2.非眼科领域的OCT设备的相关标准　还没有形成相应的标准，眼科OCT的专用标准ISO 16971：2015《眼科仪器　眼后节光学相干断层扫描仪》介绍如下。

（1）范围　本标准规定了OCT扫描仪的最低要求和试验方法，目前仅适用于眼后节光学断层扫描设备，未来制定的新版本可能会扩展到人眼其他部分。

（2）主要技术指标　见表15-7。

表15-7　ISO 16971：2015主要技术指标

条款号	标准条款
4.2	视网膜厚度的测量： 进行视网膜厚度计算时，视网膜折射率应限定在n=1.33到n=1.39之间。为了便于不同OCT设备得到的视网膜厚度地图之间的解释和对照，OCT设备应采用统一的标准灰度图例来进行标准显示
4.3	视场角（FOV）： 成像平面上的最大成像尺寸，表述为人眼出射光瞳对最大尺寸2r的张角。标准中要求视场角允差不超过±5% 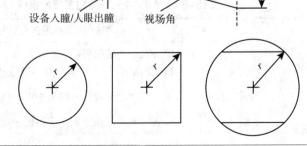 设备入瞳/人眼出瞳　　视场角

续表

条款号	标准条款
4.4	测试靶的厚度测量精度应优于 ± 3%
4.5~4.7	成像质量： 制造商应给出如下参数的定义、数值和试验方法来评估成像质量： X 分辨率（沿扫描方向） Y 分辨率（垂直于扫描方向） Z 分辨率（轴向） 轴向信噪比（SNR）
4.8	眼底图像与 OCT 的位置一致性： 对于具有眼底成像功能的设备，其眼底图像与 OCT 扫描位置在视场中心处的一致性误差应在 ± 100 μm 以内
4.9~4.10	标准数据库与测量数据导出功能的要求

思考题

1. 列举医用诊断 X 射线设备安全专用标准有哪些？

2. 医用诊断 X 射线设备的产品标准有哪些？

3. 超声成像设备的主要性能指标有哪些？

4. 超声成像设备的专用安全标准是什么？主要涉及哪些内容？

5. 磁共振成像系统主要的适用标准有哪些？

6. 磁共振专用安全要求中涉及的主要安全风险有哪些？各自来源是什么？

7. 放射性核素成像设备主要有哪些？

8. 放射性核素成像设备专用的性能试验标准有哪些？例行试验标准有哪些？

9. OCT 设备按照成像原理的不同可以分为哪几类？

10. 红外乳腺诊断仪的成像原理是什么？

第十六章 生命支持设备标准

✏️ **学习导航**

1. 掌握生命支持设备包括的医疗设备及主要标准核心内容。
2. 熟悉生命支持设备标准组成。

所谓生命支持设备是指用于维持生命指征的设备，也是急救不可缺少的设备，但又不同于一般的急救设备。生命支持设备作为极其重要的一类医疗器械，需要长时间维持病人的生命体征，其安全性和可靠性对病人的生命安全至关重要，常见的生命支持设备有呼吸麻醉设备、体外循环设备、婴儿保育设备和心脏起搏器等。本章针对呼吸麻醉设备、体外循环设备、婴儿保育设备等非植入式的生命支持设备的标准及其内容进行介绍。

第一节 呼吸麻醉设备标准

❓ **问题**

呼吸麻醉设备主要有哪些？呼吸麻醉设备有哪些适用的标准？呼吸麻醉设备标准主要规定了哪些内容？

一、呼吸设备标准

（一）概述

呼吸设备主要用于对病人进行机械通气，是重症监护治疗、急救复苏和手术麻醉领域内的重要医疗设备。最简单的呼吸设备通过医护人员用手挤压呼吸皮囊进行通气。常规的呼吸设备一般都有各种不同的通气方式，且有各种通气参数和病人生理指标的监测和报警功能。高端的呼吸设备还兼具有良好的反馈机制，能视病人的呼吸情况自动调节呼吸机，以适应临床上病人使用呼吸机的需要和提升舒适性。

呼吸机的问世，最早起始于20世纪初叶。随着技术的创新和发展，呼吸设备在不断地更新换代，其临床预期用途也在逐渐扩展。

根据工作原理的不同，呼吸机可分为电动呼吸机和气动呼吸机。

根据临床预期用途的不同，呼吸机可分为治疗呼吸机、急救和转运用呼吸机以及依赖呼吸机病人使用的家用呼吸机、家用呼吸支持设备、睡眠呼吸暂停治疗设备、高频喷射呼吸机，还包括人工复苏器和气动急救复苏器等。

（二）主要标准

1.GB 9706.28—2006《医用电气设备　第2部分：呼吸机安全专用要求　治疗呼吸机》　GB 9706.28—2006为治疗呼吸机专用安全标准，适用于为增加或供给病人的通气而设计的呼吸机，此类呼吸机主要用于医院的重症监护室（ICU），也可用于呼吸科、急救科，或用于院内转运，需要由专业的医务人员使用和操作。该标准是GB 9706.1的配套专用安全标准。由于GB 9706.28—2006的发布时间早于GB 9706.1—2007，因此，标准中除了专用安全要求外，还增加了GB 9706.1—2007相对于其前一版本的差异部分。

治疗呼吸机是生命支持设备，其安全可靠尤为重要。GB 9706.28—2006规定了治疗呼吸机的安全和性能的最低要求。标准着重围绕基本安全进行考虑和要求，如对于正确连接的要求、防火的要求、防止交叉污染的要求、断电断气保护的要求等，标准还特别强调报警的功能（如断电断气报警），以及危险输出的防止（如最大极限压力的控制等）。对于可能用于呼吸机的附件和配套设备等也作了规定，以确保最终投入使用的呼吸机的绝对安全可靠。

2.YY 0600.1—2007《医用呼吸机　基本安全和主要性能专用要求　第1部分：家用呼吸支持设备》　YY 0600.1—2007为家用呼吸支持设备专用安全标准，适用于不依赖于呼吸机的病人使用的呼吸机。此类呼吸机主要用于家庭护理，但也可以在医疗保健部门或其他场所使用，通常是在受过不同程度培训的非医护人员监控下使用，通常不认为是生命支持设备。此类呼吸机一般为电动呼吸机，通过涡轮产生气流进行通气，气道压力相对较低。该标准也是GB 9706.1的配套专用安全标准。

YY 0600.1—2007规定了家用呼吸支持设备的基本安全和主要性能。作为非生命支持设备，对断电断气保护、报警的要求等方面相对于治疗呼吸机都有所弱化。

3.YY 0600.2—2007《医用呼吸机　基本安全和主要性能专用要求　第2部分：依赖呼吸机患者使用的家用呼吸机》　YY 0600.2—2007为依赖呼吸机病人使用的家用呼吸机专用安全标准，适用于依赖通气支持的病人使用的呼吸机，是生命支持设备。此类呼吸机主要用于家庭护理，通常是在受过不同程度培训的非医护人员监控下使用，也可以在医院使用，但在中国，目前主要在医院使用。YY 0600.2—2007也是GB 9706.1的配套专用安全标准。

YY 0600.2—2007规定了家用呼吸机的基本安全和主要性能。作为生命支持的家用呼吸设备，YY 0600.2—2007相对于YY 0600.1—2007多了一些要求，如对于内部电源的要求，标准明确了此类呼吸机应有能持续供电至少1小时的内部电源，以及要有通气不足报警等，以确保通气的持续性。

4.YY 0600.3—2007《医用呼吸机　基本安全和主要性能专用要求　第3部分：急救和转运用呼吸机》　YY 0600.3—2007为急救和转运用呼吸机专用安全标准，适用于在紧急情况下和运送病人时所用的便携式呼吸机。急救和转运用呼吸机常被安装在救护车或飞机等交通工具上，或由受过培训的人员在医院外使用。YY 0600.3—2007也是GB 9706.1的配套专用安全标准。

YY 0600.3—2007规定了急救和转运用呼吸机的基本安全和主要性能要求。鉴于急救呼吸机使用场合环境条件相对恶劣，以及便携急救的特性，标准中对其适用环境条件的能力有了更高的要求，如要求能在更宽范围的电源条件下仍符合标准要求，对于机械强度和防水能力也有更高的要求，以适应粗鲁的搬运或使用场合。

5.YY 0671.1—2009《睡眠呼吸暂停治疗　第1部分：睡眠呼吸暂停治疗设备》YY 0671.1—2009为睡眠呼吸暂停治疗设备专用安全标准，适用于治疗睡眠呼吸暂停的呼吸机。睡眠呼吸暂停治疗设备预期主要用于家庭环境中，由非专业操作者使用，也可用于医疗机构，预期通过向病人呼吸道提供治疗性呼吸压以减轻病人阻塞性睡眠呼吸暂停症状。YY 0671.1—2009也是GB 9706.1的配套专用安全标准。

YY 0671.1—2009规定了睡眠呼吸暂停治疗设备的基本安全与主要性能。除了家庭环境下使用的呼吸机常规的要求外，该标准还强调了对噪声的要求，要求随附文件中说明设备的噪声。此外，标准还要求在不需要其他附加保护措施的情况下，最大限度地降低二氧化碳重复吸入的风险。

6.YY 0042—2018《高频喷射呼吸机》YY 0042—2018为高频喷射呼吸机专用标准，适用于呼气和吸气均呈开放状态的高频喷射呼吸机。此类呼吸机能在气道开放的状态下，以60次/分以上通气频率，将气体呈喷射状进入病人气道。呼吸机适用于在医护人员的监控下，供需要呼吸支持、呼吸治疗及急救复苏的病人使用。YY 0042—2018规定了高频喷射呼吸机的基本安全、性能、标记和制造商提供的信息等要求。

7.YY 0600.4—2013《医用呼吸机　基本安全和主要性能专用要求　第4部分：人工复苏器》YY 0600.4—2013为人工复苏器专用标准，适用于人工复苏器。人工复苏器常被称为简易呼吸器或简易呼吸球（囊），靠操作者按压设备上压缩单元来实现肺部通气，用于为呼吸不充分人员提供肺通气。人工复苏器常被用作呼吸急救设备或呼吸机的替代通气方式。

YY 0600.4—2013规定了人工复苏器的要求，主要包括接头、输送氧浓度、呼吸阻抗、病人阀泄漏、死腔和重复呼吸、通气性能、标记和制造商提供的信息等。

8.YY 0600.5—2011《医用呼吸机　基本安全和主要性能专用要求　第5部分：气动急救复苏器》YY 0600.5—2011为气动急救复苏器专用标准，适用于气动急救复苏器。此类设备以压缩气体为动力源，预期给突发呼吸困难的人员在复苏中提供肺通气。此类设备用于急救场所，由操作者连续监控。

YY 0600.5—2011规定了气动急救复苏器的专用要求，主要包括接头要求、贮存和工作条件影响、机械振动（坠落、防溅、浸水）、尺寸和质量、气源要求、通气要求（输送氧浓度、自主呼吸阻抗、死腔）、通气性能（输送容量、压力限制、吸气流量等）、标记和制造商提供的信息等。

二、麻醉设备标准

（一）概述

麻醉方式分为静脉麻醉和吸入麻醉，这里仅介绍吸入麻醉设备标准。典型的吸入麻醉设备是麻醉机，麻醉机是麻醉医师实施吸入麻醉时使用的设备。我国麻醉机的制造起始于20世纪50年代，起步较晚，但发展的速度很快。现代麻醉机也被称为麻醉工作站或麻醉系统，日益趋向于精密、方便、完善和安全。

（二）主要标准

1.GB 9706.29—2006《医用电气设备 第2部分：麻醉系统的安全和基本性能专用要求》 GB 9706.29—2006为麻醉系统专用安全标准，适用于麻醉系统。麻醉系统通常由麻醉气体输送系统、麻醉呼吸系统和必需的监护装置、报警系统和保护装置组成，也可以包括麻醉气体输送装置、麻醉呼吸机和麻醉气体净化系统和他们相关的监护装置、报警系统和保护装置。

GB 9706.29—2006规定了麻醉系统作为整机的要求和作为麻醉系统组成部分的单个装置的要求，还明确了选配装置和其相应的监护装置、报警系统及保护装置的要求。

2.YY 0635.1—2013《吸入式麻醉系统 第1部分：麻醉呼吸系统》 YY 0635.1—2013为麻醉呼吸系统标准，适用于麻醉呼吸系统。麻醉呼吸系统是由管道组件和接头组成，可以向病人输送混合气体和运送来自病人的混合气体。

YY 0635.1—2013规定了循环吸收组件、排气阀、吸入和呼出阀的要求，以及组成吸入式麻醉系统的麻醉呼吸系统部件的要求。

3.YY 0635.2—2009《吸入式麻醉系统 第2部分：麻醉气体净化系统开传递和收集系统》 YY 0635.2—2009为麻醉气体净化系统标准，适用于麻醉气体净化系统中的传递和收集系统，麻醉气体净化系统中的处理系统以及医用气体管道系统不适用于本标准。

YY 0635.2—2009主要规定了病人和环境的保护（压力、感应流量和溢出）、接口要求、吸取流量、标记和制造商提供的信息等。

4.YY 0635.3—2009《吸入式麻醉系统 第3部分：麻醉气体输送装置》 YY 0635.3—2009为麻醉气体输送装置标准，适用于麻醉气体输送装置。麻醉气体输送装置又称麻醉蒸发器、麻醉蒸发罐或麻醉挥发罐，是麻醉机的核心部件。麻醉气体输送装置用于灌装液态卤化麻醉剂，并通过其特有的结构设计将液态卤化麻醉剂汽化后输出。

YY 0635.3—2009主要对麻醉蒸发器的输出精度、标记标签和使用说明书等提出了要求，以确保精确控制麻醉深度，从而保证安全麻醉。

5.YY 0635.4—2009《吸入式麻醉系统 第4部分：麻醉呼吸机》 YY 0635.4—2009为麻醉呼吸机标准，适用于配合麻醉设备使用的呼吸机。处于全身麻醉状态的病人已失去意识，没有了自主呼吸功能，因此，使用麻醉机的同时必须要对病人进行机械通气。麻醉呼吸机是呼吸设备，但考虑到目前市场上的麻醉呼吸机均集成在麻醉系统中，通常是一台麻醉系统的组件，从型式上已很难从麻醉系统中分离出来而独立完成功能，因此，将YY 0635.4—2009也作为麻醉设备的标准。

第二节 体外循环设备标准

❓ 问题

心肺转流系统工作原理是什么？心肺转流系统有哪些适用标准？

血液净化类产品包含了哪些设备？这些设备有哪些适用标准？

离心式血液成分分离设备适用的主要性能标准是什么？

一、心肺转流系统标准

（一）工作原理

心肺转流（也叫体外循环）系统主要用于心脏直视手术时，使用人工心肺机替代人体心脏的功能，用氧合器代替肺脏的功能，以实现血液循环和气体交换。心肺转流系统如图16-1所示，整个管道系统的静脉血液被阻止进入右心房，各血管汇合的静脉血通过管路输送到体外的氧合器中，通过充氧（氧合）处理的血液由一台血泵通过主动脉的分支管送入动脉系统中，然后进入各毛细血管与组织细胞进行物质交换，而主动脉瓣则由血液的压力作用成闭合状态。此时，心脏的主动脉、腔静脉与体外循环血液装置、氧合器构成了一个封闭的循环回路，完成心脏与肺脏的功能。

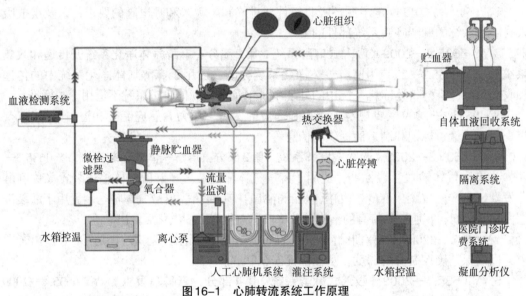

图16-1　心肺转流系统工作原理

（二）主要标准

心肺转流系统除了适用的通用电气安全标准外，还包括下列可能适用的性能标准。

1.GB 12260—2017《人工心肺机　滚压式血泵》 GB 12260—2017适用于人工心肺机滚压式血泵，该产品供医疗单位施行手术及抢救时，暂时代替心脏功能进行体外循环用或局剖灌注等使用。

2.GB 12263—2017《人工心肺机　热交换水箱》 GB 12263—2017适用于人工心肺机热交换水箱，该水箱是为体外循环血液热交换系统中的热交换器提供加温水、降温水和原水的驱动装置，供医疗单位旅行体外循环灌注时调节温度用。

3.YY 0604—2016《心肺转流系统　血气交换器（氧合器）》 YY 0604—2016适用于心肺转流系统使用的血气交换器（氧合器），也适用于作为氧合器整体一部分的热交换器。该标准规定了无菌、一次性使用的心肺转流系统使用的血气交换器（氧合器）的要求。

YY 0604—2016不适用于植入式氧合器、液态氧合器、体外循环管道、分离式热交换器、分离式附件。

4.YY 1048—2016《心肺转流系统　体外循环管道》 YY 1048—2016适用于人工心肺机使用的体外循环管道以及与其连为一体的附属管路，该产品在心血管及相关手术中供体外循环作为血液通道及通道连接一次性使用。

5.YY 0603—2015《心血管植入物及人工器官—心脏手术硬壳贮血器/静脉贮血系统（带或不带过滤器）和静脉贮血软袋》 YY 0603—2015规定了对无菌、一次性使用的体外循环心脏手术硬壳贮血器、静脉贮血器系统（带或不带过滤器）和静脉贮血软袋（简称贮血器）的试验方法、标志、标签、使用说明书、包装、运输和贮存等要求。上述器件拟供进行心肺转流手术（CPB）时贮血使用。

该标准适用于多功能系统的贮血器件，该系统可能有整体性的部件，如血气交换器（氧合器）、血液过滤器、祛泡器、血泵等。

6.YY/T 0730—2009《心血管植入物和人工器官—心肺旁路和体外膜肺氧合（ECMO）使用的一次性使用管道套包的要求》 YY/T 0730—2009规定了心肺旁路和体外膜肺氧合（ECMO）使用的一次性使用管道套包的要求，适用于所有拟用于心肺旁路（CPB）以及/或者体外膜肺氧合（ECMO）的医用管道，但对于在CPB手术（短期，如6小时以下）或ECMO（长期，如24小时以上）期间拟与血泵一起使用的管道，应符合规定的要求和试验。该标准中有关无菌及无热原的规定适用于标有无菌字样的管道套包。

该标准仅适用于多功能设备的管道，该多功能设备具备完整的部件，如血气交换器（氧合器）、贮血器、血液微栓过滤器、祛沫剂、血泵等。

7.YY 0580—2011《心血管植入物及人工器官—心肺转流系统—动脉管路血液过滤器》 YY 0580—2011规定了无菌、一次性使用的动脉管路血液过滤器的要求，该器件拟用于进行心肺转流手术时，滤除人体血液中的微栓、碎屑、血块、微气泡及其他具有潜在性危除的物质。

8.YY 0485—2011《一次性使用心脏停跳液灌注器》 YY 0485—2011适用于一次性使用心脏停跳液灌注器。灌注器供体外循环心脏直视手术作心脏停跳液灌注用；也适用于组织器官保护液的灌注。

9.YY 0948—2015《心肺转流系统　一次性使用动静脉插管》 YY 0948—2015适用于心肺转流系统一次性使用动静脉插管，供体外循环施行心脏直视手术时配套心肺转流系统引流或灌注血液使用。

10.YY/T 1270—2015《心肺转流系统　血路连接器（接头）》 YY/T 1270—2015适用于心肺转流系统使用的血路连接器（接头），其为体外循环手术心肺转流系统中血路通道输送血液、观察和连接使用。

11.YY 1271—2016《心肺转流系统　一次性使用吸引管》 YY 1271—2016适用于心肺转流系统和心血管手术中左心脏排气，吸引减压或减轻左心负荷，吸引心脏术野内血液等液体配套使用的吸引管。

12.YY 1412—2016《心肺转流系统　离心泵》 YY 1412—2016适用于心肺转流系统离心泵。该离心泵供医疗单位施行手术及抢救时，用于心肺转流及体外膜肺氧合手术中血液灌注或局部灌注，可独立使用和（或）与人工心肺机配套使用。

二、血液净化及腹膜透析类产品标准

（一）主要产品

血液净化及腹膜透析类产品包括了血液净化设备及腹膜透析设备两类。其中血液净化设备是指把病人血液通过泵引出体外进行透析、滤过、吸附等净化操作后再回输回病人体内的产品，血液净化设备可细分为血液透析设备、血液透析滤过设备、连续性血液净化设备、血液灌流类设备等。而腹膜透析设备是指把腹膜透析液注入人体，利用人体腹膜进行透析的产品。

（二）主要标准

血液净化及腹膜透析类产品除了适用的通用电气安全标准外，还包括下列可能适用的性能和安全标准。

1.YY 0053—2016《血液透析及相关治疗 血液透析器、血液过滤器、血液透析过滤器和血液浓缩器》 YY 0053—2016规定了在人体上使用的血液透析器、血液透析过滤器、血液过滤器和血液浓缩器的技术要求，血液透析器、血液透析过滤器、血液滤过器的体外循环血液管路的要求按照YY 0267—2008的规定。

2.YY 0267—2016《血液透析及相关治疗 血液净化装置的体外循环血路》 YY 0267—2016规定了与血液透析器、血液透析过滤器和血液过滤器等血液净化装置配合使用的一次性使用的体外循环血路（以下简称体外循环血路）及传感器保护器（一体型和分离型）的技术要求、试验方法以及标志说明。

3.YY 0572—2015《血液透析及相关治疗用水》 YY 0572—2015规定了相关用水的最低要求。

该标准适用于血液透析、血液透析滤过和在线血液滤过或在线血液透析滤过中制备透析浓缩液、透析液和血液透析器再处理用水。

该标准不涉及水处理设备的操作，亦不涉及由处理水与浓缩物混合后制成供治疗用的透析液。

该标准不适用于透析液再生系统。

4.YY 0598—2015《血液透析及相关治疗用浓缩物》 YY 0598—2015规定了浓缩物的化学成分组成及其纯度，微生物污染，浓缩物的处理、度量和标识，容器的要求和浓缩物质量检验所需要的各项测试。

该标准适用于血液透析及相关治疗用浓缩物。

该标准不适用于治疗中浓缩物与透析用水配制成最终使用浓度的混合过程。

该标准不适用透析液的再生系统。

5.GB 9706.2—2003《医用电气设备 第2-16部分：血液透析、血液透析滤过和血液滤过设备的安全专用要求》 GB 9706.2—2003等同采用国际标准，规定了单人用血液透析、血液透析滤过和血液滤过设备的最低安全要求。这些装置供医务人员使用或供在专家监督下使用，包括由病人操作的血液透析、血液透析滤过和血液滤过设备。

6.YY 0054—2010《**血液透析设备**》 YY 0054—2010是血液透析设备的性能标准，适用于自动配液的血液透析设备。

7.YY 0645—2018《**连续性血液净化设备**》 YY 0645—2018是连续性血液净化设备的性能标准，该设备不包括置换液或透析液配制系统，可用于连续进行24小时以上的血液滤过等血液净化治疗。

8.GB 9706.39—2008《**医用电气设备 第2-39部分：腹膜透析设备的安全专用要求**》 GB 9706.39—2008等同采用国际标准，规定了腹膜透析设备的最低安全要求，该标准适用于拟供医务人员使用或在医疗专家监督下使用的设备，包括在医院中使用或在家庭环境下使用由病人操作的设备。该专用要求不适用于透析液、透析液管路和计划仅用于连续性非卧床式腹膜透析的设备。

9.YY 0793.1—2010《**血液透析和相关治疗用水处理设备技术要求 第1部分：用于多床透析**》 YY 0793.1—2010规定了多床血液透析和相关治疗用水处理设备（以下简称水处理设备）的术语和定义，产品分类，要求，试验方法，检验规则，标志、使用说明书，包装，运输和贮存。

该标准适用于制备多床血液透析和相关治疗用水的水处理设备，不适用于制备单床血液透析和相关治疗用水的水处理设备。涉及的水包括：粉末制备浓缩液用水、透析液制备用水、透析器复用用水。

该标准所规定的水处理设备范围从市政（含自取）饮用水源进入设备的连接点到设备产水使用点之间的所有装置、管路及配件，包括：电气系统、水净化系统、存储与输送系统及消毒系统等。不包括：浓缩液供液系统、透析液再生系统、透析浓缩物、血液透析滤过系统、血液滤过系统、透析器复用系统及腹膜透析系统等。

10.YY 0793.2—2011《**血液透析和相关治疗用水处理设备技术要求 第2部分：用于单床透析**》 YY 0793.2—2011适用于制备单床血液透析和相关治疗用水的水处理设备，不适用于制备多床血液透析和相关治疗用水的水处理设备。涉及的水包括：粉末制备浓缩液用水、透析液制备用水、透析器复用用水。

该标准所规定的水处理设备范围从市政（含自取）饮用水源进入设备的连接点到设备产水使用点之间的所有装置、管路及配件。不包括：浓缩液供液系统、透析液再生系统、透析浓缩物、血液透析滤过系统、血液滤过系统、透析器复用系统及腹膜透析系统等。

11.YY 0464—2019《**一次性使用血液灌流器**》 YY 0464—2019适用于采用活性炭或吸附树脂为吸附剂的一次性使用血液灌流器，该灌流器配合血液灌流装置供血液灌流使用，清除病人体内内源性和外源性药物、毒物及代谢产物。

12.YY 0465—2019《**一次性使用空心纤维血浆分离器和血浆成分分离器**》 YY 0465—2019适用于一次性使用空心纤维血浆分离器和血浆成分分离器。该器件配合血浆分离装置对各种免疫、代谢失调及某些中毒等危重病人进行治疗。

13.YY 0790—2010《**血液灌流设备**》 YY 0790—2010适用于能将病人的血液引出体外，实现血液灌流，具有该标准要求的安全监控功能，并能实现血液回输的一种设备。

14.YY 1272—2016《透析液过滤器》 YY 1272—2016适用透析液过滤器，该产品与血液透析装置配合使用。

15.YY 1274—2016《压力控制型腹膜透析设备》 YY 1274—2016适用于压力控制型腹膜透析设备。该设备主要利用压力实现腹膜透析过程中的灌注与引流。

16.YY 1493—2016《重力控制型腹膜透析设备》 YY 1493—2016适用于重力控制型腹膜透析设备。该设备主要利用重力实现腹膜透析过程中的灌注与引流。

三、血液处理类设备标准

血液处理类设备包括血液成分分离设备、自体血液回收设备、血细胞处理设备、血液辐照设备、血浆病毒灭活设备、血液融化设备等，目前涉及风险较高的产品标准为离心式血液成分分离设备，该设备除了适用的通用电气安全标准外，还包括可能适用的性能标准YY 1413—2016《离心式血液成分分离设备》，该标准主要的性能指标为：离心机转速、离心机防护措施、泵转速或流量、压力传感器、探测器、称重传感器等。

第三节　婴儿保育设备标准

? 问题

婴儿保育设备主要有哪些种类？婴儿保育设备的安全专用标准是什么？婴儿培养箱和转运培养箱的安全专用标准有何主要区别？

一、婴儿保育设备的主要分类和适用标准

（一）主要分类及用途

目前，比较常见的婴儿保育类设备包含婴儿培养箱、转运培养箱以及婴儿辐射保暖台，从总体上来说，这些设备的主要临床目的都是为早产儿、病弱婴儿和新生儿营造一个舒适、安全的生长环境，但是各设备的应用场景、结构组成和技术特点也各有不同。婴儿培养箱作为最常用婴儿保育类设备，其基本功能是通过控制婴儿舱内的空气温度为新生儿提供温度适宜的环境。在此基础上有的婴儿培养箱也可以控制婴儿舱内的湿度、氧气浓度等，更全面满足新生儿的环境需求。

转运培养箱在外观上与普通的婴儿培养箱类似，但是其使用场景有别于后者，在控制婴儿舱内的空气温度为新生儿提供温度适宜的环境的基础上，转运培养箱还需要具有安全地转运婴儿的能力，所以在结构上转运培养箱往往比普通的婴儿培养箱更为复杂，比如具有内部电源以及更高的可移动性和稳定性。

与婴儿培养箱和转运培养箱通过控制气流温度的工作机制不同，辐射保暖台是一种包括辐射热源在内的电功率装置，用电磁光谱红外范围的直接辐射能量来保持婴儿病人的热平衡的设备，辐射保暖台是开放式的，更容易让医生和护士接近患儿，特别是方便

医生和护士操作和对患儿实施紧急医疗措施。

（二）主要适用标准

针对不同类型婴儿保育设备的工作机制和用途特点，有不同的安全专用标准来规范，详见表16-1。

表16-1　婴儿保育设备主要专用安全标准

婴儿培养箱	GB 11243—2008《医用电气设备　第2部分：婴儿培养箱安全专用要求》
转运培养箱	YY 0827—2011《医用电气设备　第2部分：转运培养箱安全专用要求》
婴儿辐射保暖台	YY 0455—2011《医用电气设备　第2部分：婴儿辐射保暖台安全专用要求》

对于一台特定的设备，标准允许其采用多种加热源联用的方式，比如婴儿培养箱同时具有辐射加热器和保温床垫的功能，在这种情况下此台婴儿培养箱除了要符合GB 11243—2008《医用电气设备　第2部分：转运培养箱安全专用要求》的要求之外，还需要符合YY 0455—2011《医用电气设备　第2部分：婴儿辐射保暖台安全专用要求》以及YY 0834—2011《医用电气设备　第2部分：医用电热毯、电热垫和电热床垫安全专用要求》的要求。同时，由于婴儿保育设备是一种生命维持设备，也需要符合YY 0709—2009《医用电气设备　第1-8部分：安全通用要求　并列标准：通用要求，医用电气设备和医用电气系统中报警系统的测试和指南》对设备报警系统的要求。而如果氧气监护仪作为婴儿辐射保暖台的一个组成部分，则应符合YY 0601—2009《医用电气设备　呼吸气体监护仪的基本安全和主要性能专用要求》的有关规定。

二、婴儿培养箱安全专用要求的主要内容

GB 11243—2008《医用电气设备　第2部分：婴儿培养箱安全专用要求》是根据婴儿培养箱的特点对GB 9706.1—2007《医用电气设备　第1部分：安全通用要求》的修正和补充。

（一）安全要求

1.培养箱机械紧闭性　为保证培养箱的机械禁闭性，同时防止门关闭不紧或锁闭不牢的情况，标准要求如门、出入口等挡隔能被打开或拆去以便放置婴儿时，应紧闭而不会被打开。当表现为扣住时，应不可能出现挡隔关闭不紧或锁闭不牢的情况。

2.正常使用时的稳定性　设备在正常使用中，应考虑其保持稳定性的能力。标准规定了一系列的测试方法，如在与水平面成10°及5°的斜面上的各种测试以保证设备的稳定性，同时标准还要求通过施加水平侧向力的方法来模拟意外撞击的可能性。

3.声压级　为保护婴儿听力，通常要求培养箱内声压级不超过60dB的A加权声压级。但同时为保证操作者可以听到报警声，要求培养箱控制器正前方3m处，至少应能达到65dB的A加权声压级。此两项要求相互制约。

4.箱罩内最大空气速率　标准要求设备在正常使用时，床垫上方的空气流速不应超过0.35m/s。

5.二氧化碳浓度　培养箱的婴儿舱结构和风扇速度等因素决定了培养箱使用中二氧化碳的积聚速度，由于二氧化碳浓度不可见，因此标准要求通过向婴儿舱内输入二氧化碳并测量特定位置的浓度来进行评估。

（二）工作温度的准确性检测方法与影响因素

婴儿培养箱最重要的功能性指标就是工作温度的准确性，这不仅决定了婴儿培养箱的性能优劣，对于婴儿来说更是最基本、最关键的安全性指标，GB 11243—2008 标准对以下一系列的温度准确性作出了要求。

1.培养箱温度与平均培养箱温度之差不应超过0.5℃　平均培养箱温度是指在稳定温度状态时，均匀间隔读取培养箱温度的平均值。实验目的在于测试培养箱温度随时间变化的稳定性。

2.指定点平均温度与平均培养箱温度之差不大于0.8℃　指定点平均温度与平均培养箱温度之差的实验目的在于测试培养箱温度的空间均匀性。

3.皮肤温度传感器显示温度范围和精度　目的在于确保皮肤温度传感器满足控制温度需要。

4.婴儿温度控制培养箱控温准确性　对于婴儿温度控制的培养箱工作方式，控温准确性的要求是皮肤温度传感器测得的温度与控制温度之间的差异不应大于0.7℃。目的在于检验婴儿温度控制培养箱的控温有效性。

5.空气温度控制培养箱控温准确性　空气温度控制培养箱的控温准确性要求平均培养箱温度与控制温度之间的差异不应大于1.5℃。

6.升温时间　要求设备的升温时间应不大于使用说明书规定的升温时间的20%。

7.温度超调　限制温度超调的目的是防止在升温过程中，因控制器采样频率不足、加热装置热容比过大等原因导致的培养箱温度明显超出设定温度的风险。

三、婴儿转运培养箱安全专用要求的主要内容

由于转运培养箱和婴儿培养箱在结构和用途上有着一定的相似性，YY 0827—2011《医用电气设备　第2部分：转运培养箱安全专用要求》的要求与GB 11243—2008 标准有着许多相似之处，同时因为转运培养箱更为特殊的用途和使用场景，两份标准也有着一些区别，这里将基于两份标准的对比，介绍婴儿转运培养箱安全专用要求重点内容。

YY 0827—2011 中的安全专用要求相对于GB 11243—2008 标准的内容，根据产品的具体应用有所不同，表16-2 归纳了一些其中比较重要的方面。

表16-2　YY 0827—2011 与 GB 11243—2008 比较

GB 11243—2008	YY 0827—2011	
增加了部分针对说明书的要求（6.8.2）	未对黄色警示灯及相应温度作出要求	
稳定性试验要求更高（24）	未对40℃动作的第二热断路器作出要求	
工作温度准确性试验的环境条件更恶劣（50.107）	工作数据的准确性要求相对于GB 11243有所区别	
—	GB 11243要求	YY 0827要求

GB 11243—2008		YY 0827—2011	
增加了对转运过程中温度变化的要求（50.112）	50.101	≤ 0.5℃	≤ 1.0℃
	50.102	0.8℃ /1.0℃	1.5℃ /2.0℃
增加了针对氧气供应和电源的要求（106、107）	50.106	≤ 0.8℃	≤ 1.0℃
	50.107	1.5℃	冷环境2℃

四、婴儿辐射保暖台安全专用要求的主要内容

婴儿辐射保暖台的安全专用要求主要针对标记、随机文件、红外线辐射、超温等指标，结合婴儿辐射保暖台的特点进行了要求，特别对温度等工作数据的准确性也作出了细致的要求。

作为一种以辐照方式提供热量为主要功能的设备，超温的要求对于安全有着非常重要的现实意义。YY 0455—2011中42.3条要求了当设备运行在最大控制温度的恒温状态下，床垫上婴儿病人可触及的不同材料物体的表面温度。

标准要求皮肤温度传感器测得的温度应被持续显示和清晰可见，规定了皮肤温度传感器的准确度。

而如果装有氧气控制器作为婴儿辐射保暖台的一个组成部分，标准则要求应有独立的传感器来监测和控制氧气浓度，并且具有氧浓度的监测和报警功能。

思考题

1.既可用于重症监护室，又可用于院内转运的呼吸机是否需要符合YY 0600.3—2007《医用呼吸机 基本安全和主要性能专用要求 第3部分：急救和转运用呼吸机》？

2.人工心肺机 滚压式血泵性能标准规定了哪些试验项目？

3.血液透析设备性能标准规定了哪些主要的试验项目？

4.连续性血液净化设备性能标准规定了哪些主要的试验项目？

5.婴儿保育类设备主要适用的安全标准有哪些？

6.婴儿转运培养箱安全专用要求同婴儿培养箱安全专用要求有何主要区别？

7.婴儿培养箱的主要安全条款及工作温度准确性条款是哪些？

第十七章 物理治疗及康复设备标准

✏️ 学习导航

1. 掌握主要的物理治疗设备的种类、简单的工作原理及主要标准核心内容。
2. 熟悉主要物理治疗设备标准组成。

将声、光、电、磁、力、热等物理因子应用于临床，治疗疾病的设备统称为物理治疗设备。康复设备是指使用于损伤、疾病或机体老化等造成的功能障碍者，能够达到功能增强、功能替代、功能恢复与重建目的的体外用医疗器械。中医器械是指在诊疗活动中，在中医理论指导下应用的仪器、设备、器具、材料及其他物品（包括所需软件）。

物理治疗的标准体系包括物理因子治疗设备和康复治疗设备，物理因子治疗设备包括电疗设备、温热治疗设备、光疗设备、力疗设备、磁疗设备、生物反馈治疗类设备以及其他物理因子治疗设备等，康复治疗设备包括医用康复设备和矫形用治疗设备。中医器械标准体系包括中医诊断设备、中医治疗设备和中医器具。物理治疗、康复设备以及中医器械目前有60余项医疗器械相关国家和行业标准，其中微波治疗设备、神经肌肉刺激器、热垫治疗设备、短波治疗设备等标准是等同转化IEC标准。

第一节 电治疗设备标准

> ❓ 问题
>
> 电治疗设备有哪些种类？"电"疗的治疗原理是什么？现行有效的国家与行业标准有哪些？

利用"电"这种物理因子作用于人体治疗疾病的设备，称为电治疗设备。其中，直流电，低、中频电流因为大多不能通过电阻高的骨组织，所以作用较浅，主要作用于皮肤、皮下组织和肌肉；微波的作用可达到肌肉层；短波或超短波电容场作用较深，可到达骨组织，但电能吸收最强处位于皮和皮下脂肪。

电治疗设备可分为静电疗法类设备、低频电疗类设备、中频电疗类设备和高频电疗类设备四大类。

一、电治疗设备工作原理

1.静电疗法 利用直流电场作用于人体对神经系统、血液循环系统等疾病进行治疗的方法。

2.高压电位疗法　利用交流高压电场（一般不大于30000V）作用于人体以强化人体免疫力的方法。

3.直流电疗法　一般应用30~80V的低电压、小于50mA的小强度平稳直流电流作用于人体，主要治疗作用为促进血液循环、引起神经系统的兴奋或抑制、消散炎症、电解作用等。

4.低频电疗法　应用频率低于1000Hz的各种波形的电流，主要用于对感觉、运动神经和肌肉组织进行刺激作用。

5.中频电疗法　应用频率为1~100kHz的电流，无电解作用，电流作用深度增大，若采用较大电流密度热作用明显，主要用于止痛、促进血液、淋巴循环、软化瘢痕和松解粘连等。

6.高频电疗法　应用100kHz以上的交流高频电流作用于人体，利用高频电流的无电解作用，对神经肌肉无兴奋作用，具有热效应及非热效应。

高频电治疗按频率划分：短波治疗设备频率范围为3~30MHz，常用13.56MHz和27.12MHz；超短波治疗设备频率范围为30~300MHz，常用40.68MHz和50MHz；微波治疗设备频率范围为300MHz~30GHz，常用433.9MHz、915MHz、2450MHz；毫米波治疗设备频率范围为30~300 GHz，常用36 GHz等。

二、电治疗设备标准简介

（一）YY 0649—2016《电位治疗设备》

该标准于2018年6月1日实施。适用于通过有效值不大于30kV，频率不高于100kHz的电压所产生的电场进行治疗的设备以及具有电位治疗功能的组合式设备。不适用于静电贴和可穿戴式设备。

该标准的主要技术指标包括：输出电压、输出频率、输出稳定性、短路电流以及输出过流保护、电场空间安全范围、磁场空间安全范围、治疗垫、治疗毯和治疗褥垫耐久性的要求等。

（二）YY 0607—2007《医用电气设备　第2部分：神经和肌肉刺激器安全专用要求》

该标准等同采用IEC601-2-10：1987《神经和肌肉刺激器安全专用要求》，包含IEC 601-2-10 Amd1：2001和IEC 601-1-2-10 Amd1 Corr1：2002勘误表，已于2008年2月1日开始实施。该标准从实施日起替代YY 0016—1993低频电子脉冲治疗仪和YY 91093—1994中频电疗仪。该标准适用于通过与病人直接接触的电极，使用电流来给病人神经肌肉的疾病诊断和（或）治疗用的设备。不包括：用于植入的或被植入电极连接的仪器、用于脑刺激用的设备、用于神经病学研究的设备、心脏起搏器、体戴式设备、用于外科手术时的刺激器、用于诱发反应诊断的设备、用于肌电图设备、心脏除颤设备和用于仅仅是减痛的经皮式神经和肌肉刺激器。

该标准的主要技术指标包括：工作数据的准确性、危险输出的防止等。

（三）YY/T 0696—2008《神经和肌肉刺激器输出特性的测量》

该标准已于2010年1月1日开始实施，规定了YY 0607—2007适用范围内设备输出特性的测量方法，同时统一对于YY 0607—2007相关条款的理解。

（四）YY 0868—2011《神经和肌肉刺激器用电极》

该标准已于2013年6月1日开始实施。该标准适用于将刺激器输出的电刺激信号通过导电材料传导到皮肤，符合YY 0607—2007规定的神经肌肉刺激器设备使用的附件。电极连接线也认为是电极的一部分。不适用于电针、毫针和仅包含中医探穴功能的电极等。

该标准的主要技术指标包括：阻抗、温度以及生物相容性等。

（五）YY 0951—2015《干扰电治疗设备》

该标准已于2017年1月1日开始实施。该标准适用于同时将两路以上（包含两路）不同频率的中频（频率为1000~100000Hz）交流电流交叉地作用于人体，在组织内形成低频调制电流来进行治疗的一种设备。

该标准的主要技术指标包括：载波的频率、输出电流、输出电流变化率、差频频率、差频变化周期、最大电流密度等。

（六）YY/T 1409—2016《等离子手术设备》

该标准已于2017年1月1日开始实施。该标准适用于包括相关附件在内的医用电气设备，在生理盐水或林格氏液作为灌注液的条件下，设备通过双极电极向手术部位释放电能，利用灌注液中放电形成的等离子体对组织进行切割和凝固。设备的工作频率应不低于100kHz。设备由主机及附件组成，相关附件通常包括：手术附件、脚踏开关和相关附属设备。

该标准的主要技术指标包括：工作频率、额定输出功率、最大输出功率、浓度影响、测温误差等。

（七）YY 0650—2008《妇科射频治疗仪》

该标准已于2009年12月1日开始实施。该标准适用于利用手术电极直接将100kHz~5MHz（500kHz±5kHz不得用作治疗仪的工作频率）的射频传递到靶组织，以达到组织切割、凝固、变性和坏死的一种妇科射频治疗仪，预期利用高频电流对子宫实体肿瘤进行消融治疗。通常由射频发生器和相关附件组成，相关附件包括手术电极、脚踏开关、电极连接线、中性电极连接线和中性电极等。

该标准的主要技术指标包括：工作频率、测温控温误差等。

（八）YY 0776—2010《肝脏射频消融治疗设备》

该标准已于2012年6月1日开始实施。该标准适用于包括相关附件在内的医用电气设备，预期利用射频消融电极将100kHz~5MHz（500kHz±5kHz不得用作治疗仪的工作频率）的射频传递到肝脏实体肿瘤靶组织，以达到靶组织凝固、变性、坏死的治疗目的。与设备配合使用的射频消融电极，应具有温度监测功能，常为单针或多针形式。最大输出功率不超过400W。

该标准的主要技术指标包括：工作频率、输出功率、测温控温误差等。

（九）YY 0860—2011《心脏射频消融治疗设备》

该标准已于2013年6月1日开始实施。该标准适用于包括相关附件在内的医用电气设备，预期利用心脏射频消融导管将频率为200kHz~2MHz的射频能量传递到心脏靶组织，以达到靶组织的凝固、变性、坏死，使其失去电生理传导功能的治疗目的。该设备用于心脏介入射频消融手术，最大输出功率不超过100 W。

该标准的主要技术指标包括：工作频率、输出功率、测温控温误差等。

（十）YY 0897—2013《耳鼻喉射频消融设备》

该标准已于2014年10月1日开始实施。该标准适用于包括相关附件在内的医用电气设备，预期利用耳鼻喉射频消融电极，将频率为200kHz~5MHz的射频能量传递到耳鼻喉部位的黏膜下靶组织，对其进行消融治疗，不适用于高频电灼设备。其额定输出功率应不大于50W。耳鼻喉射频消融电极为与设备配合使用以实现消融治疗的手术附件，预期刺穿耳鼻喉部位的黏膜并对其下靶组织传递射频能量，可以是单极电极，也可以是双极电极。

该标准的主要技术指标包括：工作频率、输出功率、最大输出电压、测温控温误差等。

（十一）YY 0778—2018《射频消融导管》

该标准已于2020年6月1日开始实施。该标准适用于作为高频手术设备的附件，能够通过血管、腔道，把射频能量传递到目标组织，对目标组织实施切割、消融的导管。

该标准的主要技术指标包括：断裂力、弯曲疲劳、化学性能、生物性能及电学性能等。

（十二）YY 0322—2018《高频电灼治疗仪》

该标准已于2020年4月1日开始实施。该标准适用于额定输出功率不超过50W且预期不带中性电极使用的单极高频手术设备。

该标准的主要技术指标包括：工作频率、额定输出功率、电源适应性、输出指示、待机噪声器等。

（十三）YY 0777—2010《射频热疗设备》

该标准已于2012年6月1日开始实施。该标准适用于利用频率为3~120MHz的电磁场作用于人体，使组织温度上升至不超过50℃，以达到对肿瘤进行治疗或辅助治疗目的的设备。不适用于射频消融类产品。其额定输出功率应不小于800W。设备通常包括：射频发生器、温度测量装置、治疗床、控制台、治疗电极等。

该标准的主要技术指标包括：输出功率、温度测量与温度控制、输出保护功能以及报警功能等。

（十四）YY 91086—1999《超短波治疗设备技术条件》

该标准已于2013年6月15日开始实施。该标准适用于工作频率为40.68MHz，额定输出功率在100~500W范围内的超短波治疗设备。

该标准的主要技术指标包括：工作频率、额定输出功率、对不正确输出的防止、输出功率稳定性、对应用部分的要求等。

（十五）GB 9706.6—2007《医用电气设备　第二部分：微波治疗设备安全专用要求》

该标准修改采用了IEC 60601-2-6：1984《医用电气设备　第二部分：微波治疗设备安全专用要求》，主要修改内容为：51.2微波治疗设备的额定输出功率不得超过250W。增加了"在治疗部位有温控装置的设备不受限制。"51.4若辐射器是直接接触面积为20cm^{2}或更小，其微波功率不得超过25W。增加了"用于组织凝固的设备不受此限制"。已于2008年7月1日开始实施。该标准适用于利用工作频率0.3~30GHz的微波辐射能量治疗疾病的设备。不适用于发热用设备。常用频率有：433.9MHz、915MHz、2450MHz。

该标准的主要技术指标包括：工作数据的准确性、危险输出的防止等。

（十六）YY 0839—2011《微波热疗设备》

该标准已于2013年6月1日开始实施。该标准适用于利用工作频率为0.3~30GHz的微波源，通过辐射器传播微波能量，该热疗设备具有测控温功能，适用于临床对肿瘤的辅助治疗。设备由微波源、辐射器、治疗床（如适用）、测控温系统及其他功能控制系统组成。此类设备通常最大输出功率超过250W，治疗时间超过30分钟，通常配备屏蔽室使用。

该标准的主要技术指标包括：工作频率、输出功率、测温控温误差、报警功能、无用微波辐射等。

（十七）YY 0838—2011《微波热凝设备》

该标准已于2013年6月1日开始实施。该标准适用于通过在组织中传输频率大于300MHz但不超过30GHz的电磁波对病人局部组织进行凝固的设备。组合设备如具有微波热凝功能，热凝功能必须满足本标准要求，理疗部分应满足GB 9706.6—2007标准的要求。热凝器和相关连接电缆及其连接器的可触及部分，以及可能和病人接触的与热凝器分离的测温探头及电缆均为应用部分。

该标准的主要技术指标包括：工作频率、输出功率、测控温误差、超温保护、热凝器表面温度等。

（十八）YY 0899—2013《医用微波设备附件的通用要求》

该标准已于2014年10月1日开始实施。该标准适用于为完成治疗目的，与医用微波设备配合使用的附件，通常包括输出线缆、转接器、辐射器、热凝器、穿刺测温针等。常见包括微波理疗设备、微波热凝设备及微波热疗设备配合使用的附件。

该标准的主要技术指标包括：穿刺力、刚性、韧性、插入损耗、驻波比、温升、化学性能以及生物性能等。

（十九）YY 0898—2013《毫米波治疗设备》

该标准已于2014年10月1日开始实施。该标准适用于利用30~300GHz（波长1~10mm）频段的电磁波，通过辐射照射方式，以非热效应治疗疾病的医疗设备。设备一般由主机、辐射器（具有方向性的辐射天线）和连接电缆组成。

该标准的主要技术指标包括：工作频率、输出功率密度、输出指示及准确性等。

第二节 光治疗设备标准

⑦ 问题

紫外治疗设备、红光治疗设备的波长范围是多少？光治疗设备标准规定了哪些主要性能项目？

一、紫外治疗设备标准

（一）产品概况

1.基本原理 紫外治疗设备是利用有效波长在200~400nm的紫外线对人体进行照射治疗的设备。在光谱中紫外线波长较短，因此紫外光子的能量相对较大。紫外线的生物学作用主要是光化学作用，这与红外线主要以热效应为主的生物学效应是不同的。

2.主要构成 该类设备主要由电源部分、控制部分、紫外光源三部分构成。光源是紫外治疗设备的核心，常见紫外光源为高、低压汞灯或特定紫外灯管。光源由电源部分供电，在控制部分的设定控制下对外输出稳定可控的紫外线。

（二）YY 0901—2013《紫外治疗设备》简介

该标准规定了紫外治疗设备的术语和定义、分类、要求、试验方法、检验规则、标志以及使用说明书、包装、运输及贮存。

标准第5章"要求"部分规定了紫外治疗设备应满足的技术要求，主要性能要求如下。

（1）紫外辐射。

（2）有效紫外辐射。

（3）紫外辐照强度最大应不大于200 mW/cm²。

（4）对于UVA波段、UVB波段、UVC波段，紫外辐照强度与制造商标称值的误差应不大于±20%。

（5）紫外辐照强度的均匀性应不大于±25%。

对于有效受照区的受照面积小于25 cm²的情况，不要求紫外辐照强度的均匀性。

（6）对于UVA波段，紫外照射剂量与设定值的误差应不大于±20%，最大应不大于200 J/cm^2；对于UVB波段，紫外照射剂量与设定值的误差应不大于±20%，最大应不大于5 J/cm^2；对于UVC波段，紫外照射剂量与设定值的误差应不大于±20%，最大应不大于2 J/cm^2。

（7）非预期紫外辐射　应不大于表17-1中的规定值。

表17-1　非预期紫外辐射

波段（nm）	照射时间（s）	紫外照射剂量（J/cm^2）	紫外辐照强度（mW/cm^2）
200~308	10^{-9}~3×10^4	3×10^{-3}	/
309~314	10^{-9}~3×10^4	6.3×10^{-2}	/
315~400	10^{-9}~10	$0.56t^{1/4}$	/
315~400	10~10^3	1.0	/
315~400	10^3~3×10^4	/	/

注：t为照射时间。

（8）紫外残留辐射　在制造商规定时间后的紫外残留辐射应不大于表17-1中的规定值。

（9）紫外辐射光谱　若制造商规定了峰值波长，则误差应不大于±3nm。

（10）闪烁　在正常工作状态下，紫外辐射源应不会出现肉眼可察觉的闪烁现象。

二、红光治疗设备标准

（一）产品概况

1.基本原理　红光治疗设备预期使用波长在600~760nm范围内的非相干光对病人体表（不包括自然腔道）进行照射治疗。设备产生的红光能在较短的时间内促使病变组织蛋白质固化，改善局部血液循环，加速伤口愈合以达到治疗疾病的目的。

2.主要构成　红光治疗设备由主机、辐射头及有效辐照面温度传感器（如有）组成。

（二）YY/T 1496—2016《红光治疗设备》简介

该标准规定了红光治疗设备的术语和定义、组成、要求、试验方法、检验规则、标志、包装、运输及贮存。

标准"要求"部分规定了红光治疗设备应满足的技术要求，主要性能要求如下。

1.有效红光辐照度

（1）有效红光辐照度与制造商标称值的误差应不大于±25%，且不大于200mW/cm^2（2000W/m^2）。

（2）有效红光辐照度的均匀性应大于0.4。

（3）对于有效辐照面积小于25cm^{2}的情况，不要求有效红光辐照度的均匀性。

（4）有效红光辐照度的不稳定度应不大于±10%。

2.辐射光谱　600~760nm 范围内的辐照度与 200~1400nm 范围内的辐照度的比值应不小于 0.8。

3.紫外辐射　有效辐照面上任一点的紫外辐射（波长从 200nm 到 400nm）不得超过 1×10^{-4}mW/cm^2（1×10^{-3}W/m^2）。

4.红外辐射　有效辐照面上任一点的红外辐射（波长从 760nm 到 1400nm）不得超过 10mW/cm^2（100W/m^2）。

5.定时与功能

（1）设备应具有定时器，定时误差应不大于设定值的 ±2%。

（2）设备应具有手动停止红光辐射输出的功能。

6.温度监测与超温保护

（1）设备如果具有对有效辐照面温度监测的功能，制造商应规定温度监测范围，测温准确度应不大于 ±3℃。

（2）设备如果具有超温保护功能，当有效辐照面的温度超过制造商规定的温度保护限值时，设备应能停止红光辐射输出且不可自动恢复。

7.工作噪声　在正常工作状态下，设备产生的噪声不得超出制造商在说明书中给出的声级，且不得超过 60dB（A）。

8.说明书　说明书在满足 GB 9706.1—2007 中相关要求的同时，还应包括以下内容。

（1）制造商应规定推荐的治疗时间、治疗频度、辐照距离和辐照角度。

（2）制造商应规定操作者与病人使用设备时的注意事项及防护措施。

（3）制造商应向病人提供防护眼罩，并要求病人必须佩戴。

（4）应告知操作者关于红光辐射源使用寿命的详细信息。

（5）制造商应规定操作者何时及如何确定有效红光辐照度的衰减，以确保确定此衰减后，更换辐射源。

（6）应包含如果操作者处于设备辐照区域时间过长，可能会受影响的警告。

（7）应包含在"工作噪声"条件下测得的最大工作噪声声级。

（8）应提供有效红光辐照度的设定范围、有效辐照面、辐射光谱的信息。

（9）应将（8）的内容永久标记在设备显而易见的位置。

9.电源电压的波动　电源电压在额定电源电压的 ±10% 之间变化时，有效辐照面上中心点的有效红光辐照度的变化应不大于 ±10%。

10.外观　设备的表面应平整光洁、色泽均匀、无明显伤痕，文字标志清晰，操作机构灵活，紧固件无松动。

11.安全要求

（1）设备应符合 GB 9706.1—2007 的要求。

（2）如设备属于医用电气系统，则应符合 GB 9706.15—2008《医用电气设备　第1-1 部分：安全通用要求　并列标准：医用电气系统安全要求》的要求。

12.电磁兼容性　应符合 YY 0505—2012《医用电气设备　第1-2部分：安全通用要求并列标准：电磁兼容要求和试验》的要求。

13.生物相容性　预期与病人接触的设备部件，应按 GB/T 16886.1—2011《医疗器械

生物学评价　第1部分：风险管理过程中的评价与试验》中给出的指南和原则进行评估和形成文件。

第三节　力治疗设备标准

⑦ 问题

力治疗设备有哪些类型？力治疗设备有哪些适用专用的标准？力治疗设备性能和安全标准规定了哪些试验项目？

力疗也叫压力疗法，是指对肢体施加正/负压力，以改善肢体血液循环、提高重要脏器的血流量，以纠正上述组织器官缺血、缺氧的问题，或放松肌肉、缓解紧张和疼痛，或直接对肌肉塑形的治疗方法。

目前这类治疗方法已非常多样化，按照力的来源可分为气压、机械力等，气压又包括正压和负压，机械力包括按压和拉伸，按照力的施加时间有持续的（压力抗栓）、间歇的（牵引、塑形、循环压力、体外反搏）、振动的（按摩、排痰）、短时的（冲击波）多种形式。作用部位也非常多样，包含了四肢、腰背、胸部等除头部外的大多数部位。

一、力治疗设备工作原理

（一）负压（振动）治疗设备

1.负压/振动按摩设备　通常由主机、控制系统、负压系统或振动装置、理疗头（可包含电极片及线缆）等组成。通过负压抽吸或机械振动进行物理按摩的原理，达到缓解或辅助治疗的目的。常见产品有负压抽吸理疗仪、振动理疗仪等。

2.振动排痰机　通常由主机产生机械振动，可有多路输出。常见产品有振动排痰机等。

（二）加压治疗设备

1.循环压力治疗设备　通常由主机、充气软管和加压气囊等组成，加压气囊可包含一个或多个气腔，通过对人体外周组织及血路施加周期变化的压力，促进并改善血液循环。常见产品有空气压力波治疗仪、肢体加压理疗仪、间歇脉冲加压抗栓系统等。

2.预适应训练设备　通常由主机、充气软管和袖带等组成。一般包含多个袖带，通过对人体上肢施加周期变化的压力，人为控制血管阻断与开放时间，增强组织器官的缺血耐受力。用于临床缺血症的预适应训练。常见产品有预适应训练仪等。

3.压力抗栓器具　通常由具有弹性的合成纤维针织而成。通过自身具有的弹性压力，用于预防静脉曲张和深层静脉血栓。常见产品有压力抗栓带、治疗袜等。

（三）牵引治疗设备

通常由产生和调节机械力的牵引主机和传输力的绳索构成，也包括承载病人的床（椅）和配套的病人固定带等附件。牵引主机可以是电动或手动结构，病人固定带绑在病人的枕、颌部、胸部、髋部或四肢等部位，通过皮肤摩擦力将牵引力传递至病人。常见产品有牵引床、牵引椅、电动牵引床、电动牵引椅、颈腰椎牵引仪、牵引治疗仪、多功能牵引床等。

（四）牵引器具

常见的有气囊式牵引器，气囊环绕在颈部，充气后能够对颈部肌肉产生轴向拉伸的力。用于放松脊椎周围肌肉，缓解椎间压力。常见产品有气囊式颈牵器等。

（五）冲击波治疗设备

1.电磁/液电式冲击波治疗设备　通常由主机和治疗头组成。通过对线圈施加高压脉冲产生时变磁场，利用电磁效应推动金属振膜产生的冲击波（或通过电极在水中放电的液电效应产生冲击波），对人体病灶进行治疗。用于治疗足底筋膜炎、网球肘、肩周炎等。常见产品有电磁式冲击波治疗仪、冲击波治疗仪等。

2.气压弹道式体外压力波治疗设备　通常由主机、压缩机、探头等组成。发射体经由电子控制的弹道压缩机加速的压缩空气形成的压力波，通过探头与人体皮肤或组织的弹性碰撞，对患处进行治疗的设备。用于治疗足底筋膜炎、网球肘、肩周炎等。常见产品有气压弹道式体外压力波治疗仪、压力波治疗仪等。

二、力治疗设备标准简介

（一）加压治疗设备标准

循环压力治疗设备强制执行 YY 0833—2011《肢体加压理疗设备》，该标准于2013年6月1日实施。

该标准主要技术指标要求包括：外观、压强指示、治疗压强调节范围、极限压强、过压保护、定时装置、功能开关、手动释压、工作噪声；气囊（压力舱）的气密性、耐压性能、疲劳试验、生物相容性；连接管路防止错误连接的装置或标识。

（二）牵引治疗设备标准

1.YY/T 0697—2016《电动颈腰椎牵引治疗设备》　该标准于2017年6月1日实施。这是该标准的第二版，前一版本为 YY 0697—2008《电动牵引床》，于2017年6月1日废止。与 YY 0697—2008 相比，新版本增加牵引模式的要求、牵引力输出要求、渐进期和渐退期的计时准确性要求，细化紧急保护措施的要求，删除快牵功能。

该标准主要技术指标要求包括：牵引模式、牵引力、计时、紧急保护措施、角度牵引、工作噪声、外观及结构等。

2.YY/T 1491—2016《电动颈腰椎牵引用床、椅和附件》　该标准于2017年6月1日实施。该标准适用于电动颈腰椎牵引治疗过程中用于承载病人或传递牵引力的床、椅和附件，附件包括但不仅限于固定带、固定架、滑轮等。

这类设备通常与牵引治疗机组合或是牵引治疗设备的一部分。该标准对与牵引功能相关的通用部件和附件作出了规定，但并未涉及所有可能与牵引治疗设备配合使用的附件或部件，例如监护设备或通信设备、甚至娱乐设备等。

（三）冲击波治疗设备标准

气压弹道式体外压力波治疗设备强制执行YY 0950—2015《气压弹道式体外压力波治疗设备》，该标准于2017年1月1日实施。

有些用于泌尿系统等结石治疗的碎石设备也采用气压弹道原理，但不属于该标准的范畴。

该标准主要技术指标要求包括：工作压力、能量稳定性、能量密度、穿透深度、碰撞频率、定时器或计数器、脉宽、管路的耐压性能过压安全装置、治疗头的疲劳性能、耐腐蚀性、生物相容性、功能和外观等。

第四节　热治疗设备标准

? 问题

热治疗设备有哪些类型？热治疗设备有哪些适用专用的标准？

在物理治疗领域，热治疗设备主要分为热传导治疗设备和热辐射治疗设备两类。热传导治疗设备是指两个物体之间热传输主要靠传导完成的设备；热辐射治疗设备是指热的传输不需要介质分子的参与，而是通过电磁波的形式来完成的设备。

一、热治疗设备工作原理

（一）热传导治疗设备

1.体腔热灌注治疗设备　通常由主机、加热装置、测控温装置、灌注装置（如滚压泵和循环水箱）、管道组件、引流管等组成。治疗时将具有特定温度的热水（可含有化疗药物）灌注到腹腔内，使病灶直接浸泡其中，同时通过引流管将热水回流到设备。用于恶性肿瘤腹腔或腹膜转移的癌性腹水的物理治疗。

2.热垫式治疗仪　利用放置于病人身体局部的热垫所产生的热效应并以热传导的方式对病人进行治疗。通常由主机、人体接触的治疗面（床）、温度保护装置等部件组成。用于缓解肌肉痉挛、黏液囊炎、肌腱炎、纤维性肌肉痛等病症。

3.温热理疗床　通过加热的床面和可塑床垫给病人全身或身体局部提供热量。通常由加热装置、温度传感器、温控电路、动力装置以及应用部分等组成。

4.热磁振子治疗设备　利用应用部分热磁振子产生的磁场、振动和传导热对病人进行治疗。以微机处理为基础，采用三种物理因子相结合作用方式，作用于皮肤表面，改善血液的循环，促进炎症产物排除，振动伴有舒适的按摩感，解除肌肉酸痛。

5. 医用控温毯 是在医疗机构临床使用环境下，通过控制设备内循环液体的温度，具有对人体进行体外物理升温和（或）降温功能，达到辅助调节人体温度目的的设备。

6. 半导体升降温治疗设备 利用半导体帕尔贴效应控制设备内循环液体的温度，对患处进行体外物理升温和（或）降温，达到辅助治疗目的的设备。

7. 热敷贴 是将主要材料成分（铁粉、水、活性炭、食盐等，且不含任何药物成分），按一定比例放入内袋密封，利用铁粉氧化的升温致热原理，通过热传导作用方式对病人进行辅助治疗。

8. 电脑恒温电蜡疗仪 通常由主机、熔蜡装置、温度控制装置、温度检测装置、蜡等组成。利用加热溶解的石蜡、蜂蜡作为导热体，将热能传至机体达到治疗作用的设备。用于对病人低体温症的治疗。

（二）热辐射治疗设备

1. 特定电磁波治疗仪 辐射器所含元素在一定温度下受热激发，产生出的能量主要分布在 $2\sim25\,\mu m$ 波长范围内的电磁波进行的热辐射治疗。

2. 热辐射理疗仪 主要由辐射体和支撑体等组成，治疗时各部分不接触人体，以辐射的方式将热量传递至人体。

二、热治疗设备标准简介

（一）热传导治疗设备标准

1. 专用安全标准 YY 0834—2011《医用电气设备 第二部分：医用电热毯、电热垫和电热床垫安全专用要求》：适用于电热毯、电热垫和电热床垫（包括气垫和充气系统）的要求，此类加热设备是用于医疗和辅助医疗的设备，通过加热的毯、垫、床垫和可塑床垫给病人全身或身体局部提供热量的设备。

2. 热垫式治疗设备 YY/T 0165—2016《热垫式治疗仪》：主要规定了热垫温度的临床有效下限值和使用安全上限值及误差、温度均匀性、温度稳定性、两路独立的超温保护装置、输出指示装置的要求。

3. 热磁振子治疗仪 YY/T 0982—2016《热磁振子治疗设备》：主要规定了设备临床有效温度的下限值和安全使用的上限值及误差、超温保护装置、磁感应强度准确性、最大磁感应强度限值、磁场空间安全范围、振动频率准确性。

4. 医用控温毯 YY 0952—2015《医用控温毯》：主要规定了循环液体温度范围及准确性、体温传感器监测温度范围及准确性、空载平均速率、负载最大平均速率、毯面承重要求、控循环管路密封性及设备的功能要求。

5. 半导体升降温治疗设备 YY/T 0998—2015《半导体升降温治疗设备》：主要规定了温度设定范围、体表传感器误差、温度控制功能、管路密封性等要求。

6. 热敷贴 YY 0060—2018《热敷贴（袋）》：主要规定了外包装的密闭性、内袋抗跌落、内袋强度、外袋强度、外袋材料的气密性、内袋粘贴性能、最高温度、升温时间、持续时间、温度保证时间、有效期及临近效期产品的温度性能。

（二）热辐射治疗设备标准

1.专用安全标准　YY 0306—2018《热辐射类治疗设备安全专用要求》：适用于利用加热到一定温度的辐射器辐射出的能量（热效应），对人体进行治疗的电气设备

2.特定电磁波治疗仪　YY/T 0061—2007《特定电磁波治疗器》：主要规定了波长范围、加热器表面温度控制准确性、加热器表面温度不均匀度、治疗头防护罩的表面容许的最高温度限值、热响应时间、可调定时器准确性、过热保护装置、加热器工作寿命、加热器已工作的指示装置、热辐射器有害射线控制、外部标识等。

第五节　磁治疗设备标准

? 问题

磁治疗设备有哪些类型？磁治疗设备有哪些适用专用的标准？磁治疗设备性能和安全标准规定了哪些试验项目？

磁治疗也叫磁场治疗，是应用磁场作用于人体的局部，达到辅助治疗疾病的目的。根据磁场的时间特性，磁治疗设备分为静磁场治疗设备和动磁场治疗设备。其中，静磁场治疗设备通过永磁体或直流电磁体（线圈）产生恒定磁场，人体患部置于该恒定磁场中。由于永磁体自身特性，其磁场强度通常较低。常见产品包括磁疗贴、磁疗带等。

动磁场治疗设备通过在线圈中传输交变电流产生交变磁场，通过控制交变电流的波形、频率和强度，可以得到各种频率和强度的交变磁场。常见的中低强度磁治疗设备有低频交变磁疗仪、脉动磁疗仪等。一种以单个脉冲或脉冲串方式产生高强度脉冲磁场的磁治疗设备被用于对神经系统的刺激，通常称为磁刺激器或经颅磁刺激仪等。

一、磁治疗设备工作原理

（一）静磁场治疗器具

常见的静磁场治疗器具使用永磁体产生磁场，利用不同的磁体形状，例如磁片、磁针等，靠近或贴敷在人体表面进行治疗。通常由永磁体或其他磁性物质，以及包裹磁性物质的材料或外壳等部分组成。应用磁场或受磁化的物质作用于人体的局部。

（二）动磁场治疗设备

1.低频交变磁治疗设备　通常由电源、电感线圈、控制模块等部分组成。通过在线圈中传输变化的电流形成变化的磁场［强度和（或）方向］，作用于人体的局部达到治疗的目的。通过控制电流的波形、频率、强度等调节磁场的交变频率、强度，常见的是使用50Hz工频频率正弦波电流产生50Hz的正弦交变磁场，也有对电流进行调制、整流以形成变化的、间歇的波形。有时会附加永磁体来提高磁场强度。

2.磁刺激设备　通常由电源、控制模块、放电电容、磁刺激模块和外壳等部分组成。磁刺激模块靠近人体，通常是颅脑部附近，模块内部有不同形状的线圈，以产生不同分布的磁场，常见的有环形线圈、8字形线圈等，设备先对电容充电，然后电容以设定的时间间隔快速向线圈放电，在线圈中形成幅度较高的脉冲电流，从而在线圈周围产生高强度的脉冲磁场。线圈背向病人一侧有屏蔽层，以防止对操作者的伤害。对于较高强度的线圈，可能还需要提供循环水冷却系统。

3.热磁振子治疗设备　是一种结合温热治疗、磁场治疗、振动治疗等多种物理因子的特殊设备，多种物理因子由同一结构来源产生，不可分割。

二、磁治疗设备标准简介

磁刺激设备除需满足GB 9706.1—2007外，还推荐执行YY/T 0994—2015《磁刺激设备》。该标准于2016年1月1日实施。

该标准规定了磁刺激设备的术语、定义、要求、试验方法。

该标准适用于利用高压储能电容对磁场线圈进行瞬间放电产生脉冲磁场作用于神经系统产生刺激的设备。

该标准主要技术指标要求包括以下几点。

（1）磁感应强度　最大磁感应强度应不小于1T。设备磁感应强度允差：±20%。

（2）输出频率　输出频率在0~100Hz范围内，允差：±10%。

（3）脉冲宽度　由制造商规定，允差：±10%。

（4）定时　定时时间由制造商依据使用需要自行制定，在预定时间到达后断开磁场输出，允差：±10%。

（5）磁场终止功能　磁感应强度大于1T并且能连续进行磁场输出的设备应具有手动停止磁场输出的功能。

（6）冷却系统　有液体冷却系统的设备，冷却液应无渗漏、无挥发现象。当冷却系统发生故障时，应有提示或停止磁场输出。

（7）保护装置　磁感应线圈应具有独立的保护装置，当线圈发生故障时，应停止磁场输出并有视觉或听觉提示。

（8）充电电容的要求　制造商应提供避免电容超过使用寿命的措施，如设备具有电容放电计数器或说明书中声明电容的维护方法及更换周期。

第六节　超声治疗设备标准

⑦ 问题

超声治疗设备基于哪些科学原理？超声治疗设备涉及的主要标准有哪些？

超声治疗设备，一般对人体不造成损伤，不造成人体组织变性。目前的超声治疗设备依据其治疗目的，一般分为理疗（声强3W/cm²以下）、小功率治疗、针灸、穴位、导药、降脂、雾化和药物渗透等。

一、超声治疗设备工作原理

超声治疗一般利用超声的机械效应、热效应和空化效应的一种或多种生物效应。

用于理疗目的，采用非聚焦超声波，超声输出强度一般在3W/cm²以下，频率范围在0.5~5MHz，具体产品有超声理疗仪、超声穴位治疗机、超声按摩仪等。

用于疾病治疗目的，一般采用聚焦或弱聚焦超声波，具体产品有热疗设备、前列腺超声治疗仪、脑血管超声治疗仪、电疗超声组合治疗仪等。

采用能量辐照方式的设备利用超声能量辐照人体，通常由超声功率发生器、控制装置和治疗头等组成。

雾化治疗设备由超声波发生器、药液容器、导管等部分组成，利用的是超声能量使含药液体雾化，形成气溶胶，使病人吸入治疗，也可用于环境的空气加湿。

二、超声治疗设备适用标准

超声治疗设备的国家标准1项，为安全专用要求；行业标准17项，主要是安全标准和产品标准，见表17-2。

表17-2 超声治疗设备涉及的标准

序号	标准号	名称	标准类别	备注
1	CB 9706.7—2008	医用电气设备 第2-5部分：超声理疗设备安全专用要求	安全标准	注册时检验
2	YY 1090—2009	超声理疗设备	产品标准	注册时检验
3	YY 0830—2011	浅表组织超声治疗设备	产品标准	注册时检验
4	YY 0109—2013	医用超声雾化器	产品标准	注册时检验
5	YY 0299—2016	医用超声耦合剂	产品标准	注册时检验
6	YY/T 0110—2009	医用超声压电陶瓷材料	产品标准	针对辅助材料
7	YY/T 0111—2005	超声多普勒换能器技术要求和试验方法	方法标准	针对部件
8	YY/T 1089—2007	单元式脉冲回波超声换能器的基本电声特性和测量方法	方法标准	针对部件
9	YY/T 1142—2013	医用超声设备与探头频率特性的测试方法	方法标准	针对部件
10	YY/T 1278—2015	医用超声设备换能器声束面积测量方法	方法标准	针对部件
11	YY/T 0163—2005	医用超声测量水听器特性和校准	方法标准	针对试验设备

序号	标准号	名称	标准类别	备注
12	YY/T 0750—2009	超声理疗设备0.5~5MHz频率范围内声场要求和测量方法	方法标准	针对性能，注册时检验
13	YY/T 0797—2010	超声输出试验超声理疗设备维护指南	方法标准	针对产品
14	YY/T 1088—2007	在0.5~15MHz频率范围内采用水听器测量与表征医用超声设备声场特性的导则	方法标准	针对参数
15	YY/T 1420—2016	医用超声设备环境要求及试验方法	方法标准	针对性能，注册时应检验
16	YY/T 0865.1—2011	超声　水听器　第1部分：40MHz以下医用超声场的测量和特征描绘	方法标准	针对试验设备
17	YY/T 0865.2—2018	超声　水听器　第2部分：40MHz以下超声场用水听器的校准	方法标准	针对试验设备
18	YY/T 0865.3—2013	超声　水听器　第3部分：40MHz以下医用超声场水听器的性能	方法标准	针对试验设备

三、超声治疗设备标准简介

1.GB 9706.7—2008《医用电气设备　第2-5部分：超声理疗设备安全专用要求》该标准等同采用IEC 60601-2-5：2000。标准仅涉及使用单元非聚焦圆形换能器，经由治疗头，产生的固定声束垂直于治疗头端面的超声理疗设备。该标准也适用于对疾病、损伤或者残疾进行补偿或缓解的超声理疗设备。本专用安全标准与通用安全标准配套使用，是对通用标准的完善和补充，本标准规定了超声理疗设备的安全和与安全直接相关各方面的专用要求。

主要技术内容包括：声输出数据和控制器的准确性要求、声输出的稳定性要求、声辐射场的均匀性要求、超声换能器的温升要求和试验方法、电磁兼容的试验要求。

2.YY 1090—2009《超声理疗设备》该标准适用于频率范围0.5~5MHz、由平面圆形超声换能器产生连续波或准连续波超声能量的超声理疗设备，本标准不适用于有效声强大于3W/cm²以上或采用聚焦超声波的设备。

3.YY 0830—2011《浅表组织超声治疗设备》该标准是针对浅表组织超声治疗设备的产品标准，该类产品通常由平面圆形换能器，采用聚焦或非聚焦形式，构成超声声源，其超声频率通常在0.5~2.0MHz，输出声强通常大于超声理疗设备3W/cm²的上限规定，产生并发射超声能量，作用于人体浅表组织达到治疗的目的。该标准基于产品的安全性和有效性，规定了浅表组织超声治疗设备的基本要求和技术指标，试验方法采用成熟的标准方法。

4.YY 0109—2013《医用超声雾化器》该标准适用于利用超声波对液体药物进行雾

化的医用超声雾化器,该产品主要供吸入治疗,也可用于环境的空气加湿。雾化粒子直径在雾化器中是一个很重要的指标。直径1~5 μm的粒子对雾化治疗是最有效的,所以该标准在修订时增加了雾化粒径的技术指标。

🔗 知识链接

　　相关的标准在应用于能量辐照类超声治疗设备时,有一个数值界限,即有效声强为3W/cm²,小于等于这个数值的,适用于YY 1090—2009《超声理疗设备》,超过的适用其他标准,如YY 0830—2011《浅表组织超声治疗设备》等。

第七节　医用康复器械标准

❓ 问题

　　医用康复器械有哪些类型?

　　医用康复器械主要分为认知言语视听障碍康复设备、运动康复训练器械、助行器械、矫形固定器械四类。其中,认知言语视听障碍康复设备包括认知障碍康复设备、视觉康复设备、听觉康复设备、言语障碍康复设备、真耳测试仪、助讲器、助听器;运动康复训练器械包括步态训练设备、康复训练床、平衡训练设备、振动训练设备、关节训练设备、盆底肌肉训练设备、舌肌康复训练器;助行器械包括医用轮椅车、辅助行走站立器械;矫形固定器械包括矫形器、固定器。

一、医用康复器械工作原理

　　康复是一个涉及多学科的概念,讲到医用康复器械时,还经常提及相关的残疾人康复。残疾人功能代偿性器具称为辅助器具。

　　辅助器具是功能障碍者使用的,特殊制作或一般可得到的用于如下目的任何产品(包括器械、仪器、设备和软件)。①有助于参与性;②对身体功能(结构)和活动起保护、支撑、训练、测量或替代作用;③防止损伤、活动受限或参与限制。

　　医用康复器械与康复辅助器具存在交叉,但应该明确的是,医用康复器械属于医疗器械,预期使用对象是疾病或损伤的病人。

二、医用康复器械标准简介

　　医用康复器械除了适用的通用电气安全标准外,还包括可能适用的性能和安全标准。

YY 0900—2013《减重步行训练台》

YY/T 0997—2015《肘、膝关节被动运动设备》

YY/T 1410—2016《平衡测试训练系统》

GB/T 12996—2012《电动轮椅车 》

GB/T 13800—2009《手动轮椅车》

GB/T 14199—2010《电声学 助听器通用规范》

GB/T 25102.1—2010《电声学 助听器 第1部分：具有感应拾音线圈输入的助听器》

GB/T 25102.2—2010《电声学 助听器 第2部分：具有自动增益控制电路的助听器》

GB/T 25102.4—2010《电声学 助听器 第4部分：助听器用感应回路系统磁场强度》

GB/T 25102.100—2010《电声学 助听器 第0部分：电声特性的测量》

（一）减重步行训练台

减重步行训练台除了符合通用的电气安全标准外，还应符合YY 0900—2013《减重步行训练台》的要求，主要技术指标要求包括：减重吊架–升降行程、减重吊架–减重指示、减重吊架–安全载荷、减重吊架–连接、减重吊架–悬吊带、步行训练台–定时设置、步行训练台–速度设置、步行训练台–坡度设置、步行训练台–静态载荷、步行训练台–意外断电的安全性、步行训练台–急停装置、步行训练台–疲劳试验、稳定性、工作噪声、握持装置、外观、使用说明书等。

（二）平衡测试训练系统

平衡测试训练系统除了符合通用的电气安全标准外，还应符合YY/T 1410—2016《平衡测试训练系统》的要求，主要技术指标要求包括：测试范围及精度、反应一致性、各测力板间测量误差、重心轨迹、测试区域、稳定性、握持装置、噪声、使用说明书、软件要求、外观等。

（三）肘、膝关节被动运动设备

肘、膝关节被动运动设备除了符合通用的电气安全标准外，还应符合YY/T 0997—2015《肘、膝关节被动运动设备》的要求，主要技术指标要求包括：角度范围及允差、角速度、治疗时间、手持操作器、固定肢体的支架、意外断电、承重载荷、警示信息、疲劳试验、工作噪声、外观等。

第八节 中医器械标准

> ? **问题**
>
> 中医器械有哪些种类？中医器械有哪些适用专用的标准？

中医器械是指在诊疗活动中，在中医理论指导下应用的仪器、设备、器具、材料及其他物品（包括所需软件）。

一、中医器械工作原理

（一）中医诊断设备

1. 脉诊设备 通常由主机、加压装置和压力传感器组成。经压力传感器通过皮表对桡动脉及周边组织的腕部寸、关、尺部位以无创的方式，在施加外力的条件下进行脉图采集的设备。

2. 望诊设备 通常由主机、图像采集装置和光源组成。通过图像采集装置获取舌面图像或者面部图像，并对采集到的图像进行分析的设备。

3. 穴位阻抗检测设备 通常由主机、检测电极、辅助电极、传输线等组成。通过外加电信号对穴位或特定部位进行无创阻抗检测的辅助诊断设备。

（二）中医治疗设备

1. 穴位电刺激设备 通常由主机、输出电极、连接线等组成。通过对针灸针或电极通以微量电流作用于人体穴位或特定部位进行治疗的设备。

2. 温针治疗设备 通常由主机（含加热装置和控温装置）和针具组成。通过加热装置对针具进行加热并作用于人体穴位或特定部位的设备。

3. 灸疗设备 一种通常由主机、灸材固定装置和自动控制装置组成，通过灸材燃烧施灸于人体穴位。另一种通常由主机、灸头和灸垫组成，通过电子器件对灸头和灸垫加热，产生温热作用施灸于人体穴位。

4. 拔罐设备 通常由电动负压源、导管、罐体等组成。通过负压源使罐体内产生负压，从而吸附在肌肉上。

5. 熏蒸治疗设备 通常由控制装置、蒸汽发生器、熏蒸舱等组成，可有雾化装置和温度控制装置等。对药液加热后所产生的蒸汽，对人体进行中药熏蒸。

6. 穴位微波刺激设备 通常由主机和微波辐射器组成，微波辐射器尺寸适合作用于穴位（无创）。利用微波对人体穴位进行刺激以产生类似于针灸效果的设备。

7. 穴位激光刺激设备 通常由主机和激光辐射探头组成。通过弱激光（≤3R）对人体穴位进行刺激的设备。

（三）中医器具

1. 针灸针 通常由针体、针尖、针柄和（或）套管组成。针体的前端为针尖，后端设针柄，针体跟针尖都是光滑的，而针柄多有螺纹。用于中医针刺治疗。

2. 三棱针 通常由针体、针尖和针柄组成。针柄呈圆柱状，针身至针尖呈三角锥形。用于中医针刺放血。

3. 小针刀 通常由手持柄、针体和针刀组成。针刀宽度一般与针体直径相等，刃口锋利。用于人体皮下或肌肉深部割治使用。

4. 皮肤针 通常由针盘、针体、针尖和针柄组成。外形似小锤状，一端附有莲蓬状的针盘，在针盘下规则嵌有不锈钢短针。根据针的数目多少不同，分别称为梅花针（五支针）、七星针（七支针）、罗汉针（十支针）。用于叩刺穴位及其他部位的皮肤。

5. 滚针　通常由支架、滚轮、不锈钢针、手柄等组成。用于体表特定部位的局部刺激，实施滚针疗法。

6. 皮内针　通常是以不锈钢丝制成的小针，有颗粒型和揿钉型两种，颗粒型针柄形似麦粒或呈环形，针身与针柄成一直线；揿钉型针柄呈环形，针身与针柄呈垂直状。用于皮内针疗法使用。

7. 埋线针　通常由衬心座、针座、针管、衬芯和保护套组成。用于穴位的穿刺埋线。

8. 灸疗器具　通常由灸材、灸材固定装置、温度调节装置等组成，灸材燃烧对人体产生温热作用施灸于人体穴位。通过灸材固定装置和（或）温度调节装置限定和（或）调节灸材与施灸表面的相对距离，从而调节施灸温度。

9. 穴位磁疗器具　通常由永磁体或磁性物质和医用胶布组成。应用磁场作用于人体穴位的器具。用于对穴位进行磁疗。

10. 浮针　通常由针芯、针座、软管和保护套组成。用于浮针疗法。

11. 穴位压力刺激器具　通常由球状体和医用胶布组成。贴于人体穴位处，通过外力仅起压力刺激作用；贴于人体穴位处，进行外力刺激；无创。

12. 刮痧器具　通常采用砭石、玉制品、牛角等材料加工磨光制成。

13. 拔罐器具　通常由罐体和释放压力的阀体组成。以燃烧或手动方式产生负压的罐状器具。用于拔罐疗法。

二、中医器械标准简介

（一）YY 0780—2018《电针治疗仪》

主要技术指标要包括直流分量、最大输出、工作数据准确性、输出闭锁及危险输出的防止等。2018版本与YY 0780—2010相比，修改直流分量测试方法、脉冲能量要求和测试方法、电极针的要求；增加"输出通道独立控制""通道间干扰""输出通道的标识""输出短路和开路的保护"要求、电极针连接器和电极线的要求等。

（二）YY/T 1036—2016《熏蒸治疗仪》

主要技术指标要求包括熏蒸温度、防干烧功能、安全保护功能及生物相容性等。

（三）YY/T 1488—2016《舌象信息采集设备》

主要技术指标要包括照度、相关色温、显色指数（Ra）、辐射照度、紫外辐射照度、分辨率、彩色还原、相对畸变、结构要求、功能及生物相容性等。

（四）YY/T 1489—2016《中医脉图采集设备》

主要技术指标要求包括外加力学量施加装置的安全限值、外加力学量的准确性、脉压准确性、脉率准确性、泄压功能、传感器有效几何尺寸、动态放大器的时间常数及生物相容性等。

（五）YY/T 1490—2016《电子加热灸疗设备》

主要技术指标要求包括治疗温度、其他功能、灸头、灸垫的面积尺寸、灸垫的其他要求及生物相容性等。

（六）YY 0104—2018《三棱针》

主要技术指标要求包括尺寸、材料、硬度、抗腐蚀性及表面粗糙度等。2018版本修改了三棱针规格、尺寸、表面粗糙度的要求，增加了对针尖穿刺力、对于非一体成型式三棱针对其连接牢固度、一次性使用无菌三棱针的无菌和环氧乙烷残留量的要求和试验方法。

（七）GB 2024—2016《针灸针》

主要技术指标要求包括尺寸、材料、硬度、韧性、针体与针柄连接的牢固力、针灸针针柄长度、针体表面不应有可见润滑剂汇聚、抗腐蚀性及表面粗糙度等。该标准在1994版本上增加了塑料柄和金属管柄型式的针灸针的内容；修改了硬度的要求，规定了针体硬度的上限值。

思考题

1. 物理治疗设备中的电疗设备包括几大类？每类电疗设备涉及的标准有哪些？

2. 物理治疗设备中的光疗设备的标准目前涵盖哪些光谱波段？有哪些要求？

3. 牵引治疗设备的相关标准规定了哪些要求和试验项目？

4. 热治疗设备包括几大类？每个大类中现行有效的标准有哪些？

5. GB 9706.7—2008《医用电气设备　第2-5部分超声理疗设备安全专用要求》和《医用电气设备　第2-62部分：高强度超声治疗（HITU）设备基本安全和基本性能的专用要求》的适用范围是什么？

6. 超声治疗设备和超声手术设备其能量作用于人体的方式有哪些？

7. 从医疗器械监管的角度来区分，超声治疗设备和超声手术设备的区别有哪些？

8. 康复训练设备目前有哪些现行有效的标准？

第十八章 放射治疗设备标准

✏️ **学习导航**

1. 掌握放射治疗设备的分类方法、主要品种及主要标准核心内容。
2. 熟悉放射治疗设备标准组成。

在放射治疗领域，放射治疗设备通常分成两类：外照射治疗设备和内照射治疗设备。放射治疗设备可按照使用的辐射源的类型分为放射性核素设备和人工电离辐射设备，还可按辐射源产生的射线种类分为X射线设备、电子辐射设备、γ射线设备、轻离子治疗设备、中子治疗设备等。无论是外照射还是内照射设备，都需要放射治疗计划系统（RTPS）的支持才能完成放射治疗。另外，为了满足某些特殊的临床应用，这些设备通常还会与其他辅助设备组合在一起，形成具有特殊治疗功能的放疗设备。

第一节 外照射设备标准

❓ **问题**

外照射设备有哪些类型？外照射设备有哪些适用的专用标准？外照射设备标准规定了哪些主要安全和性能指标？

一、外照射设备用途和分类

所谓外照射设备是指辐射源位于病人体外对病人病灶进行放射治疗的设备。目前，常见的外照射设备包括医用电子加速器、γ射束远距离治疗机、医用X射线治疗机等。医用加速器主要包括医用电子加速器（如电子直线加速器、电子回旋加速器等）和轻离子加速器（如质子加速器、碳离子加速器等）。γ射束远距离治疗机主要包括钴60治疗机和γ射束立体定向放射治疗系统等。这些外照射设备通常还可与X射线图像引导设备（X-IGRT）、电子射野成像装置（EPID）、放射治疗计划系统（TPS）、其他专用机械结构等结合，形成具有特殊治疗功能的外照射设备。

二、外照射设备标准的主要内容

（一）医用电子加速器

1.GB 9706.5—2008《医用电气设备 **第2部分：能量为1MeV至50MeV电子加速器安全专用要求**》 GB 9706.5—2008对电击危险的防护、对机械危险的防护、对不需要的或过量的辐射危险的防护等方面进行了规定，主要安全指标如下。

（1）辐射野内杂散辐射的防护　对电子辐照中的杂散X辐射，1~50MeV电子辐照中的杂散X辐射限值为3%~20%；对X照射中相对表面剂量，1~50MeV X辐照的相对表面剂量限值为80%~65%。

（2）在病人平面上辐射野外的辐射防护　对透过限束装置的泄漏X辐射，M区域内任何点不超过参考轴上NTD处10cm×10cm辐射野最大吸收剂量的2%；M区域内平均泄漏剂量不超过0.75%；穿过多元限束装置的泄漏辐射剂量不超过5%；对透过限束装置的泄漏电子辐射，几何辐射野周边外2cm与M边界间的区域不超过10%，几何辐射野周边外4cm与M边界间的区域的平均值限值为1.0%~1.8%。

（3）M区域外的泄漏辐射（中子辐射除外）　最大泄漏吸收剂量不超过NTD处10cm×10cm辐射野吸收剂量的0.2%，平均值不超过0.1%。

（4）M区域外的泄漏中子辐射　最大泄漏吸收剂量不超过NTD处10cm×10cm辐射野吸收剂量的0.05%，平均值不超过0.02%。

（5）病人和其他人员的辐射安全　病人平面外的泄漏X辐射不超过参考轴上NTD处10cm×10cm辐射野最大吸收剂量的0.5%；病人平面外的泄漏中子辐射不超过0.05%；终止辐照后感生放射性的电离辐射发射，距外壳表面5cm处周围剂量当量不超过10μSv，距外壳表面1m处周围剂量当量不超过1μSv。

（6）非预期的电离辐射　距可触及表面5cm处，周围剂量当量不超过5μSv。

2.GB 15213—2016《医用电子加速器性能和试验方法》　GB 15213—2016对电子加速器的性能进行了规定，包括剂量监测系统、深度吸收剂量特性、辐射野的均匀性、辐射野的指示、辐射束轴的指示、等中心、沿辐射束轴距离的指示、旋转标尺的零刻度位置、前后辐射野的一致性、治疗床的运动、电子成像装置等，主要性能指标如下。

（1）剂量监测系统　重复性不超过0.5%；线性不超过±0.5%；随设备角度位置的变化关系不超过3%；随机架旋转的变化关系，对X辐射不超过±3%，对电子辐射不超过±2%；高剂量照射后的稳定性不超过±2%；日稳定性不超过±2%；周稳定性不超过±2%。

（2）深度吸收剂量特性　X辐射穿透性最大偏差不超过±3%或±3mm；电子辐射穿透性最大偏差不超过±3%或±2mm。

（3）辐射野的均匀性　对X辐射，方形X辐射野均整度，5cm×5cm至30cm×30cm辐射野不超过106%，大于30cm×30cm辐射野不超过110%；方形X辐射对称性不超过103%；最大吸收剂量比，不大于30cm×30cm辐射野不超过107%，大于30cm×30cm辐射野不超过109%；对电子辐射，其均整度在标准测试深度两主轴上不超过10mm，在基准测试深度两主轴上不超过15mm，在标准测试深度对角线上不超过20mm，对称性不超过105%；最大吸收剂量比不超过109%。

（4）辐射野的指示　对X辐射，其数字指示要求，对5cm×5cm至20cm×20cm辐射野，不大于±3mm或±1.5%，对大于20cm×20cm辐射野，不大于±5mm或±1.5%，对多元限束装置10cm×10cm辐射野，不大于±3mm，对最大辐射野，不大于±5mm或±1.5%；其光野指示要求，光野的边与射野边的距离，在NTD处，对5cm×5cm至20cm×20cm辐射野，不大于±2mm或±1%，对大于20cm×20cm辐射野，不大于±3mm

或 ±1%，在1.5倍NTD处，对5cm×5cm至20cm×20cm辐射野，不大于±4mm或±2%，对大于20cm×20cm辐射野，不大于±6mm或±2%，光野中心与辐射野中心偏差，在NTD处，不大于2mm，在1.5倍NTD处，不大于4mm；重复性要求，X辐射野尺寸变化偏差不大于±2mm，光野指示变化不大于2mm，多元限束装置变化不大于2mm；对电子辐射，数字野指示偏差不大于±2mm；光野指示偏差不大于±2mm。

（4）辐射束轴的指示　辐射束在病人入射表面的指示，对X辐射不大于2mm；对电子辐射不大于4mm。

（5）等中心　辐射束轴相对等中心偏移不大于2mm；等中心指示偏差不大于2mm。

3.GB/T 19046—2013《医用电子加速器　验收试验和周期检验》 GB/T 19046—2013用于电子加速器验收和定期检验，主要试验项目包括剂量监测系统、深度吸收剂量特性、辐射野的均整度、辐射野的指示、辐射束轴的指示、等中心、沿辐射束轴距离的指示、旋转标尺的零刻度位置等，性能指标和试验方法与GB 15213—2016类似，不再赘述。

（二）γ射束远距离治疗机

1.GB 9706.17—2009《医用电气设备　第2部分：γ射束治疗设备安全专用要求》 GB 9706.17—2009对机械危险的防护、辐射安全等方面进行了规定，主要安全指标如下。

（1）对病人辐射束内杂散辐射的防护　相对表面吸收剂量，对于NTD小于30cm，钴60辐照情况下，10cm×10cm辐射野不超过70%，最大辐射野不超过90%，MSSR应用最大辐射野不超过70%，铯137辐照情况下，最大辐射野不超过100%，MSSR应用最大辐射野不超过95%；对于NTD在10~30cm之间，钴60辐照情况下，最大辐射野不超过100%；对于NTD在5~10cm之间，钴60辐照情况下，最大辐射野不超过130%。

（2）对病人辐射束外的辐射防护　辐照期间穿过限束装置的泄漏辐射不超过2%，对于超过500cm² 的设备，泄漏辐射平均值与其屏蔽防护面积的乘积不超过10cm×10cm辐射野的0.1倍；最大辐射束以外的泄漏辐射：出束状态，NDT处半径2m范围，最大值不超过0.2%，平均值不超过0.1%，距源1m处最大泄漏辐射不超过0.5%；束控装置传输过程中，不超过0.5%；出束以外的位置，距外壳5cm处不超过0.5%。

（3）病人以外其他人员的辐射安全　关束状态下的杂散辐射，距放射源1m处，不超过0.02mGy/h，距设备外壳表面5cm处，不超过0.2mGy/h；换源人员接受的有效剂量当量不超过1mSv。

2.YY 0096—2009《钴60远距离治疗机》 YY 0096—2009对等中心位置误差、半影宽度、光野边界与辐射野边界偏差、辐射野内有用射线空气比释动能不对称性等进行了规定，主要性能指标如下。

（1）等中心位置误差不大于±2mm。

（2）经修正的半影宽度不超过10mm。

（3）准直器绕轴回转轴心偏差不超过2mm。

（4）准直器绕轴回转光野边界的偏差不超过2mm。

（5）辐射野内有用射线空气比释动能不对称性小于5%。

（6）辐射野的指示误差±2mm。

（7）源皮距的指示误差 ±2mm。

3.YY 0831.1—2011《γ射束立体定向放射治疗系统　第1部分：头部多源γ射束立体定向放射治疗系统》　YY 0831.1—2011对焦点标称剂量率、聚焦野尺寸、聚焦野剂量梯度、定位参考点偏差、剂量计算综合误差、治疗计划参考点的位置误差等进行了规定，主要性能指标如下。

（1）焦点标称剂量率不小于3.0Gy/min。

（2）定位参考点偏差不大于0.5mm。

（3）剂量计算综合误差不超过 ±5%。

（4）治疗计划参考点的位置误差不超过1.5mm。

4.YY 0831.2—2015《γ射束立体定向放射治疗系统　第2部分：体部多源γ射束立体定向放射治疗系统》　YY 0831.2—2015对焦点标称剂量率、聚焦野尺寸、聚焦野剂量梯度、定位参考点偏差、剂量计算综合误差、治疗计划参考点的位置误差等进行了规定，主要性能指标如下。

（1）焦点标称剂量率不小于2.0Gy/min。

（2）最小野定位参考点偏差不大于0.5mm。

（3）剂量计算综合误差不超过 ±5%，面积重合率大于90%。

（4）治疗计划参考点的位置误差不超过1.5mm。

（三）X辐射放射治疗立体定向及计划系统

1.YY 0832.1—2011《X辐射放射治疗立体定向及计划系统　第1部分：头部X辐射放射治疗立体定向及计划系统》　YY 0832.1—2011对辐射野尺寸偏差、辐射野半影、透过准直器的泄漏辐射、辐射野中心与等中心的偏差、重复定位偏差、治疗计划软件功能等进行了规定，主要性能指标如下。

（1）辐射野尺寸偏差　小于20mm辐射野尺寸偏差不大于1mm，不小于20mm辐射野尺寸偏差不大于2mm。

（2）辐射野半影　小于20mm辐射野半影不大于3mm，不小于20mm辐射野半影不大于4mm。

（3）辐射野中心与等中心的偏差　不大于1.5mm。

（4）重复定位偏差　不大于1.5mm。

（5）剂量计算误差　不超过 ±5%，靶点位置计算误差小于1.5mm，面积重合率大于90%。

2.YY 0832.2—2015《X辐射放射治疗立体定向及计划系统　第2部分：体部X辐射放射治疗立体定向及计划系统》　YY 0832.2—2015对坐标系、随机文件、辐射野尺寸偏差、辐射野半影、透过准直器的泄漏辐射、辐射野中心与等中心的偏差、重复定位偏差、治疗计划软件功能等进行了规定，主要性能指标如下。

（1）辐射野尺寸偏差　圆形准直器小于20mm辐射野尺寸偏差不大于1mm，不小于20mm辐射野尺寸偏差不大于2mm；其他准直器尺寸偏差不大于2mm。

（2）辐射野半影　圆形准直器小于20mm辐射野半影不大于3mm，不小于20mm辐射野半影不大于4mm；其他准直器尺寸偏差不大于6mm。

（3）辐射野中心与等中心的偏差 不大于1.5mm。

（4）重复定位偏差 不大于1.5mm。

（5）剂量计算误差 不超过±5%，靶点位置计算误差小于1.5mm，面积重合率大于90%。

（四）治疗级X射线机

GB 9706.10—1997《医用电气设备 第2部分：范围在10kV到1MV治疗X射线发生装置安全专用要求》对治疗X射线发生装置安全，主要包括机械稳定性和可移动性、对不需要的或过量的辐射危险的防护、工作数据的准确性等进行了规定。目前应用较少，标准内容不再赘述。

第二节 内照射设备标准

? 问题

内照射设备有哪些类型？内照射设备有哪些适用的专用标准？内照射设备标准规定了哪些主要安全和性能指标？

一、内照射设备用途和分类

所谓内照射设备是指辐射源位于病人体内或体表对病人病灶进行放射治疗的设备，典型的内照射治疗设备包括自动驱动式后装机和放射性粒子植入治疗设备。自动驱动式后装设备主要包括铱192后装机、钴60后装机、锎252中子后装机、X射线后装机等，植入治疗使用的放射性粒子以碘125为主。这些内照射设备通常还可与图像引导设备（如超声图像引导）、放射治疗计划系统（TPS）、其他专用机械结构等结合，形成具有特殊治疗功能的内照射设备。

二、内照射设备标准的主要内容

（一）自动驱动式后装设备

1.GB 9706.13—2008《医用电气设备 第2部分：自动控制式近距离治疗后装设备安全专用要求》 GB 9706.13—2008对 α β γ 中子辐射和其他粒子辐射、工作数据的指示、指示值与实际值的一致程度等方面进行了规定，主要安全指标如下。

（1）贮源器泄漏辐射限制 对通用贮源器，距表面5cm处不超过0.01mSv/h，距表面1m处不超过0.001mSv/h；对限制进入的贮源器，距表面5cm处不超过0.1mSv/h，距表面1m处不超过0.01mSv/h。

（2）放射性源强限制 γ 放射源总强度不超过100mGy/h（距放射源1m处）；β 放射源总强度不超过2Gy/h（距放射源2m处）；中子放射源总强度不超过100mGy/h（距放射源

1m处）。

（3）放射源在施源器内位置偏差　小于2mm。

（4）控制计时器误差　不超过1%或100ms。

（5）辐照记录保存时间　发生故障时不少于10h。

2.YY/T 1308—2016《自动控制式近距离治疗后装设备》 YY/T 1308—2016对放射源最大传送距离、放射源定位误差、放射源定位重复性、放射源累积定位误差、治疗计划等进行了规定，主要性能指标如下。

（1）放射源最大传送距离偏差　不超过±1.0mm。

（2）放射源定位误差　不超过±1.0mm。

（3）放射源定位重复性　不超过±1.0mm。

（4）放射源累积定位误差　不超过±1.0mm。

3.YY/T 0973—2016《自动控制式近距离后装设备放射治疗计划系统　性能和试验方法》 YY/T 0973—2016对长度重建偏差、体积重建偏差、施源器重建几何精度、剂量计算偏差、剂量分布准确性、随机文件进行了规定，主要性能指标如下。

（1）长度重建偏差　不大于1mm。

（2）体积重建偏差　不大于5%。

（3）施源器重建几何精度　不大于±1.0mm。

（4）剂量计算偏差　不大于5%。

（5）剂量分布准确性　面积重合率不小于90%。

（二）放射性粒子植入治疗设备

主要适用的专用标准为YY/T 0887—2013《放射性粒子植入治疗计划系统　剂量计算要求和试验方法》。

YY/T 0887—2013对长度重建偏差、体积重建偏差、剂量计算偏差、剂量场分布准确性进行了规定，主要性能指标如下。

（1）长度重建偏差　不大于2mm。

（2）体积重建偏差　不大于10%。

（3）剂量计算偏差　不大于10%。

（4）剂量分布准确性　面积重合率不小于90%。

第三节　放射治疗计划系统标准

? 问题

放射治疗计划系统有哪些适用的专用标准？放射治疗计划系统标准规定了哪些主要安全和性能指标？

一、放射治疗计划系统用途和分类

放射治疗计划系统（简称RTPS或TPS）是放射治疗必不可少的重要组成部分，用于病人放射治疗的规划。无论外照射治疗还是内照射治疗都需要TPS支持，它既可以与放射治疗设备结合在一起，成为随机非独立使用的专用单元，也可以是独立使用的通用单元。TPS通常用硬件和软件组成，硬件部分通常是计算机工作站（或计算机图形工作站等），软件包括TPS运行环境软件（如Windows、Unix系统）和TPS软件。TPS可以单独封闭使用，也可以与其他放疗设备连接使用。

二、放射治疗计划系统的主要内容

1.YY 0637—2013《医用电气设备　放射治疗计划系统的安全专用要求》 YY 0637—2013对RTPS的随机文件、操作安全通用要求（包括距离和线性尺寸、辐射量、日期和时间格式、防止非授权使用、数据范围、非授权修改的保护、数据传输的正确性、坐标系与刻度、数据存储和归档）、放射治疗设备和近距治疗源数据配置（包括剂量学参数、治疗机/近距源配置的验收、设备数据/近距源数据的删除）、虚拟病人建立（包括数据获取、坐标系和刻度、感兴趣区的轮廓勾画、病人解剖数据的验收、病人解剖数据的删除）、治疗计划的设计（包括治疗计划的准备、治疗计划的识别、治疗计划的删除、电子签名）、吸收剂量分布的计算（包括使用的数学模型、算法的准确度）、治疗计划报告（包括不完整的治疗计划报告、治疗计划报告内容、治疗计划信息传送）、一般硬件诊断要求、数学处理器、数据和代码、软件设计的人为错误、软件版本的变更、使用中的人为错误等方面进行了规定。

2.YY 0775—2010《远距离放射治疗计划系统　高能X（γ）射束剂量计算准确性》 YY 0775—2010对5种条件下放射治疗计划系统剂量计算与参考值之间的误差进行了规定，主要性能指标如下。

（1）简单几何条件　束轴上测量点剂量计算允许误差：±2%；野内离轴测量点剂量计算允许误差：±3%。

（2）复杂几何条件　野内测量点剂量计算允许误差：±3%。

（3）组合复杂几何条件　野内测量点剂量计算允许误差：±4%。

（4）射野边缘外　简单几何条件射野边缘外测量点剂量计算允许误差：±3%。

（5）射野边缘外、复杂几何条件且中心轴被遮挡　中心束轴上测量点剂量计算允许误差：±3%。

3.YY/T 0889—2013《调强放射治疗计划系统　性能和试验方法》 YY/T 0889—2013对点剂量计算准确性、剂量分布计算准确性、治疗剂量目标进行了规定，主要性能指标如下。

（1）点剂量计算准确性　靶区内测量点不超过±4.5%，危及器官内测量点不超过±4.7%。

（2）剂量分布计算准确性　复合野符合±3%/3mm的点占比不小88%，每个单野符合±3%/3mm的点占比不小93%。

4.YY/T 0895—2013《放射治疗计划系统的调试　典型外照射治疗技术的调试》
YY/T 0895—2013对临床调试中的验收试验、射束拟合、测试模体、测试用例的描述、解剖和输入的测试例、剂量学测试例进行了规定。

第四节　放射治疗辅助设备标准

? 问题

> 放射治疗辅助设备有哪些适用的专用标准？放射治疗辅助设备标准规定了哪些主要安全和性能指标？

一、放射治疗辅助设备用途和分类

仅依靠外照射和内照射设备本身来精确地完成对病人的治疗是非常困难的，因此，必须依靠一些辅助设备来支持帮助完成预定的放射治疗。典型的辅助放射治疗设备包括：放射治疗模拟机、激光定位装置、图像引导系统（如X-IGRT等）、呼吸门控、呼吸跟踪系统、真空负压垫、热塑膜等，用于模拟病人照射的空间几何条件、放射治疗方案的模拟、病人摆位、治疗的引导、辐射束的控制以及运动靶区的追踪等。

二、放射治疗辅助设备标准的主要内容

1.GB 9706.16—2015《医用电气设备　第2部分：放射治疗模拟机安全专用要求》
GB 9706.16—2015对电击危险的防护、动力驱动的运动、电机紧急停止、附件的安装、模拟机产生的X辐射通用要求、其他外来的电离辐射、不正确的运行和故障状态等方面进行了规定，主要安全指标如下。

（1）旋转运动　最小速度不超过1°/s，最高速度不超过7°/s；停止角度：不超过1°/s时，不超过0.5°，超过1°/s时，不超过3°。

（2）直线运动　最小速度不超过10mm/s，最高速度不超过100mm/s；停止距离：不超过25mm/s时，不超过3mm，超过25mm/s时，不超过10mm。

（3）紧急停止切断时间　不超过100ms。

2.GB/T 17856—1999《放射治疗模拟机　性能和试验方法》　GB/T 17856—1999对界定辐射野的指示、重复性、界定器几何形状、界定光野的照度、入射面上界定辐射束轴的指示、界定辐射束轴与等中心的偏移、等中心的指示等方面进行了规定，主要性能指标如下。

（1）数字指示　3cm×3cm至20cm×20cm辐射野不大于2mm，对大于20cm×20cm辐射野不大于1%。

（2）光野指示　光野的边与射野边的距离：NTD处，3cm×3cm至20cm×20cm辐射野不大于1mm，对大于20cm×20cm辐射野不大于0.5%，1.5倍NTD处，3cm×3cm至

20cm×20cm辐射野不大于2mm，对大于20cm×20cm辐射野不大于1%，光野中心与辐射野中心之间的偏差，NTD处，不大于1mm，1.5倍NTD处，不大于2mm。

（3）重复性　X辐射野尺寸变化偏差不大于1mm。

（4）界定器几何形状　临边垂直度不大于0.5°，对边平行度不大于0.5°。

（5）光野照度和对比度　照度不小于50lx，对比度不小于400%。

（6）辐射束在病人入射表面的指示　SAD=100cm±25cm，不大于1mm。

（7）等中心　辐射束轴相对等中心偏移不大于1mm（SAD=100cm）；等中心指示偏差不大于1mm（SAD=100cm）。

3.YY 0721—2009《医用电气设备　放射治疗记录与验证系统的安全》 YY 0721—2009对随机文件、安全要求（包括辐射量、日期和时间、坐标系和刻度、防止非授权使用、数据传输的正确性、数据接受、删除和编辑数据、备份数据、数据归档）、治疗及设置参数的验证（包括治疗的阻止、强制执行、处方治疗数据的传输、随机信息）、治疗记录和报告、准确度、异常操作和出错条件（包括一般硬件诊断、数据和代码）、软件版本的变化、使用中的人为错误进行了规定。附录A（规范性附录）给出了硬件安全要求。

4.YY/T 0888—2013《放射治疗设备中X射线图像引导装置的成像剂量》 YY/T 0888—2013对成像剂量的描述和显示、成像剂量测量方法的描述、千伏级X射线CTGD成像剂量描述、兆伏级X射线CTGD成像剂量描述进行了规定。

5.YY/T 0890—2013《放射治疗中电子射野成像装置　性能和试验方法》 YY/T 0890—2013对通用要求、机械支撑结构、成像性能要求进行了规定，主要性能指标如下。

（1）探测器帧时间　最小帧时间不大于0.5s。

（2）成像装置信噪比　不小于5000%（对应1cGy剂量）。

（3）成像装置延迟　第二帧与第一帧信号值比不大于5%，或第五帧与第一帧信号值比不大于0.3%。

（4）空间分辨率　不小于0.6lp/mm。

6.YY/T 0971—2016《放射治疗用多元限束装置　性能和试验方法》 YY/T 0971—2016对随机文件、辐射野指示、重复性、半影、多元限束装置辐射野中心与治疗机辐射野束轴的一致性、多元限束装置的运动性能、辐射野中心的偏移、透过多元准直器的泄漏辐射、多元限束装置的控制软件功能进行了规定，主要性能指标如下。

（1）辐射野数字指示　10cm×10cm辐射野不超过±3mm，最大方形辐射野不超过±3mm或±1.5%（取大者）。

（2）光野指示　光野的边与射野边的距离：NTD处，10cm×10cm辐射野不大于2mm，最大方形辐射野不超过2mm或1%（取大者）；1.5倍NTD处，最大方形辐射野不不超过4mm或2%（取大者）。

（3）光野中心与辐射野中心之间的距离　NTD处，不大于2mm；1.5倍NTD处，不大于4mm。

（4）重复性　辐射野尺寸之间最大偏差不超过2mm；光野边与辐射野边之间的距离不大于2mm。

（5）多元限束装置辐射野中心与治疗机辐射野束轴的一致性　不大于2mm。

（6）多元限束装置的运动性能　元件末端位置的准确性不超过 ±1mm，元件末端位置的重复性不大于2mm。

（7）辐射野中心的偏移　不大于2mm。

（8）透过多元准直器的泄漏辐射　不大于2%。

思考题

1.放射治疗设备主要有哪些种类？

2.放射核素治疗设备专用安全标准规定了哪些指标要求？

3.电子加速器性能和专用安全标准规定了哪些指标要求？

4.电子加速器验收试验和周期检验标准规定了哪些试验项目？

5.放射治疗计划系统专用安全标准规定了哪些内容？

6.放射治疗辅助设备有哪些？有哪些相应的标准？

第十九章 其他标准

学习导航

1. 掌握接触镜及护理产品、眼内填充物、人工晶状体基本概念和产品原理。

2. 熟悉妇产科、计划生育、辅助生殖、接触镜及护理产品、眼内填充物、人工晶状体产品临床应用中主要危害及风险关注点。

3. 了解上述各相关产品标准的体系构成及标准概况，能够为实际监管工作提供引导和帮助。

第一节　妇产科和计划生育器械标准

问题

郭某是一家器械生产企业的注册人员，正在注册含铜、含吲哚美辛宫内节育器产品，有哪些可参考的标准？

一、概述

妇产科及计划生育器械领域的标准由全国计划生育器械标准化技术委员会（SAC/TC 169）负责该领域标准体系规划、制修订和宣贯。SAC/TC169 的国际对口技委会为 ISO/TC157（局部避孕和性传染预防屏障器械标准化技术委员会）。根据其标准体系，主要由基础通用领域标准、机械避孕器械标准、终止妊娠器械标准、绝育器械标准以及妇产科器械标准组成。机械避孕器械标准包括含铜宫内节育器国家标准以及女用避孕套行业标准和男用合成避孕套行业标准。

二、妇产科及计划生育器械重点标准介绍

（一）避孕套标准

避孕套是以非药物的形式阻止受孕的医疗器械，也有防止STIs（Sexually transmitted infections，性传播疾病）、HIV（Human Immunodeficiency Virus，人类免疫缺陷病毒）等作用。根据制成避孕套原材料不同，常见的避孕套有天然胶乳和合成胶乳两种材料制成，分别称作天然胶乳橡胶避孕套和合成材料避孕套；根据避孕套作用的对象，又分成男用避孕套和女用避孕套。

GB/T 7544—2009《天然胶乳橡胶避孕套技术要求和试验方法》标准规定了由天然橡胶胶乳制造、用于避孕和有助于防止性传播疾病的男用避孕套的最低技术要求和试验方

法，该标准的实施对天然橡胶胶乳避孕套产品质量的提高起到了促进作用。

对于合成材料避孕套，YY/T 1567—2017《女用避孕套　技术要求与试验方法》和《男用避孕套　合成材料避孕套技术要求和试验方法》（于2016年12月报批）分别等同采用ISO 25841：2014和ISO 23409：2011标准。《女用避孕套　技术要求与试验方法》规定了女用避孕套以及由合成材料，或者由合成材料与天然橡胶胶乳材料混合制造的避孕套的最低技术要求和试验方法。

（二）含铜宫内节育器标准

宫内节育器（intra-uterine device，IUD）作为一种高效、安全、使用简便、经济、可逆的避孕方法，已成为我国使用最广泛的长效避孕措施。目前我国采取IUD避孕的妇女占已婚育龄采取避孕措施人群的近50%，占全世界使用IUD的70%。

我国对量大、使用比较成熟的四款主流宫内节育器制订了强制性国家标准，即GB 11235—2006《VCu宫内节育器》、GB 11234—2006《宫腔形宫内节育器》、GB 11236—2006《TCu宫内节育器》和GB 3156—2006《OCu宫内节育器》。四项标准对其材料、外观、基本尺寸、性能要求、试验方法、检验规则、标志包装进行了规范化，保证了产品的质量。其中，材料中铜的纯度要求（99.99%）超过了ISO标准规定（99.9%），同时，对宫内节育器支架材料以及放置器械也作了要求。

另外，对含铜宫内节育器用铜以及吲哚美辛的要求作了规定，并推荐了试验方法。发布了行业标准YY/T 1404—2016《含铜宫内节育器用铜技术要求与试验方法》和YY/T 1471—2016《含铜宫内节育器用含吲哚美辛硅橡胶技术要求与试验方法》。

（三）一次性使用无菌阴道扩张器标准

一次性使用无菌阴道扩张器，是以高分子材料制成，由上叶和与手柄连为一体的下叶构成，主要用于妇科检查。目前现行有效的标准为YY 0336—2013《一次性使用无菌阴道扩张器》。该标准对外观、抗变形能力、结构强度、无菌、环氧乙烷残留量等技术指标进行了规定，使产品质量得到了有效保证。

第二节　辅助生殖相关器械标准

> **? 问题**
>
> 　　王某是一家器械生产企业的注册人员，正在注册生殖培养液类产品，需要做什么检测？有哪些可参考的标准？

一、概述

人类辅助生殖技术（assisted reproductive technology，ART）是指运用医学技术和方法对配子、合子、胚胎进行人工操作，使不育夫妇妊娠的技术，包括人工授精（Artificial

Insemination，AI）和体外受精–胚胎移植（*In Vitro* Fertilization and Embryo Transfer，IVF–ET）技术及其各种衍生技术，是一种针对不孕不育症病人的诊疗技术。

目前，人类辅助生殖技术用医疗器械标准化技术归口单位秘书处由中国食品药品检定研究院承担。这一领域相关标准分别为 YY/T 0995—2015《人类辅助生殖技术用医疗器械　术语和定义》、YY/T 1434—2016《人类体外辅助生殖技术用医疗器械　体外鼠胚试验》、YY/T 1535—2017《人类体外辅助生殖技术用医疗器械生物学评价　人精子存活试验》。《人类体外辅助生殖技术用医疗器械　辅助生殖穿刺取卵针》《人类体外辅助生殖技术用医疗器械　胚胎移植导管》等标准在制定中。

二、辅助生殖器械重点标准介绍

（一）YY/T 0995—2015《人类辅助生殖技术用医疗器械　术语和定义》

该标准规定了人类辅助生殖技术所使用的医疗器械的术语和定义，适用于人类体外辅助生殖技术用医疗器械。①基础术语：人类辅助生殖技术、人工授精等；②辅助生殖器具类术语：辅助生殖用穿刺取卵针、辅助生殖用移植管及其附件等；③辅助生殖培养液及保存液类术语：辅助生殖培养液、精子洗涤液等。

（二）YY/T 1434—2016《人类体外辅助生殖技术用医疗器械　体外鼠胚试验》

该标准规定了体外鼠胚试验方法，适用于与配子和（或）胚胎接触的人类体外辅助生殖技术用医疗器械的安全性评价。本试验是采用小鼠胚胎体外常规培养体系，在从受精卵到囊胚的培养过程中，根据待检产品的功能和特性，在相应培养环节使用待检液体类产品或者器具类产品的浸提液，通过观察早期胚胎从受精卵到囊胚的发育情况来评价待检产品对胚胎发育的潜在毒性。

体外鼠胚试验规定了1–细胞方法和2–细胞方法。本标准推荐使用1–细胞胚胎方法，试验需要在具备条件的洁净实验室（万级以上，局部百级）内进行。本标准规定了对于试验动物品系、周龄的选择，说明了试验所使用的试剂、耗材、仪器和具体的试验过程，规范了对于试验结果的观察指标即囊胚形态观察和质量判断，明确了试验可接受准则、数据分析及报告内容。

（三）YY/T 1535—2017《人类体外辅助生殖技术用医疗器械生物学评价　人精子存活试验》

该标准用于评价在人类体外辅助生殖技术用医疗器械中与精子直接接触的培养液类及器具/耗材类产品可能产生的毒性风险，也可用于评价与卵母细胞或胚胎直接接触的培养液类及器具/耗材类产品可能产生的毒性风险。试验采用优化处理后活力保持在90%以上的人类精子，根据待测产品的功能和特性，在相应培养环节使用待测液体类产品或者与器具/耗材类产品浸提液接触后，37℃继续培养24小时，与对照组相比，精子活力未见显著下降，作为可以接受的指标。通过观察精子活力情况来评价待测产品的质量和潜在毒性。试验可接受准则是当试验结束时，阴性对照组精子SMI ≥ 0.7，且阳性对照组精子

SMI < 0.6，认为该份精子样品的试验有效。受试品存在潜在生物毒性的判断，在三份有效试验中：①若供试样品组两份样品的SMI ≥ 0.7，且相对SMI ≥ 0.9，被认为对人类精子的影响可以忽略；②若供试样品组两份样品的SMI < 0.7或相对SMI < 0.9，则被认为对人类精子的影响不可以忽略。

第三节　接触镜标准

? 问题

　　小王是市场监管局的一位新入职工作人员，面对辖区各眼镜店在售接触镜的监管工作，在开展日常监管工作时候应该关注哪些风险点和标准？

一、概述

　　接触镜（俗称隐形眼镜），是指根据人眼表面的形态制作，附着在眼睛表面的泪液层上，并能与人眼生理相容，从而达到矫正视力、妆饰、治疗等目的的光学透镜。

　　接触镜按照临床用途、软硬度、材料、含水量、佩戴周期等不同的分类方式，可分为多种类型，例如：软性亲水接触镜、软性角膜接触镜、角膜塑形用硬性透气接触镜等；年抛型、月抛型、日抛型等。接触镜在我国按Ⅲ类医疗器械管理。接触镜直接覆盖于眼睛表面，浸没在泪液中并直接接触眼组织，应用中应重点关注以下方面。

　　（1）镜片对于屈光矫正不足或过矫正，无法实现近视、远视、散光矫正，成像质量不佳；镜片光谱透过率过低，使得进入瞳孔光线不足，易形成视觉疲劳或视觉色彩异常。

　　（2）良好的透氧性能是戴镜后角膜能获得维持新陈代谢所需氧气的基本保障，长期佩戴透氧不佳镜片，易致角膜水肿等不适并可能引发其他眼并发症。

　　（3）镜片材料多为高分子聚合物，主体材料、添加剂、单体残留物等的生物相容性以及着色镜片着色材料对眼组织细胞无毒性，是保障镜片安全使用的重要方面。

　　（4）镜片应易于护理，在使用过程中护理程序应简便高效。若护理不当，镜片上会有过量蛋白质沉积导致免疫反应，可能引起眼睑、睑结膜、球结膜血管的扩张和炎症细胞的移行和聚集，产生眼部并发症。

　　（5）镜片材料应有足够大的抗拉强度，能够在多次佩戴过程中的翻折及护理过程中的揉搓后，在制造商规定的佩戴周期内，保持自身良好的使用性能。镜片尺寸合适，定位准确、成形性好并易于与角膜贴合，将提升佩戴舒适性和摘戴的便利性。

二、接触镜标准介绍

　　接触镜产品标准体系主要由11项标准组成，其中《眼科光学　接触镜》系列标准由9个部分构成。强制性标准GB 11417.2—2012和GB 11417.3—2012给出了规范性要求的核心内容，其余部分标准主要是针对规范性内容要求部分所涉及的术语、试验方法标准，主要标准如下。

GB/T 11417.1—2012《眼科光学　接触镜　第1部分：词汇、分类和推荐的标识规范》

GB 11417.2—2012《眼科光学　接触镜　第2部分：硬性接触镜技术要求》

GB 11417.3—2012《眼科光学　接触镜　第3部分：软性接触镜技术要求》

GB/T 11417.4—2012《眼科光学　接触镜　第4部分：试验用标准盐溶液》

GB/T 11417.5—2012《眼科光学　接触镜　第5部分：光学性能试验方法》

GB/T 11417.6—2012《眼科光学　接触镜　第6部分：机械性能试验方法》

GB/T 11417.7—2012《眼科光学　接触镜　第7部分：理化性能试验方法》

GB/T 11417.8—2012《眼科光学　接触镜　第8部分：有效期的确定》

GB/T 11417.9—2012《眼科光学　接触镜　第9部分：紫外和可见光辐射老化试验（体外法）》

GB/T 28538—2012《眼科光学　接触镜和接触镜护理产品　兔眼相容性研究试验》

GB/T 28539—2012《眼科光学　接触镜和接触镜护理产品　防腐剂的摄入和释放的测定指南》

此外，针对硬性角膜塑形镜产品，专门制定了行业标准YY 0477—2016《角膜塑形用硬性透气接触镜》规范其安全有效性相关要求。

> **🔗 知识链接**
>
> **接触镜相关国际标准**
>
> 接触镜领域的国际标准，主要由国际标准化组织ISO/TC172/SC7/WG9工作组（即TC172光学和光子学技术委员会/眼科光学和仪器分技术委员会/WG9接触镜工作组）负责起草，其标准信息可在国际标准化组织ISO网站（https://www.iso.org）查询。

第四节　接触镜护理产品标准

> **❓ 问题**
>
> 接触镜护理产品的用途是什么？临床有哪些风险？应符合哪些标准？

一、概述

接触镜护理产品为当接触镜从原包装开封后，用于维持其安全和性能的接触镜附件，是安全使用接触镜的保证。

接触镜护理产品通常由一种或多种成分组成，具有消毒或防腐、清洁、冲洗、润滑及储存等一种或多种功能，以达到对接触镜护理的目的。产品主要成分有保湿剂、pH调节剂、渗透压调节剂、表面活性剂、络合剂、杀菌（防腐）剂、清洁剂等。

接触镜护理产品按Ⅲ类医疗器械管理，按产品形态，分为液态产品和固态产品；按产品剂量，分为多次量产品和一次量产品；按产品是否直接接触人眼，分为直接接触人眼产品和非直接接触人眼产品；按产品使用方法，分为直接使用的产品和需经处理后使用的产品；按产品功能，主要分为生理盐水护理液、清洁剂、化学消毒产品、多功能护理液、接触镜用滴眼液（如润滑液、润眼液）等五类。

接触镜护理产品由于产品质量或使用问题，可能出现的危害如下。

（1）接触镜护理产品中的某些成分、未彻底中和的过氧化氢、未彻底清洁的去蛋白酶、镜片沉积物及其他变性物质等，均可引起角膜毒性反应。

（2）对于依从性不够好的接触镜佩戴者，若镜片清洁护理不当导致镜片、吸棒、镜盒等被病原微生物污染，加上机体抵抗力下降时可能引起结膜炎。

二、接触镜护理产品标准介绍

为保证接触镜护理产品使用的安全有效，凡在中国上市的接触镜护理产品必须符合中华人民共和国医药行业标准YY 0719《眼科光学　接触镜护理产品》系列强制性标准的规定。

YY 0719行业系列标准由8个部分组成，包含了接触镜护理产品安全有效性要求及试验方法：YY 0719.1给出接触镜护理产品的术语；YY 0719.2规定了产品的分类、风险分析、设计、原材料、临床评价、制造、安全性能要求及试验方法、包装、有效期和抛弃日期、标签和信息等一系列要求；YY 0719.3规定了产品抗微生物活性的要求及试验方法；YY 0719.4规定了评价多次量防腐接触镜护理产品的抗微生物防腐有效性的要求及试验方法，并给出确定开封产品抛弃日期的指南；YY 0719.5规定了评价接触镜和接触镜护理产品物理相容性的要求及试验方法；YY 0719.6给出接触镜护理产品稳定性研究指南；YY 0719.7规定了产品生物学评价试验方法。YY 0719.8给出了接触镜护理产品有效成分清洁剂的含量测定试验方法。

第五节　人工晶状体标准

> ? 问题
>
> 在白内障手术中，将人眼原有晶状体通过手术更换为人工晶状体非常常见，那么小小的人工晶状体临床中有哪些风险，又要符合哪些标准呢？

一、概述

人工晶状体是模仿自然晶状体的透镜，对于白内障病人来说，人工晶状体可用于恢复弱视或失明等白内障病人的视力；对于屈光不正病人来说，人工晶状体可以永久矫正远视或近视屈光度数。另一方面，人工晶状体极佳的紫外光吸收能力甚至可以超过自然晶状体，能有效预防紫外线直射眼底而导致的视网膜光化学伤害，极好地保护了视网膜。

人工晶状体由透镜与支撑透镜的襻构成，襻与透镜的结合有一体加工制成的单件式和分体加工后粘接或焊接制成的多件式两种。市场上的人工晶状体产品一般由镜片、原包装（装容器）、附加包装（灭菌内包装袋）和外包装组成。人工晶状体按临床使用部位分类属植入组织类；按接触时间分类属C类；从管理类别上分类属于Ⅲ类医疗器械产品。

人工晶状体由于制造质量不佳，在手术植入过程中及术后可能出现的问题或危害如下。

（1）手术中或植入后襻断裂需要再次手术，增加病人的痛苦和风险，增加医疗纠纷。

（2）植入后产生无菌性上窦病、角膜并发症、继发性青光眼等。

（3）光焦度不准确导致裸视矫正不良，术后视力不佳，失去手术意义。

（4）光学面形和局部面形不佳，造成视力模糊、产生闪烁光斑、多重影像或严重散光，易导致失去医疗器械的根本有效作用。

（5）光学偏心人工晶状体光轴与视轴产生位移，临床表现为斜视、光晕，甚至产生很严重的眩光。光学倾角发生后，人工晶状体光轴与视轴产生偏转，视轴上的观察物体对于人工晶状体而言是轴外观察物体，通过人工晶状体为轴外光成像，临床表现为明显的慧差，拖尾和叠影。

（6）人工晶状体材料问题，光照辐射后材料发生降解，造成晶状体模糊甚至不透光；或材料聚合不良，超量单体析出产生毒性；或UV吸收剂析出而失去紫外线屏障，造成视网膜光化学变性损伤等。

二、人工晶状体标准介绍

为保证人工晶状体产品临床应用的安全有效，凡在中国上市的人工晶状体产品都必须符合中华人民共和国医药行业标准YY 0290系列强制性标准的规定。

人工晶状体行业标准的构成如下。

YY 0290.1—2009《眼科光学　人工晶状体　第1部分：术语》

YY 0290.2—2019《眼科光学　人工晶状体　第2部分：光学性能及其试验方法》

YY 0290.3—2009《眼科光学　人工晶状体　第3部分：机械性能及其试验方法》

YY 0290.4—2009《眼科光学　人工晶状体　第4部分：标签和资料》

YY 0290.5—2009《眼科光学　人工晶状体　第5部分：生物相容性》

YY 0290.6—2009《眼科光学　人工晶状体　第6部分：有效期和运输稳定性》

YY 0290.8—2008《眼科光学　人工晶状体　第8部分：基本要求》

YY 0290.9—2010《眼科光学　人工晶状体　第9部分：多焦人工晶状体》

YY 0290.10—2009《眼科光学　人工晶状体　第10部分：有晶体眼人工晶状体》

YY 0290行业系列标准包含了人工晶状体产品安全有效性检验的全部内容。对于人工晶状体性能要求的确定，从手术植入、实际应用要求以及外部环境影响等诸方面因素进行了充分考虑。YY 0290.1给出了系列标准中涉及的全部专用述语的解释；YY 0290.8综述了人工晶状体产品从性能、材料、制造、灭菌到包装等一系列基本要求和适用标准或规定。对于人工晶状体基本要求的详细解述，放在YY 0290.2、YY 0290.3、YY 0290.4、YY 0290.5、YY 0290.6中，其中YY 0290.2、YY 0290.3是有关制造应保证的性能指标，分别规定了产品临床应用有效性所必须考虑的光学性能要求、对应检测方法以及产品能合适植入并植入后可靠的有关尺寸和机械性能要求、对应检测方法；YY 0290.4和YY 0290.6与常规一次性使用无菌产品的有关规定类似，明确了标签和资料的内容，产品包装和贮存、运输稳定性的一般要求、常规测试方法和加速寿命试验的条件规定；YY 0290.5规定了人工晶状体材料经过制造全过程后应满足的理化要求和生物相容性试验要求；YY 0290.9、YY 0290.10为专用性标准，分别给出了多焦人工晶状体和有晶体眼人工晶状体专用性能指标要求。

第六节　眼内填充物标准

⑦ 问题

应如何对眼内填充物产品从原材料或生产过程中产生的污染物进行分析、确认，并设定已确认污染物的限度？

一、概述

眼内填充物是一类引入眼球玻璃体腔内的非固体手术侵入性医疗器械，将脱离的视网膜压平并复位在脉络膜上，或者用于视网膜填塞。目前所使用的眼内填充物主要有三类：眼内气体，硅油及全氟化碳液体（重水）。

由于眼内填充物的类型不同，与眼内组织接触的时间差异较大，为了确保产品在眼内使用的安全与有效，依据GB/T 16886.1的生物学评价选择指南，按照眼内填充物的具体特性与使用情况，应规定生物相容性评价试验的具体要求。所有的眼内填充物都应同时符合GB/T 16886.1中规定的生物学安全评价的要求和眼内填充物产品特性的特定要求，因此除了在GB/T 16886.1中依据风险分析所确定的生物相容性试验，评价眼内填充物的生物学安全还应进行下述试验：细菌内毒素试验、环氧乙烷残留量、眼内植入试验。

眼内填充物产品其化学污染物的来源主要为生产工艺中可能产生的杂质、原料合成中未完全反应的物质、包装与运输中引入的杂质。各类产品，因生产工艺合成路线选用原料的差异，其包含的可能化学污染物不同，应由厂商针对自身产品，从原材料或生产过程中产生的污染物进行分析、确认，设定和记录已确定污染物的限度。

二、眼内填充物标准介绍

国际标准为ISO 16672—2015 Ophthalmic implants—Ocular endotamponades。

行业标准YY 0862—2011《眼科光学　眼内填充物》于2011年发布、2013年实施，修改采用ISO 16672—2003 Ophthalmic implants—Ocular endotamponades（英文版）。YY 0862是一个通用标准，给出了用于视网膜复位的一类眼内填充物的通用技术要求，包括气体、重水和硅油，未能给出具体的试验方法与性能指标，只是规定了这一类物质的所应具备的最低要求的特性指标。具体的性能指标要求需要制造商依据具体产品的原料来源、生产工艺、设计特性等进行研究验证后给出。

YY 0862规定了相关眼内填充物的预期性能、设计特性、临床前及临床评估、灭菌、产品包装、产品标签、制造商提供的信息等要求。

标准给出了输送系统、动力黏度、界面张力、运动黏度、非固体物质、表面张力、蒸汽压、原包装、无菌屏障系统、贮存包装这10个术语和定义。对眼内填充物产品设计特性中的化学及生物污染物、化学描述、组成成分浓度、气体膨胀、界面张力、运动黏度、分子量分布、微粒、折射率、光谱透过率、表面张力、蒸汽压进行了规定，应对眼内填充物进行安全性评价，通过风险分析确定眼内填充物的生物学安全评价项目，以及是否需要进行临床调查。

思考题

1.一次性使用无菌阴道扩张器能否在临床宫腔手术中使用？

2.GB/T 7544—2009《天然胶乳橡胶避孕套技术要求和试验方法》标准中规定的检测项目有哪些，每个项目的检测样品数量是多少？

3.接触镜临床应用中的关注点有哪几个方面？

4.YY 0862目前涉及的眼内填充物具体产品有哪些？